U0314752

普通高等教育"十三五"规划教材

金属材料专业实验教程

主　编　饶克
副主编　齐亮　叶洁云　刘金明

北　京
冶金工业出版社
2023

内 容 提 要

本书共3章，第1章为金属材料工艺实验，包括金属材料熔炼实验，加工实验，热处理、表面改性实验，加工模具实验，设备实验以及计算机在材料中的应用实验。第2章为金属材料组织性能检测实验，包括金属材料组织检测实验，性能检测实验以及现代检测技术。第3章为专业综合技能训练，介绍了一些实训项目。附录收录了与实验有关的一些内容。

本书可作为高等院校金属材料以及相关专业教材，也可作为高职高专院校金属材料专业学生学习辅导用书，并可供相关工程技术人员和科研人员参考使用。

图书在版编目(CIP)数据

金属材料专业实验教程/饶克主编 . —北京：冶金工业出版社，2018.6（2023.1重印）

普通高等教育"十三五"规划教材

ISBN 978-7-5024-7789-9

Ⅰ. ①金… Ⅱ. ①饶… Ⅲ. ①金属材料—实验—高等学校—教材 Ⅳ. ①TG14－33

中国版本图书馆 CIP 数据核字(2018)第 103821 号

金属材料专业实验教程

出版发行	冶金工业出版社		电 话	(010)64027926
地 址	北京市东城区嵩祝院北巷 39 号		邮 编	100009
网 址	www.mip1953.com		电子信箱	service@ mip1953.com

责任编辑 杨盈园 美术编辑 彭子赫 版式设计 禹 蕊
责任校对 王永欣 责任印制 禹 蕊
北京虎彩文化传播有限公司印刷
2018 年 6 月第 1 版，2023 年 1 月第 2 次印刷
787mm×1092mm 1/16；17.5 印张；422 千字；269 页
定价 39.00 元

投稿电话 (010)64027932 投稿信箱 tougao@cnmip.com.cn
营销中心电话 (010)64044283
冶金工业出版社天猫旗舰店 yjgycbs.tmall.com
(本书如有印装质量问题，本社营销中心负责退换)

前　言

实验教学是实现素质教育和创新人才培养的重要环节，对培养学生实验技能、创新能力和综合研究能力有着不可替代的作用。金属材料相关专业要求培养的学生既有深厚的基础理论知识，又具备多方面的实验研究能力，因而实验教学显得越发重要。为了使实验教学与专业课程教学紧密联系，又具有相对的独立性和针对性，并满足现代开放实验室对实验教学的要求，同时从培养学生能力的角度出发，我们编写了本书。

本实验教程以江西理工大学金属材料工程、材料成型及控制工程、材料物理三个专业的实验为基础，主要包括材料科学基础、材料力学性能与物理性能、金属材料及热处理、材料表面工程学、材料失效分析、材料分析测试技术、金属塑性加工原理、有色金属熔炼与铸锭、金属塑性加工、冲压工艺及模具设计、塑料成型工艺与注塑模具设计、焊接原理与工艺、材料成型设备与控制等专业课程的实验。

在实验内容的选择上，我们尽可能安排以全面提高学生实验技能为主的常规基础实验。全书主要内容分3章，共有95个实验。第1章为金属材料工艺实验，主要包括金属材料熔炼、加工、热处理及表面改性实验以及材料加工模具、加工设备、计算机在材料中的应用实验；第2章为金属材料组织性能检测实验，主要包括金属材料组织检测、金属材料性能检测和现代检测技术；第3章为专业综合技能训练，根据金属材料专业发展的需要，结合本校金属材料专业特点，主要编写了以培养学生综合实验研究能力、创新能力为目的的专业综合技能训练实验，包括金属熔铸、材料加工、材料组织分析、金属材料热处理及模具设计加工综合技能训练等。

本书由饶克主编，主要参编人员有齐亮、叶洁云、刘金明，江西理工大学金属材料工程教研室、材料成型及控制工程教研室、材料物理教研室以及材料实验中心、材料加工实验中心的教师：安桂焕、蔡薇、邓同生、付群强、黎业生、刘同华、刘位江、王操、王和斌、王智祥、欧平、秦镜、汪志刚、杨育奇、张旭、张迎晖、钟华萍、周琼宇、周升国、朱志云等参与了本书的编写工作，在此表示衷心感谢！

本书在编写过程中，参考了江西理工大学材料科学与工程学院所使用的实验指导书、兄弟院校的实验教材以及相关著作和论文。同时本书的出版得到了江西理工大学教务处和材料科学与工程学院的大力支持，谨此一并深表谢意。

由于编者水平有限，书中不妥之处，恳请读者批评指正。

编　者

2017 年 10 月于江西理工大学

目 录

第1章　金属材料工艺实验

第1节　金属材料熔炼实验

实验1　纯铝的熔炼与铁模铸锭

一、实验目的

(1) 通过纯铝的熔炼与铁模铸锭，了解有色金属熔铸的一般工艺和操作知识。

(2) 观察铝锭横截面的铸造组织形貌，了解形成晶粒组织的三个晶区。

(3) 改变浇铸工艺条件，研究不同的浇铸工艺条件对铸锭晶粒组织的影响。

二、实验原理

金属和合金的铸锭晶粒组织一般较为粗大，对铸件横断面稍加打磨、抛光和腐蚀，就可直接进行观察。铸锭晶粒组织常见三个晶区形貌如图 1-1-1-1 所示。

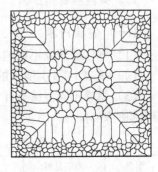

图 1-1-1-1　具有三个晶区的铸锭晶粒组织示意图

（一）表面细等轴晶区

当过热金属浇入锭模时，锭模对熔液产生强烈过冷，在模壁附近形成大量的晶核，生长成枝状细等轴晶。同时，浇铸引起的动量对流，液体内外温差引起的热对流，以及由对流引起的温度起伏，促使模壁上形成的晶粒脱落和游离，增加凝固区内的晶核数目，因而形成了表面细等轴晶区。

（二）柱状晶区

在表面细等轴晶区内，生长方向与散热方向平行的晶粒得到优先生长，而与散热方向不平行的晶粒则被抑制。这种竞争生长的结果，使愈往铸锭内部晶粒数目愈少，优先生长的晶粒最后单向生长并互相接触而形成柱状晶区。

柱状晶区是在单向导热及顺序凝固条件下形成的。凡能阻止晶体脱离模壁和在固/液界面前沿形核的因素，均有利于扩大柱状晶区。浇铸温度高，固/液界面前沿温度梯度大，凝固区窄，从界面上脱落的枝晶易于被完全熔化。

（三）中心等轴晶区

柱状晶生长到一定程度，由于前沿液体远离模壁，散热困难，冷速变慢，而且熔液中的温差随之减小，这将阻止柱状晶的快速生长，当整个熔液温度降至熔点以下时，熔液中出现许多晶核并沿各个方向长大，就形成中心等轴晶区。

形成中心等轴晶区的晶核主要来源于三种途径：表面细等轴晶的游离；枝晶的熔断及游离；液面或凝壳上晶体的沉积。

凡能阻止游离到铸锭中心的晶粒完全熔化的因素，均有利于促进中心等轴晶区的形成。

铸锭的结晶过程及其组织与金属的冷却条件、浇铸时熔体的温度、变质处理条件等因素有关。改变金属的浇铸温度对结晶过程有影响作用。当液态金属过热越多时，浇铸后沿铸锭截面的温差越大，越有利于按顺序凝固的方式结晶，形成柱状晶组织。但是过热度太大，非自发核心数目减少，会使晶粒粗大化。

通过加入一定数量的变质剂进行变质处理，能够增加结晶时的形核数。因此，在其他条件相同时，添加适量变质剂可以细化晶粒。

三、实验设备及材料

（1）设备：坩埚炉。

（2）材料：工业纯铝（含99.7%铝的铝锭）、水砂纸（180号、400号）。

（3）工模具：石墨坩埚、坩埚钳、ϕ35mm钢模、弓锯、台钳。

（4）腐蚀液：氢氟酸∶硝酸∶盐酸＝1∶5∶15，适量。

四、实验内容和步骤

（一）实验内容

（1）本实验研究不同的浇铸温度和晶粒细化剂对铸锭组织的影响。

（2）按表1-1-1-1所示的浇铸工艺条件浇铸铝锭。

（3）观察不同浇铸条件下浇铸的铝锭的横截面的宏观组织，分析浇铸工艺条件对铸锭组织的影响。

表1-1-1-1　浇铸工艺条件

组别	模壁材料	模子温度/℃	浇铸温度/℃	细化剂
1	钢	室温	720	—
2	钢	室温	920	—
3	钢	室温	720	—
4	钢	室温	720	Al-Ti-B

注：晶粒细化剂的添加量为熔体质量的1.5‰~2‰。

（二）实验步骤

（1）每组使用一个坩埚炉，将足够量的铝锭装入石墨坩埚并放入炉内。将坩埚炉升温至720℃，保温使之熔化。

（2）在铝全部熔化后保温15min，确保铝液温度在720℃左右，取出浇铸第一个锭。将坩埚放回炉内，升温至920℃保温15min，再浇铸第二个锭。然后将炉温降至720℃保温15min，浇铸出第三个锭。再向熔体内加入细化剂，搅拌均匀，浇铸出第四个锭。

（3）待钢模内的铝锭凝固冷却后取出，用钢印在两端打上实验批次编号，以便识别。

（4）用台钳将铝锭夹住，在中部沿横截面垂直锯开。

（5）将锯切面用锉刀锉平整，用 180 号和 400 号砂纸磨平，再用腐蚀液浸蚀，显示出其横断面的结晶组织。

（6）用体式显微镜或数码相机拍摄铸锭宏观组织图片。

五、实验报告要求

（1）绘制出铸锭的结晶组织示意图（可打印出铸锭的宏观组织图片）。

（2）分析浇铸工艺条件对铸锭结晶过程和组织的影响。

实验 2　铜及铜合金的熔炼与铸锭

一、实验目的

（1）了解中频感应电炉工作原理和结构。

（2）掌握感应电炉熔炼铜合金基本操作方法。

二、实验原理

感应电炉是金属材料的主要熔炼设备之一，它是利用电磁感应和电流热效应原理而进行工作的。即由电磁感应在金属材料内部产生感应电流，感应电流在金属材料中流动时产生热量，使金属材料加热和熔化，这种电炉加热快、温度高，熔炼温度可达 1600～1800℃，有较强的搅动能力，适合于熔炼温度较高且不需造渣熔炼的合金以及中间合金等。

感应电炉熔炼铜合金的主要过程包括装料、熔化、精炼及出炉浇铸等。

（一）装料原则及熔化顺序

（1）炉料最多的金属应首先入炉进行熔化。炉料较多的金属先熔化，形成金属熔池后再逐渐地加入其他金属元素，这样可以减少金属元素的熔损。

（2）易氧化、易挥发的合金元素应最后入炉熔化。如熔炼黄铜时要先加铜，铜熔化后再加锌，因为铜的熔点是 1083℃，而锌的熔点是 417℃，锌的沸点是 907℃，熔炼时若先加锌就会造成锌的大量挥发烧损，而熔炼时先加铜，铜熔化后再加锌，锌在铜液中迅速溶解，当合金液达到浇铸温度时，即可出炉浇铸，可减少锌的熔炼烧损。

（3）合金熔化时放出大量热量的金属不应单独加入到熔体中，而应与预先留下的基体冷料同时加入。如熔炼铝青铜时，将铝加入到铜液中时会发生放热反应，使铜液剧烈过热，因此熔炼时应先加 2/3 的铜，熔化后再加铝，并同时加入剩余的 1/3 的铜，这样加铝所放出的热量为后加入的铜所利用，可以避免合金熔体过热。

（4）两种金属熔点相差较大时，应先加入易熔金属，形成熔体时，再加入难熔金属，利用难熔金属的溶解作用，逐渐溶解于熔体中。如熔炼含铜80%、含镍20%的白铜时，先将铜熔化，并加热至 1300℃左右，再将镍加入（镍块要小些，容易熔化）熔体中，逐渐熔化。这样既缩短熔炼时间，又保证合金成分。

（5）能够减少熔体大量吸收气体的合金元素，应先入炉熔化。

（二）熔炼时金属的损耗和氧化

熔炼过程中，一些合金元素不可避免地要产生挥发和氧化，造成金属浪费和引起合金化学成分变化，影响金属材料质量。

（1）金属的挥发主要取决于其蒸气压的高低，在相同的熔炼条件下蒸气压高，金属就易挥发、易烧损，如锌、磷等。

（2）金属被氧化的程度主要取决于金属的性质。与氧结合能力强的元素容易被氧化，如铝、磷、铜等。金属氧化还与温度有关，熔炼温度越高则氧化烧损越多。

（三）除气精炼

金属的氧化和吸气会使金属材料在熔炼及加工过程中产生一系列问题，在熔炼过程中熔体内经常含有少量的有害气体和夹渣等，因此精炼作用就是去除熔体中的气体和夹渣。

1. 气体的去除

熔炼铜合金的除气方法一般有气体除气法、熔剂除气法、沸腾除气法。

（1）气体除气法：采用惰性气体，它与金属液不发生作用，不溶解在金属液内，也不与溶解在金属液内的气体发生作用，如氮气、氩气。惰性气体除气就是将氮气（N_2）用钢管通入到金属液的底部，放出许多气泡，气泡上升时，能将溶解在金属液中的气体带出来。这是因为当氮气泡在金属液中上升时，溶解在金属液中的氢气就会向氮气泡中扩散，随氮气泡的上升而带走。

（2）熔剂除气法：熔剂除气是利用熔盐的热分解或与金属进行置换反应产生不溶于熔体的挥发性气泡而将氢除去。如铝青铜用冰晶石（Na_3AlF_6）除气，其反应式为：

$$2Na_3AlF_6 + 4Al_2O_3 =\!=\!= 3(Na_2O \cdot Al_2O_3) + 4AlF_3 \uparrow$$

或

$$Na_3AlF_6 =\!=\!= 3NaF + AlF_3 \uparrow$$

反应产物 AlF_3 为气体，起除氢作用，另外两种反应产物为熔渣除去，可见，用熔剂除气时，还具有除渣作用。

（3）沸腾除气法：沸腾除气是在工频有芯感应电炉熔炼高锌黄铜时常用的一种特殊除气方法。熔炼黄铜时锌的蒸发可以将溶解在合金熔体中的气体除去。当熔化温度较高、超过锌的沸点（907℃）时，熔炼时会出现喷火现象，即锌的沸腾，这样有利于将气体除去。

2. 除渣精炼

铜合金熔炼过程中产生的炉渣主要为氧化物，氧化物的来源很多，首先是金属在熔炼过程中的氧化物和炉料带进的夹杂物，其次是炉气和大气的灰尘、炉衬和操作工具带入的夹杂物等。由于这些氧化物的物理化学性质和状态不同，其在熔池中的分布情况各不相同。如不在浇铸前进行除渣精炼，将严重影响合金的加工和性能。除去熔体中的夹渣方法通常有以下三种。

（1）静置澄清法：静置澄清过程一般是让熔体在精炼温度下，保持一段时间使氧化及熔渣上浮或下沉而除去。

（2）浮选除渣法：浮选除渣是利用熔剂或惰性气体与氧化物产生的某种物理化学作用，即吸附或部分溶解作用，造成浮渣而将氧化物除去。

（3）熔剂除渣法：在熔体中加入熔剂，通过对氧化物的吸附、溶解、化合造渣，将渣除去，熔剂的造渣能力越强，除渣精炼的效果越好。

（四）影响铸锭质量的主要因素

（1）浇铸温度：浇铸温度过高或过低都是不利的，因为采用较高的浇铸温度，势必就要使炉内熔体的温度相应提高，这将引起铜合金在熔化和保温过程中大量的吸气，同时也会增加烧损，在浇铸时会使氧化加剧。此外，过高的浇铸温度也会对铸模的使用寿命产生不利影响，尤其是平模浇铸时模底板更容易遭到破坏。当浇铸温度偏低时，熔体流动性变差，不利于气体和夹渣上浮，也易使铸锭产生冷隔缺陷。因此，必须根据合金的性质，结合具体的工艺条件，制定适当的浇铸温度范围。

（2）浇铸时间：不同牌号的铜合金都有最适宜的铸造温度，高于或低于这个温度将直接影响铸锭的质量。对于铸模铸锭方式来说，铸造温度的控制与浇铸时间密切相关，因为浇铸时间越长，先后浇铸的金属熔体的温差越大。对于铸造温度范围较窄的合金来说，浇铸时间越长，浇铸温度也就越难控制。

（3）浇铸速度：浇铸速度通常以铸模内金属熔体每秒钟上升的毫米数来表示。浇铸速度的选择原则是：1）在保证铸锭产品质量的前提下，适当提高浇铸速度；2）对于一定的合金，若合金化程度低，结晶温度范围小，导热性好，可适当提高浇铸速度；3）若铸模的冷却速度大，铸锭直径较小，浇铸速度可适当提高。

三、实验设备及材料

铜合金熔炼通常采用工频或中频感应电炉。本实验采用无芯中频感应炉 GW-10。使用的原材料主要有电解铜（Cu-1）、锌锭（Zn-3 以上）、铝锭（Al99.7）。

熔炼铜合金常用木炭、米糠等作覆盖剂，既可保温防氧化又可结渣和改善熔体流动性；除气采用铜磷中间合金（Cu-8%P）；除渣采用冰晶石（Na_3AlF_6）或 80% 冰晶石和 20% 氟化钠的混合物；浇铸模采用机油或石墨 + 机油润滑，烤干后使用。

四、实验内容和步骤

（一）黄铜熔炼工艺

熔料准备→预热坩埚至发红→加铜和木炭→升温至 1200℃熔化→加锌（分批加入到熔体中）→搅拌→加中间合金（Cu-8%P）→搅拌→静置→出炉→扒渣→浇铸。

（二）铝青铜焙炼工艺

熔料准备→预热坩埚至发红→先加 2/3 电解铜→加熔剂（冰晶石）→升温至 1200℃熔化→加纯铝→熔化后再加余下的电解铜→加熔剂→熔化→搅拌→静置→出炉→扒渣→浇铸。

（三）操作要点

（1）锌能很好地除气和脱氧，加入少量 Cu-P 中间合金的目的是改善合金熔体的流动性。

（2）为了减少熔炼损耗，要在低温加锌。

（3）铝青铜中铝为强氧化元素，在熔炼过程中极易氧化，生成高熔点 Al_2O_3，形成悬浮渣液，极不易除去，加入冰晶石熔剂除去 Al_2O_3 的效果好。

（4）冰晶石熔剂的加入量为炉料量的 0.1% ~ 0.3%，分两次加入。

（5）浇铸时要掌握好浇铸温度和浇铸速度，确保铸锭质量。

（四）铜合金的配料

根据铸模尺寸大小，要求合金配料总量为 1200g。

（1）黄铜（H68）：

纯铜：1200g×68% =816g

锌：1200g×32% =384g（需考虑烧损量 1.5% ~2% ）

（2）铝青铜（QAl10）：

纯铜：1200g×90% =1080g

铝：1200g×10% =120g

五、实验报告要求

（1）简述中频感应电炉熔炼铜合金基本过程。

（2）分析讨论铜合金熔炼过程中除气、除渣的作用及注意事项。

实验 3　铸造合金流动性测定

一、实验目的

（1）了解浇铸温度对铸造合金流动性的影响。

（2）了解铸造合金流动性与铸造缺陷的关系。

（3）掌握使用螺旋试样法测定铸造合金流动性的方法。

二、实验原理

液态合金本身的流动能力称为"流动性"，是合金的铸造性能之一。它与合金的成分、温度、杂质含量及物理性质有关。

合金的流动性对铸型的充填过程及排出其中的气体和杂质，以及补缩、防裂有很大影响。合金的流动性好，则充型能力强，气体和杂质易于上浮，使合金净化，有利于得到没有气孔和夹杂，且形状完整、轮廓清晰的铸件。良好的流动性能使铸件在凝固期间产生的收缩得到合金液的补充，并可使铸件在凝固末期因收缩受阻而出现的热裂得到液态合金的弥合。液态合金的流动性是用浇铸"流动性试样"的方法衡量的。实验中，是将试样的结构和铸型性质固定不变，在相同的浇铸条件下（例如，在液相线以上相同的过热温度或在同一浇铸温度），浇铸各种合金的流动性试样，以试样的长度或试样某处的厚薄程度表示该合金流动性的好坏。

对于同一种合金，也可用流动性试样研究各种铸造因素对其充型能力的影响。例如，采用某种结构的流动性试样，可以改变型砂水分、浇铸温度、直浇道高度等因素之一，以判断该因素的变动对充型能力的影响。因此，各种测定流动性的方法都可用于合金充型能力的测定。

流动性试样的类型很多，如螺旋形、球形、U 形、楔形试样以及真空试样等。在生产和科研中应用最多的是螺旋形试样（见图 1-1-3-1）。其优点是：灵敏度高，对比形象，结构紧凑。其缺点是：沟槽断面尺寸较大，液态合金的表面张力的影响表现不出来；沟槽弯曲，沿程阻力损失较大；沟槽较长，受型砂的水分、紧实度、透气性等因素的影响较显著；不易精确控制，故测量精度受到一定影响。

实验时，将液态合金从浇口杯浇入，凝固后取出试样，测量其长度。为了便于读出和测量实验结果，在螺旋槽中，从缓冲坑开始每隔 50mm 做一个小凹坑。

三、实验设备与材料

（1）坩埚电阻炉、石墨坩埚、测温热电偶；浇铸工具，螺旋形试样模具，造型工具，钢卷尺。

（2）黏土湿型砂、铸造铝硅合金（ZL102，ZL105）。

四、实验内容及步骤

（一）配制型砂

用原砂（号）加入适量黏土和水混制成湿型砂。

（二）造型合箱

用模样制成上、下砂型，然后合箱等待浇铸。

（三）熔化浇铸

用电阻炉熔化指定成分的铝合金。当铝液升温至 730～750℃时，用氯化锌或六氯乙烷精炼，以除去气体和杂质，立即清除熔渣并静置，此后进行浇铸。

（四）打箱、测量

待铸件凝固后，开箱清砂。待试样冷却后测量其螺旋线长度，并记录实测数据。

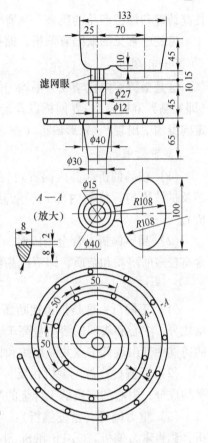

图 1-1-3-1　螺旋形流动性试样

五、实验报告要求

（1）观察、了解采用螺旋形试样所表现的金属流动性。

（2）分析金属铸造过程中，影响金属流动性的因素。

（3）分析金属的流动性对其铸造成型的影响。

实验 4　铸锭废品的产生及分析

一、实验目的

（1）了解各种铸造废品。

（2）分析废品产生原因。

二、实验原理

在有色金属材料生产过程中，约有 70% 的废品与铸锭中存在的缺陷有关，铸锭中的缺陷有数十种。学会识别和分析铸锭中的缺陷及其成因，寻求防止或减少缺陷的方法，对提高铸锭和加工产品的质量，具有十分重要的意义。

铸锭中常见的缺陷有偏析、缩孔、疏松、裂纹、气孔、冷隔、非金属夹渣等。

（一）偏析

这是指铸锭内化学成分不均匀的现象。它可分为显微偏析，包括枝晶偏析、胞状偏析（即亚晶界偏析）、晶界偏析以及宏观偏析，包括正、反偏析、重力偏析、带状偏析（在定向凝固中出现）、V 形偏析（在钢铁中出现）。

1. 显微偏析

（1）枝晶偏析（晶内偏析）：在生产条件下，由于铸锭冷凝较快，固液两相中溶质来不及扩散均匀，枝晶内部先后结晶部分的成分不同，这就是枝晶偏析（或称为晶内偏析）。

（2）晶界偏析：合金凝固时，溶质会不断自固相向液相排出，导致最后凝固的晶界含有较多的溶质和杂质，即形成晶界偏析。

2. 宏观偏析

（1）正偏析：这是指铸锭断面上成分不均匀，其表面和底部的溶质量低于合金的平均成分，中心和头部的溶质量高于合金的平均成分的现象。正偏析的结果，易使单相合金的铸锭中部出现低熔点共晶组织和聚集较多的杂质。

（2）反偏析：与正偏析相反，合金铸锭发生反偏析时，铸锭表面的溶质高于合金的平均成分，中心的溶质低于合金的平均成分的现象。

（3）重力偏析（密度偏析）：当互不相容的两液相或固液两相的密度不同时产生的偏析，称为重力偏析。Cu-Pb 和 Sn-Sb 常产生重力偏析。

（二）缩孔与缩松

在铸锭中部、头部、晶界及枝晶间等处，常常有一些宏观和显微的收缩孔洞，称为缩孔。容积大而集中的缩孔，称为集中缩孔；细小而分散的缩孔，称为缩松，其中出现在晶界或枝晶间的缩松又称为显微缩松。

1. 缩孔

缩孔是在顺序凝固条件下，因金属液态和凝固体收缩造成的孔洞得不到金属液的补缩而产生的。缩孔多出现在铸锭的中部和头部，或铸件的厚壁处、内浇口附近以及两壁相交的"热节"处。

2. 缩松

缩松是在同时凝固的条件下，最后凝固处是由于收缩造成的孔洞得不到金属液的补缩而产生的。缩松分布面广，铸锭轴线附近尤为严重。

（三）裂纹

大多数成分复杂或杂质总量较高，或有少量非平衡共晶的合金，都有较大的裂纹倾向，尤其是大型铸锭，在冷却强度大的连铸条件下，产生裂纹的倾向更大。在凝固过程中产生的裂纹称为热裂纹，凝固后冷却过程中产生的裂纹称为冷裂纹。两种裂纹各有其特征。热裂纹多沿晶界扩展，曲折而不规则，常出现分枝，表面略呈氧化色。冷裂纹常为穿晶裂纹，多呈直线扩展且较规则，裂纹表面较光洁。铸锭中有些裂纹既具有热裂纹特征又具有冷裂纹特征，这是铸锭先热裂而后发展成冷裂所致。

根据裂纹形状和在铸锭中的位置，裂纹又可分为许多种，如热裂纹可分为表面裂纹、皮下裂纹、晶间微裂纹、中心裂纹、环状裂纹、放射状裂纹等；冷裂纹可分为顶裂纹、底裂纹、侧裂纹、纵向表面裂纹等。

热裂纹：凝固过程中产生的裂纹。特征：多沿晶界扩展，不规则，有氧化色。

冷裂纹：凝固后的冷却过程中产生的裂纹。特征：多穿晶而过，直线扩展，较规则，无氧化色。

1. 热裂的形成

（1）强度理论：合金在线收缩开始温度至非平衡固相点间的有效结晶温度范围内，强度和塑性极低，故在铸造应力作用下易于热裂。通常，有效结晶温度范围愈宽，铸锭在此温度下保温时间愈长，热裂愈易形成。

（2）液膜理论：铸锭的热裂与凝固末期晶间残留的液膜性质及厚度有关。此时若铸锭收缩受阻，液膜在拉应力作用下被拉伸，当拉应力或拉伸量足够大时，液膜就会破裂，形成晶间热裂纹。这种热裂的形成取决于许多因素，其中液膜的表面张力和厚度影响较大。

（3）裂纹形成功理论：热裂通常要经历裂纹的形核和扩展两个阶段。裂纹形核多发生在晶界上液相汇集处。若偏聚于晶界的低熔点元素或化合物对基体金属润湿性好，则裂纹形成功小，裂纹易形核，铸锭热裂倾向大。

2. 冷裂的形成

冷裂一般是铸锭冷却到温度较低的弹性状态时，因铸锭内外温差大、铸造应力超过合金的强度极限而产生的，并且往往是由热裂纹扩展而成的。

（四）气孔

气孔一般是圆形的，表面较光滑，据此可与缩孔及缩松相区别。加工时气孔可被压缩，但难以压合，常常在热加工和热处理过程中产生起皮起泡现象。这是铝及其合金最常见的缺陷之一。

根据气孔在铸锭中出现的位置，可将其分为表面气孔、皮下气孔和内部气孔三类。

根据气孔的形成方式，又可分为析出型气孔和反应型气孔两类。

1. 析出型气孔

溶解于金属液中的气体，其溶解度一般随温度降低而减小，因而会逐渐析出来。析出的气体或是通过扩散达到金属液表面而逸出，或是形成气泡后上浮而逸出。但由于液面有氧化膜的阻碍，且凝固较快，气体自金属液内部扩散逸出的数量极为有限，故多以气泡的形式上浮逸出。在凝固速度大或有枝晶阻拦时，形成的气泡来不及上浮逸出，便留在铸锭内成为气孔。

2. 反应型气孔

金属在凝固过程中，与模壁表面水分、涂料及润滑剂之间或金属液内部发生化学反应，产生的气体形成气泡后，来不及上浮逸出而形成的气孔，称为反应型气孔。

反应型气体主要是高温下金属与水蒸气反应产生的氢气。如 Cu、C、Si、Al、Mg、Ti

等元素都可与水汽反应，生成氧化物和氢气。

（五）冷隔

铸锭表皮发生重叠的现象，称为表面冷隔。

冷隔形成的根本原因在于结晶器内金属液面温度低或熔体表面张力大，在靠近结晶器壁的液面上过早地形成凝壳或半凝固状态的弧形壳层，不能与后来的熔体很好地熔合到一起时，便会在表面上形成冷隔。

三、实验设备及材料

（1）设备：SG-5-10 井式坩埚电阻炉、GW-10 无芯中频感应炉。

（2）材料：铝、铜及合金原料；各类铸造废品（疏松、缩孔、气孔、夹杂、冷隔等）。

四、实验内容及步骤

（1）实验内容：人为铸造熔铸废品，并结合已收集到的铸造废品，进行分析观察。

（2）实验步骤：

1）将熔融液态金属（铝、铜及合金）注入模内，不做处理，直接浇铸。

2）冷却后将铝、铜及合金锭取出，对其进行观察。

3）将铝、铜及合金锭用老虎钳夹住，一个离锭底 25mm 处锯开（注意：须使锭断面尽量与锭的长轴垂直），一个沿纵轴锯开必须尽量防止偏斜。

4）锯开后按以下步骤把样品磨好：将锯断面用锉刀锉平，然后经过 3 号粒度为 63 ～ 42μm 的砂纸磨平，磨好后不必抛光，即用水冲，再用酒精洗净吹干。

5）直接观察，并通过金相显微镜观察其金相组织。

6）结合已收集到的铸造废品，进行观察。

五、实验报告要求

（1）观察、了解铸造废品。

（2）分析铸造废品产生原因。

第 2 节　金属材料加工实验

实验 1　真实应力－应变曲线（硬化曲线）的绘制

一、实验目的

（1）通过静力拉伸所得的数据，绘制第二类真实应力－应变曲线。

（2）了解真实应力－应变曲线与条件应力－应变曲线的差别。

（3）利用第二类真实应力－应变曲线的性质绘制近似真实应力－应变曲线。

二、实验原理

冷变形时，金属的变形抗力随所承受的变形程度的增加而增大，描述变形抗力与变形程度之间关系的曲线，称为硬化曲线；硬化曲线可用拉伸、压缩或扭转的方法来确定，其中拉伸方法应用较广泛，硬化曲线的纵坐标为真实应力 S，横坐标为变形程度，由于变形程度的表示方法不同，硬化曲线可有多种形式，常用的有三类，如图 1-2-1-1 所示。第一类为 $S-\delta$ 曲线，是真实应力与伸长率的关系曲线；第二类为 $S-q$ 曲线，是真实应力与断面收缩率的关系曲线；第三类为 $S-\varepsilon$ 曲线，是真实应力与对数变形（真变形）的关系曲线。这三类曲线，第二类在实际中应用较多，曲线的横坐标 q 值的变化范围为 $0\sim1$，可以直观地看出变形程度的大小。

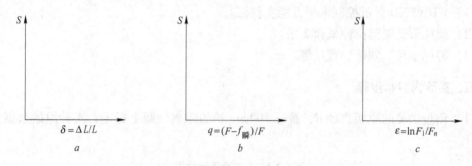

图 1-2-1-1　三类硬化曲线

a—第一类硬化曲线；b—第二类硬化曲线；c—第三类硬化曲线

为了绘制真实应力－应变曲线，必须根据拉伸实验先测出拉力 P 与绝对延伸量 ΔL 的拉伸图，然后经过计算再求出真实应力 S 和所对应的断面收缩率 q。

条件应力－应变曲线是由静力拉伸数据而绘制的，曲线上的应力是以该点的力除以试样的原始截面面积，$\sigma = P/F_0$，但在实际的拉伸过程中，试样的截面面积是变化的，这样在变形过程中不能反映真实应力的情况，特别是在试样出现细颈之后，曲线向下弯曲，这与金属的实际变化情况是相矛盾的。

真实应力－应变曲线上每一点的应力是用该点的力除以变形瞬间的截面面积 $S = P/f_瞬$，这样曲线上的任一点都能反映变形瞬间的真实应力，也能反映真实的硬化情况。

因为 $S = P/f_瞬$

式中，$f_瞬$ 为试样变形瞬间的截面面积。

根据体积不变条件，即 $F_0 \times L_0 = f_瞬(L_0 + \Delta L)$

所以 $f_瞬 = F_0 L_0/(L_0 + \Delta L) = F_0/(1 + \Delta L/L_0) = F_0/(1 + \delta)$，$\delta = \Delta L/L_0$　　　　(1-2-1-1)

因此，真实应力为：$S = P/f_瞬 = P(1 + \delta)/F_0$

又因 $q_瞬 = (F_0 - f_瞬)/F_0 = 1 - f_瞬/F_0 = 1 - F_0/[F_0/(1 + \delta)] = 1 - 1/(1 + \delta) = \delta/(1 + \delta)$

$$(1\text{-}2\text{-}1\text{-}2)$$

因此可得：$S_屈 = P_屈/f_屈 = P_屈/[F_0(1 - q_屈)] \approx \sigma_s$，$q_屈 = \delta_屈/(1 + \delta_屈)$

$\qquad S_细 = P_细/[F_0(1 - q_细)]$，$q_细 = \delta_细/(1 + \delta_细)$

$\qquad S_X = P_X/[F_0(1 - q_X)]$，$q_X = \delta_X/(1 + \delta_X)$

$\qquad S_断 = P_断/f_断$，$q_断 = \delta_断/(1 + \delta_断)$

根据式（1-2-1-1）、式（1-2-1-2）可分别求出真实应力 S 和所对应的断面收缩率 q，通过静力拉伸所得的数据，就可以绘制第二类真实应力－应变曲线。

根据第二类应力 – 应变曲线的两个性质：

（1）设 $q_终 = 1$，则 $S_终 = 2S_细$（这是冷加工时的情况；当完全热加工时，$S_终 = S_细$；温加工时，$S_终 = (1.4 \sim 2.0)S_细$；不完全热加工时，$S_终 = (1.0 \sim 1.4)S_细$）。

（2）$S = 0$，则存在 $b = 1 - 2q_细$（负值，在 X 轴负向）。

就可绘制近似第二类真实应力 – 应变曲线。

三、实验设备及材料

（1）WDW3200 微机控制电子万能实验机。

（2）圆柱形低碳钢拉伸试棒 2 根。

（3）游标卡尺、划针、直尺等。

四、实验内容和步骤

（1）测量试棒的原始直径 d，量好 100mm 长的距离，画上标记；实验原始数据见表 1-2-1-1。

表 1-2-1-1　实验原始数据

试样号	材质	直径 d_0/mm	截面面积 F_0/mm²	标距 L_0/mm	备　注
1					
2					

（2）把试棒装在试验机的夹头上，实验机清零。

（3）开动实验机，观察电脑记录数据的变化情况，注意记下试件出现屈服、细颈和断裂时的拉力 $P_屈$、$P_细$、$P_断$ 和相应的绝对伸长量 $\Delta L_屈$、$\Delta L_细$、$\Delta L_断$。

（4）注意观察和记录试件从屈服到出现细颈之间两处的 P_{X1}、P_{X2}、ΔL_{X1}、ΔL_{X2}，以试件的体积不变原理算出该两点此时的 d_{X1}、d_{X2}，即可算出 q_{X1}、q_{X2}、S_{X1}、S_{X2}；试件拉断后，取下试样。

（5）重复以上实验，进行第二根试棒的拉伸，在两组数据中任选一组。

（6）测量拉伸后试棒的有关尺寸，将数据填入表 1-2-1-2、表 1-2-1-3 中。

表 1-2-1-2　条件应力 – 应变曲线的数据

试样号	屈服时		出现细颈前							
	$P_屈$	σ_s	P_{X1}	P_{X2}	ΔL_{X1}	ΔL_{X2}	δ_{X1}	δ_{X2}	σ_1	σ_2
1										
2										

试样号	出现细颈时				断　裂　时			
	$P_细$	$\Delta L_细$	$\delta_细$	$\sigma_细$	$P_断$	$\Delta L_断$	$\delta_断$	$\sigma_断$
1								
2								

表 1-2-1-3　真实应力－应变曲线的数据

试样号	屈服时		断　裂　时				
	$P_屈$	$S_屈$	$P_断$	$\Delta L_断$	$\delta_断$	$q_断$	$S_断$
1							
2							

试样号	出现细颈前										
	P_{X1}	P_{X2}	ΔL_{X1}	ΔL_{X2}	δ_{X1}	δ_{X2}	f_{X1}	f_{X2}	q_{X1}	q_{X2}	S_{X1}
1											
2											

试样号	出现细颈时					
	$P_细$	$\Delta L_细$	$\delta_细$	$f_细$	$q_细$	$S_细$
1						
2						

五、实验报告要求

（1）载明实验数据。

（2）根据静力拉伸所得的数据，绘制条件应力－应变曲线，第二类真实应力－应变曲线和近似第二类真实应力－应变曲线。

（3）分析、比较、讨论上述曲线。

注：近似第二类真实应力－应变曲线与第二类真实应力－应变曲线相比，在屈服点处误差较大，在出现细颈后误差较大，但在细颈点以前，起伏点以后的较大变形，其误差较小，在工程上允许。

实验 2　矩形组合件压缩时的不均匀变形分布

一、实验目的

对金属进行塑性加工时，金属各个部分所产生的变形是不均匀的，这是由于外摩擦、工具的外形、变形区的形状等因素所造成的；研究金属变形分布的规律，阐明引起的原因，对于改善金属塑性加工工艺具有十分重要的意义。

（1）了解压缩矩形组合件时，沿高向和横向不均匀变形的分布情况。

（2）绘制不均匀变形的分布曲线。

二、实验原理

（一）塑压时变形情况

塑压时柱体承受三向应力状态，而且各轴向上应力分布的不均匀，从物体整个体积看，所有三轴向上的应力都是三坐标的函数，因研究点的坐标而异，因而物体所受应力状态是不均匀的。由于应力分布不均匀所造成的物体变形的不均匀，柱体体积分成明显的三个大小不等的区域，如图 1-2-2-1 所示。

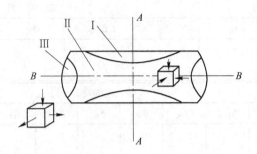

图 1-2-2-1　塑压时柱体体积的分区

从图 1-2-2-1 可以看出，靠近端部的 Ⅰ 区实际上是没有变形的难变形区，此区的宏观组织完全与未变形毛坯的一样，故称为难变形区或变形困难区。此区力学上的特点是承受强烈的三向压缩应力状态，而且静水压力值高，此区域内垂直轴向上所承受的单位压力也最大。

Ⅱ 区基本处于物体体积的中心部分，它与垂直的作用力轴线呈 45° 左右的交角，是产生滑移与发展变形的最有利的部位（软取向部位），而且该体积中越靠近与作用力轴线呈 45° 角处变形量也最大，所以这个区域称为易变形区或大变形区。变形后的该区，呈现明显的变形组织。虽然从应力状态来分析，此区中仍然承受较强的三向压缩应力，因离接触表面稍远，阻碍它们变形的体积也较少，三向压缩应力状态中静水压力值较低，故此区最有利于滑移的产生，而且变形发展的条件也最好。此区内金属质点是由中心沿着 Ⅰ 区与 Ⅱ 区分界附近流向四周，好像金属要绕过不变形的 Ⅰ 区而极力流到接触表面上，以补充因接触表面扩大所造成的金属质量的不足似的，侧面翻平的原因即在于此。

Ⅲ 区靠近柱体侧表面而处于 Ⅱ 区中心部分的四周。由于它更远离接触表面，受接触摩擦的影响最小，又处于整个体积的边缘而没有其他部分的阻碍，变形较为自由，故称为自由变形区。此区内变形比较均匀，其变形量介于 Ⅰ 区与 Ⅱ 区之间，宏观组织的垂直线条稍有弯曲，但大都是互相平行的。当柱体刚开始受压缩时，此区所受应力状态是近似一向压缩，随着变形过程的连续进展，由于物体要逐渐形成明显的鼓形而造成的周边不断扩大，使柱体的环向产生拉应力，所以 Ⅲ 区在变形过程中所承受的是二拉一压的应力状态。环向拉应力的数值是随变形程度的增大而加大的，当其数量达到金属强度所不能维持的大小时，就造成柱体侧表面的破裂，这是柱体被镦粗时，侧表面出现裂纹的力学根源。

（二）引起变形不均匀的因素

变形物体内变形分布不均匀的外部原因，主要是外摩擦及变形区的几何尺寸（形状因子），其他如工具和变形物体轮廓不规则、变形体温度不均匀，也起重要作用。

1. 外摩擦

变形物体内变形分布的不均匀，主要由外摩擦所造成，摩擦越大，翻平量越多，且随着变形程度的增加而增多，表明表面黏着很严重。同时，摩擦对形成鼓形的影响明显。

2. 变形区形状因子

已知形状因子（如 H/D、H/L）对变形不均匀分布有重大影响。

当 $H/D > 1$ 时，上、下主锥不相接触，这时外部金属滑移发生的条件较好，变形时外部滑移线多。但是，当 $H/D \gg 1$ 时，两主锥相距远，外部滑移线难以向深处扩展，变形在主锥与接触表面附近发生，因而形成双鼓形的表面变形，并且接触表面黏着很厉害。

当 H/D 在 1 左右时，虽说内部滑移发生较困难，外部滑移也因两主锥相交而彼此干扰，其产生条件也差，在 45°线内外都能产生大量的滑移线，并且几乎是对称的，试件形成明显的腰鼓状。这时，接触表面上呈现滑动的分量增多，黏着区减少，而且因内外滑移线产生都困难，故要试件继续变形需提高变形力。

当 $H/D < 1$ 时，上、下两主锥相互插入，滑移的相互干扰更加激烈，外部滑移发生的愈来愈少，内部滑移则相应地增多，当 $H/D \approx 0.5$ 或更小时，外部滑移很难发生，物体所处的三向压缩应力状态的强度也更高，致使变形力随着 H/D 值的减小而显著提高。另外，由于柱体高度较小，滑移几乎遍及整体，变形也趋向均匀，而且接触表面黏着区进一步缩小而可呈现全滑动的情况。

三、实验设备及材料

（1）WAW-1000C 型微机控制电液伺服万能试验机。

（2）10 块铅片，每块尺寸为 5mm×30mm×60mm。

（3）榔头、千分尺、游标尺、直尺、划针等。

四、实验内容和步骤

为了观察试件的表层和中心层及中部和边部的不均匀变形，本实验采用矩形组合件的压缩，就可以观察这种不均匀变形。

（1）取 10 块铅片，每块约 5mm×30mm×60mm，按顺序编好号，对 1 号 ~6 号试件的上表面，沿 X 轴方向，用划针和直尺先找出中点 O，然后在 X 轴正向截取 6 个相等的线段，每段 $L = 5$mm，画平行线，用游标尺测出各交点处的原始厚度 H，填入表 1-2-2-1 中。

（2）将 10 块铅片按顺序叠合起来（图 1-2-2-2），让每块的 x、y 轴对齐，测量组合件的高度，然后放材料试验机上进行压缩，压缩率 ε 在 50% 左右；通过试验机上的标尺可观察到其压缩率。

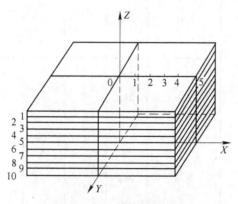

图 1-2-2-2　试验试样摆放图

（3）压缩后取下试件，用千分尺测量 1 号 ~6 号试件各交点处厚度的变化，将数值填入表 1-2-2-1 中。

（4）根据表 1-2-2-1 所得数据，绘制不均匀变形分布曲线。

表 1-2-2-1　实验数据

组合件尺寸				各片变形前后尺寸变化							
变形前高度/mm	变形后高度/mm	变形程度 ε /%	变形前厚度/mm	试件号	位置	0	1	2	3	4	5
				1 号	H_1						
				2 号	H_2						
				3 号	H_3						
				4 号	H_4						
				5 号	H_5						
				6 号	H_6						
			变形后厚度/mm	1 号	h_1						
					Δh_1						
					ε /%						
				2 号	h_2						
					Δh_2						
					ε /%						
				3 号	h_3						
					Δh_3						
					ε /%						
				4 号	h_4						
					Δh_4						
					ε /%						
				5 号	h_5						
					Δh_5						
					ε /%						
				6 号	h_6						
					Δh_6						
					ε /%						

表 1-2-2-2　各层次沿 X 轴向上的厚度变形分布

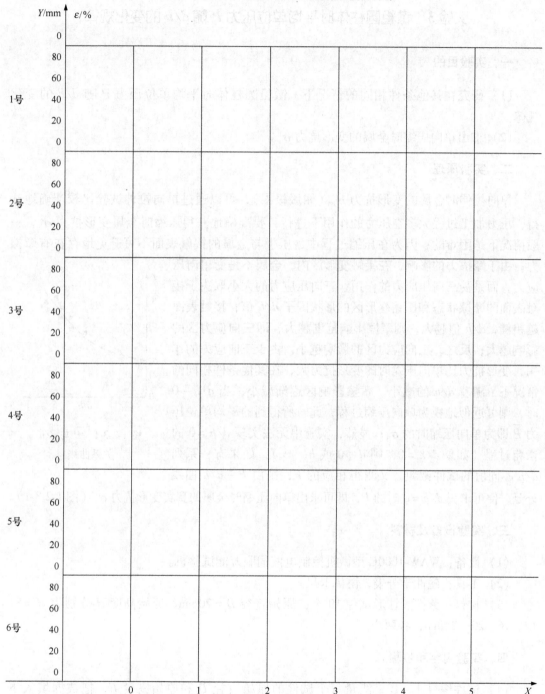

五、实验报告要求

（1）载明实验数据。

（2）绘制不均匀变形的分布曲线。

（3）对实验结果进行分析。

实验 3　镦粗圆柱体时平均单位压力 $\overline{P}$ 随 d/h 的变化规律

一、实验目的

（1）研究在其他条件相同的情况下，镦粗圆柱体时平均单位压力 $\overline{P}$ 随 d/h 的变化规律。

（2）求出单向压缩时金属的变形抗力 σ_s。

二、实验原理

单向拉伸时金属的变形抗力 σ_s（屈服极限），可以通过单向拉伸试验比较准确地获得，压力加工过程大多在压力的作用下进行，要准确地获得压缩时金属变形抗力 σ_s，一般情况下是困难的；因为在压缩过程中，压板与金属的接触表面不可避免地存在有摩擦力；由于摩擦力的影响，在接触变形区内，金属不是受单向压应力，而是受三向压应力的作用，三向压应力的大小取决于接触表面的摩擦状态和压缩变形区的形状因子 d/h 值；接触表面越粗糙，d/h 值越大，则摩擦影响范围越大，即三向应力区的影响越大；反之，三向应力区的影响越小。由于三向应力的作用，变形抗力比单向压缩时的变形抗力大；在其他条件相同的情况下，随着 d/h 的减小，摩擦影响区逐渐减小；当 $d/h \to 0$ 时，则可近似地视为单向压缩过程；此时所得到的平均单位压力 $\overline{P}$ 即为单向压缩时的 σ_s；显然，实验中无法实现 $d/h = 0$ 的镦粗过程（如果 $d/h = 0$，则 $d \to 0$ 或 $h \to \infty$），如果有一系列 d/h 不同值的试件镦粗，又测得相应的 $\overline{P}$，则由 $\overline{P} - d/h$ 曲线外延，便可求得 $d/h = 0$ 时的 $\overline{P}$，即可求出单向压缩时金属的真实变形抗力 σ_s（图 1-2-3-1）。

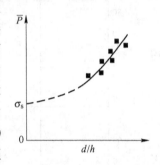

图 1-2-3-1　$\overline{P}$ 与 d/h 关系曲线

三、实验设备及材料

（1）设备：WAW-1000C 型微机控制电液伺服万能试验机。

（2）工具：磁性千分表，游标卡尺。

（3）材料：紫铜圆柱形试件 10 个，原始直径 $D = 20\text{mm}$，原始高度 H 分别为 $H = 8$、12、16、20、24mm，各两个。

四、实验内容和步骤

（1）试件编号 1 ~ 10，测量每个试件的原始直径 D 和原始高度 H，把数据填入下表 1-2-3-1 中。

（2）预先算出每个试件压缩率 $\varepsilon = 20\%$ 时的绝对压缩量 Δh。

（3）把试件逐个放在材料试验机上进行压缩，用磁性千分表控制其压缩量 Δh。

（4）每压缩一个试件都要记下压力 P，并测量有关尺寸 d 和 h，把数据填入表 1-2-3-1 中，并计算出有关参数。

表 1-2-3-1　实验数据

试样号	D/H	P	h	Δh	ε	V_0	$F = V_0/h$	$\overline{P} = P/F$	d/h	$\overline{P}/\sigma_s$
1 号										
2 号										
3 号										
4 号										
5 号										
6 号										
7 号										
8 号										
9 号										
10 号										

注：D/H 为试件镦粗前径高比；P 为压缩率 $\varepsilon = 20\%$ 时，材料试验机上的压力数值，kg 或 kN；h 为试件压缩后的高度，mm；Δh 为压缩量，$\Delta h = H\varepsilon$，mm；ε 为压缩率，$\varepsilon = (H - h)/H \times 100\%$；$V_0$ 为试件体积，$V_0 = \pi D^2/(4H)$，mm；F 为镦粗后的平均截面面积，$F = V_0/h$，mm^2；$\overline{P}$ 为平均单位压力，$\overline{P} = P/F$，N/mm^2；d/h 为镦粗后试件的径高比；σ_s 为材料单向压缩变形抗力，N/mm^2。

五、实验报告要求

（1）载明实验数据。

（2）作出实验数据的 $\overline{P} - d/h$ 散点图，$\overline{P} - d/h$ 曲线及求出曲线外延与纵轴交点得出的 σ_s 值。

（3）作出 $\overline{P}/\sigma_s - b/h$ 的关系曲线，得出线性方程 $\overline{P}/\sigma_s = a + b(d/h)$ 的表达式。工程法平塑压圆柱体时，当 $d/h \leqslant 2$ 时，$\overline{P} = \sigma_s + [1 + (\mu/4) \times (d/h)]$。

实验 4　平塑压圆柱体时，接触应力的分布情况及其影响因素

一、实验目的

（1）观察平塑压圆柱体时，接触应力的分布情况，研究不同的工艺因素对接触应力的影响。

（2）观察平塑压圆柱体时，试件鼓形的形成过程及原理。

（3）观察平塑压圆柱体时，试件的侧翻现象。

二、实验原理

金属在压力加工过程中，工具与变形金属接触界面上的接触应力（单位压力），往往由于金属变形所受到的约束条件（如工具形状、表面摩擦润滑条件以及变形区几何尺寸）等因素影响的不同，其分布规律及数值大小也往往不同。由于接触应力分布不均，导致金属变形不均，这不仅影响制品组织性能的均匀性，而且增加变形力能的消耗，因此，了解影响金属接触应力分布及其大小的因素，是金属压力加工中的重要问题。

本实验采用带槽压块，平塑压圆柱体试件，在不同变形区几何因素 H/D（高径比），及不同接触表面条件——压块与试件端面接触的润滑情况不同时，观测变形金属嵌入压块沟槽内深度沿试件直径的分布情况，定性了解接触应力的分布及有关因素的影响规律。

平塑压圆柱体试件时，在其高度减小的过程中，金属质点将沿半径方向横向流动。如果设想圆柱体试件是由许多同心圆环层所组成（如图 1-2-4-1 所示），则每层金属向外扩展时所受到端表面摩擦力阻碍作用的程度不同，最外层金属 Ⅰ，只需克服自身端表面的摩擦阻力就可，而 Ⅲ 层金属外向扩展，除需克服本层端面的阻力外，尚需克服其外邻 Ⅰ、Ⅱ 两层金属对它的阻力；由此可见，越处于试件中心区的金属受到的阻碍力越大。如果使各层产生同样程度的压缩变形，那么在端面上施加的单位压力不同，即接触面上的接触应力存在如图 1-2-4-1 上部曲线所示的分布规律。

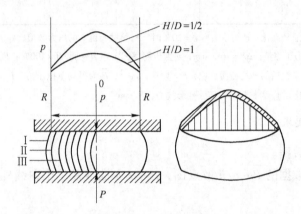

图 1-2-4-1　平塑压圆柱体变形景象及受力情况

当压缩较高试件，即 H/D 值较大的试件时，由于其高度较大，接触表面摩擦阻力对内部金属质点横向流动的牵制作用效果较小，因此，在接触表面状态相同、压缩程度相同的情况下，H/D 或 h/d 大者所需总压力较小，接触应力分布曲线较平缓，如图 1-2-4-1 中的 $H/D = 1$ 曲线所示；反之，H/D 或 h/d 小者所需总压力较大，接触应力分布曲线较陡，如图 1-2-4-1 的 $H/D = 1/2$ 曲线所示。

如果接触表面涂润滑油时，由于表面的摩擦阻力较小，在其他条件相同的情况下，其总压力、平均单位压力均有所降低，单位压力分布曲线相对较平缓。

由于不同位置的单位压力大小直接影响变形金属嵌入压块沟槽的深度，因此，不同条件下接触应力的大小及分布规律可由嵌入沟槽的金属外形轮廓定性地反映出来（如图 1-2-4-1 所示），并可方便地观测。

三、实验设备及材料

（1）WAW-1000C 型微机控制电液伺服万能试验机。

（2）压块两对，每对中有一块沿直径方向铣有宽×深 = 2mm × 15mm 的沟槽。

（3）圆柱形铅试料：ϕ44mm × 20mm 两个、ϕ44mm × 40mm 一个。

（4）游标尺、润滑油、坐标纸、粉笔、划针等。

四、实验内容和步骤

先将试件编号：1 号、2 号、3 号，再测量各试件的有关尺寸 H/D，并把数据填入表 1-2-4-1 中。

（一）比较接触表面不同的摩擦条件对接触应力分布的影响

（1）把表面光滑涂有润滑油的带槽下压块放置在试验机的下压板上，在其上面中心位置对称地放置端面涂有润滑油的尺寸为 $\phi44\text{mm} \times 20\text{mm}$ 的 1 号试件，然后在试件上面对称地放置另一块光滑压块。

（2）启动试验机，把试件从 $H = 20\text{mm}$ 压缩到 $h = 8\text{mm}$、$\varepsilon = 60\%$，停机后记下总压力 P。

（3）细心取出嵌入沟槽内的试件，擦干上面的油迹，用坐标纸描下嵌入部分的轮廓形状，并测量压缩后试件上下端面及半高处的直径及压缩后高度 h，把有关数据填在表 1-2-4-1 中。

（4）使用一对干燥的压块，把端面涂有粉笔灰的尺寸为 $\phi44\text{mm} \times 20\text{mm}$ 的 2 号试件放在压块中，进行同样的压缩过程，从 $H = 20\text{mm}$ 压缩至 $h = 8\text{mm}$、$\varepsilon = 60\%$，记下总压力 P，取出试件，描下嵌入部分的轮廓形状，并测量有关尺寸，把数据填入表 1-2-4-1 中。

表 1-2-4-1　摩擦条件对接触应力分布影响数据

试件号	试 验 条 件		H /mm	D /mm	h /mm	Δh /mm	ε /%	P/kg	凸端面直径 /mm	凸端面面积 /mm²	P /kg·mm⁻²
	H/D	表面状况									
1 号	1/2	表面光滑 有润滑									
2 号	1/2	表面粗糙 涂粉笔灰									

（5）比较 1 号和 2 号试件的实验结果，经过整理后，得出摩擦条件对接触应力分布影响的有关结论。

（二）比较不同的 H/D 对接触应力分布的影响

（1）使同一对干燥压块，把尺寸为 $\phi44\text{mm} \times 40\text{mm}$ 的 3 号试件的两端面涂上粉笔灰，放到压块中，从 $H = 40\text{mm}$ 压缩到 $h = 16\text{mm}$、$\varepsilon = 60\%$，记下总压力 P。

（2）取出试件后，描出嵌入部分的轮廓形状，测量试件压缩后的有关尺寸，并把数据填入表 1-2-4-2 中。

表 1-2-4-2　不同的 H/D 对接触应力分布影响数据

试件号	试 验 条 件		H /mm	D /mm	h /mm	Δh /mm	ε /%	P/kg	凸端面直径 /mm	凸端面面积 /mm²	P /kg·mm⁻²
	H/D	表面状况									
2 号	1/2	表面粗糙 涂粉笔灰									
3 号	1	表面粗糙 涂粉笔灰									

（3）借助 2 号试件的有关数据，把 2 号和 3 号试件的实验结果进行比较，经过整理后，得出 H/D 对接触应力分布影响的有关结论。

（三）比较接触表面不同的摩擦条件、不同的 H/D 对鼓形度的影响

用游标尺测量上述每种试验条件下，塑压后试件不同位置上的直径，并填入表 1-2-4-3 中。

表 1-2-4-3　摩擦条件、不同的 H/D 对鼓形度的影响数据

试件号	试验条件		塑压后试件不同位置上的直径/mm			压后试件鼓形度 = $[(D_半 - D_{min})/D_半]×100\%$
	H/D	表面状况	平端面	凸端面	半高处	
1 号	1/2	表面光滑有润滑				
2 号	1/2	表面粗糙涂粉笔灰				
3 号	1	表面粗糙涂粉笔灰				

五、实验报告要求

（1）载明实验数据。

（2）画出不同表面状态下的 $P-R$ 曲线和不同 H/D 条件下的 $P-R$ 曲线。

（3）以平塑压圆柱体试件为例，说明为什么在压力加工过程中接触面上的单位压力分布是不均匀的，其影响因素有哪些。

（4）说明为什么平直的圆柱形试件在平塑压之后会变成鼓形，各种因素如何影响鼓形度。

实验 5　滑移线的观察

一、实验目的

（1）观察拉伸长圆柱体，拉伸薄板片和压痕短圆柱体端面时，滑移线的形成及发展过程。

（2）证实金属的塑性变形是一个滑移过程，滑移结果形成滑移线和滑移面。

二、实验原理

工业用金属都是多晶体，组成金属的晶体按其结构分，有面心立方、体心立方和密排立方；金属受力后的变形分布是不均匀的，随着应力的增加，塑性变形首先集中在局部区域，然后扩展到整个试件。可以理解，在应力未达到上屈服点之前，个别有利取向的晶粒已经发生了滑移。位错往往是在某些应力集中处（如夹杂物、晶界）发源；但这些晶粒中的运动位错被阻塞在晶界上，不能立即传播到邻近的晶粒中去。当所加应力达到上屈服点时，已经屈服的晶粒就能触发邻近晶粒也发生滑移，这样就使一些已经屈服的晶粒构成了一个塑性区，这些塑性区中的滑移面与试样表面的交痕，就是可观察到的滑移线。

滑移线有一个生成与传播的过程，当所加应力达到上屈服点时，已经生成的内部滑移线很快地成长起来，并横切试样的整个断面而到达表面，以后滑移线便朝宽度方向发展，

在滑移线的生成与传播过程中，上屈服点相当于成核的应力，而下屈服点的平台区域，则对应着滑移线传播的应力。

通过仔细观察可以发现，滑移线的切线方向是变形试样的最大切应力方向（与最大主应力向呈 45°）。可以说，滑移线就是最大切应力流线；因为最大切应力是成对正交出现的，所以观察到的滑移线网是一组正交的曲线网；每族曲线网的方向都各表示一组最大切应力方向；滑移线的弯曲表示最大切应力方向的改变。

三、实验设备及材料

（1）WDW3200 微机控制电子万能实验机。

（2）H3000 布氏硬度计。

（3）长圆柱体低碳钢拉伸试件、锡青铜薄板片、短圆柱体低碳钢压痕试件各 1 件。

四、实验内容和步骤

（1）把表面经过磨光的圆柱体长试件夹在 WDW3200 微机控制电子万能实验机上，进行缓慢加载，仔细观察磨光表面上滑移线的出现、形成及发展过程，记录开始出现滑移线时的载荷 P。

（2）把表面经过磨光的锡青铜薄片夹在 WDW3200 微机控制电子万能实验机上，进行缓慢加载，仔细观察磨光表面上滑移线的出现、形成及发展过程，记录开始出现滑移纹时的载荷 P。

（3）把端面经过磨制抛光的短圆柱体试件放在布氏硬度计上，使用 10mm 的钢珠，加载 2750kg，按检测硬度的操作方法，对其进行压痕，仔细观察压痕周围螺旋状的"对数螺线"滑移线。

（4）描出以上三种滑移线的大致形状。

五、实验报告要求

（1）描出所做实验观察到的滑移线形状。

（2）对实验结果进行解释。

（3）对短圆柱体端面的压痕试件进行证明。

设：压痕半径为 a、圆柱体半径为 b、内压力为 q、材料的剪切屈服极限为 k，滑移线均匀扩展至圆柱体表面（整体屈服），见图 1-2-5-1。

试证明：

（1）端面上应力分布：$\sigma_r = 2k\ln(r/b)$，$\sigma_\theta = 2k[1 + \ln(r/b)]$。

（2）内压力 $q = -2k\ln(a/b)$。

（3）滑移线是对数螺线，其方程为：$\varphi = \pm[\ln(b/r) + c]$，或 $r = ce\pm\varphi$。

式中，φ 为 α 滑移线与 X 轴的夹角；c 为常数；r 为任意点 M 的半径。

提示：按轴对称的平面变形问题考虑。

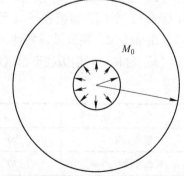

图 1-2-5-1　圆柱体端面的压痕试件

实验6　挤压时金属流动景象的观测，工艺因素对挤压力的影响

一、实验目的

（1）掌握研究金属挤压时流动规律的坐标网格法。
（2）研究正向挤压时各种工艺因素对金属流动规律的影响。
（3）研究正向挤压时各种工艺因素对挤压力的影响。
（4）用公式计算法与实测法比较挤压时的挤压力。

二、实验原理

研究金属在挤压时的塑性流动规律是很重要的。挤压制品的组织、性能、表面质量、形状、工具设计原则以及挤压力的大小变化等都与它有密切的关系。影响金属流动的因素有：金属的强度、接触摩擦和润滑条件、工具和锭坯的温度、工具结构与形状、变形程度、挤压速度以及挤压方法等。本实验主要研究正向挤压时，模角、变形程度、挤压速度、挤压模定径带长度、铸锭长度、润滑条件对金属流动及对挤压力的影响。

金属在正向挤压时，由于挤压筒内壁与锭坯表面产生出很大的摩擦力，所以金属的流动和变形是不均匀的。研究金属在挤压时的流动规律，常用的方法是坐标网格法。

大多数情况下，金属的塑性变形是不均匀的，但是可以把变形体分割成无数小的单元体，如果一个单元体的边长足够小时，在小单元体内就可以近似地看成是均匀变形过程，这样就可以用均匀变形理论来解释不均匀变形过程，即构成了坐标网格的理论基础。网格的大小，原则上尽量小些，但是受单晶体各向异性的影响，又不能太小，一般取5mm，深度为1mm左右。

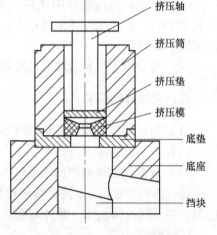

图 1-2-6-1　挤压模具装配图

挤压轴
挤压筒
挤压垫
挤压模
底垫
底座
挡块

三、实验设备及材料

（1）设备：WAW-1000C 型微机控制电液伺服万能试验机。

（2）工具：挤压模具4套（其装配图如图1-2-6-1所示），平模、锥模模子（尺寸如表1-2-6-1所示），游标卡尺，钢板尺，划针，红色粉笔等。

（3）材料：对剖圆柱形铅试料：$\phi 44 \times 60$ 5对，$\phi 44 \times 30$ 1对。

表 1-2-6-1　模子尺寸

模子编号	1号	2号	3号	4号
模角 $\alpha/(°)$	90	90	90	65
模孔直径 D_k/mm	20	20	15	20
定径带长度 L/mm	8	4	8	8

四、实验内容和步骤

（一）方法

本实验研究正向挤压时变形程度、挤压速度、定径带长度、铸锭长度、润滑条件和模角对金属流动和挤压力的影响。

（1）不同的变形程度：当其他条件一定时，分别采用模孔直径 $D_k = 20mm$、$D_k = 15mm$ 的模子 $\phi 44mm \times 60mm$ 的锭坯两个进行实验。

（2）不同的挤压速度：当其他条件一定时，分别采用 30mm/min 和 60mm/min 的速度进行实验。

（3）不同的定径带长度：当其他条件一定时，采用模孔直径 $D_k = 20mm$，定径带长度分别为 $L = 8mm$、$L = 4mm$ 的模子进行实验。

（4）不同的铸锭长度：当其他条件一定时，采用模孔直径 $D_k = 20mm$，铸锭长度分别为 $l = 60mm$、$l = 30mm$ 的模子进行实验。

（5）不同的润滑条件：当其他条件一定时，分别采用有润滑和无润滑的实验条件进行实验。

（6）不同的模角：当其他条件一定时，分别采用模角为 $\alpha = 90°$ 和 $\alpha = 65°$ 的模子进行实验。

（二）步骤

（1）测量试件的直径 D 和长度 l，模孔直径 D_k、定径带长度 L、模角 α、挤压筒直径 D_0，把有关数据填入表 1-2-6-2 中。

（2）在对剖试件的一剖面上，用划针划上纵横间距为 5mm 的对称网格，纵间边缘留 2mm，刻痕深度 1mm 左右，涂上粉笔灰，如图 1-2-6-2 所示。

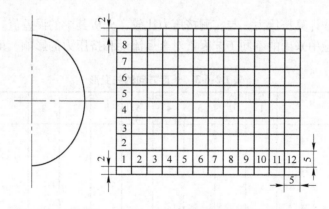

图 1-2-6-2　对剖面划网格图示

（3）选取所需的模子，将模子和试件装入挤压装置中进行挤压，控制挤出总长的 2/3，即长度 60mm 的铸锭剩下 20mm；长度 30mm 的铸锭剩下 10mm，由试验机上的行程观察。

（4）挤压完毕后，取下试件，观察及测量网格的变化情况，记下挤压力 P 和挤压时间 t，将有关数据填入表 1-2-6-2 中和表 1-2-6-3 中。

（5）改变工艺条件，方法同前，做同组试验另一个工艺因素的试件挤压，将有关数据填入表 1-2-6-2 和表 1-2-6-3 中。

表 1-2-6-2　实验数据

试件编号	试件尺寸		挤压模尺寸			挤压筒直径 D_0 /mm	挤压力 P /kN	挤压时间 t/s	挤压速度 v /mm·min^{-1}	试验条件
	直径 D /mm	长度 l /mm	直径 D_k /mm	长度 L /mm	模角 α /(°)					
1 号										
2 号										
3 号										
4 号										
5 号										
6 号										
7 号										

五、实验报告要求

（1）载明实验数据。

（2）确切地描出金属的流动景象图，根据表 1-2-6-3 的数据作出各断面上线变形的分布图。

（3）用公式法计算挤压力，与实测挤压力比较，分析其中的误差值。

（4）分析实验中采用的不同工艺因素对金属流动和挤压力的影响，得出相关结论。

表 1-2-6-3　长度方向的线变形

方格编号		1	2	3	4	5	6	7	8	9	10	11	12
挤压前长度 /mm	1 号												
	2 号												
	3 号												
	4 号												
	5 号												
	6 号												
	7 号												

方格编号		1	2	3	4	5	6	7	8	9	10	11	12
挤压后长度 /mm	1 号												
	2 号												
	3 号												
	4 号												
	5 号												
	6 号												
	7 号												
长度差 /mm	1 号												
	2 号												
	3 号												
	4 号												
	5 号												
	6 号												
	7 号												
线变形 /%	1 号												
	2 号												
	3 号												
	4 号												
	5 号												
	6 号												
	7 号												

实验7　挤压过程中挤压力的变化规律

一、实验目的

（1）绘制某个挤压过程的 $P-L$ 曲线。

（2）分析在不同挤压阶段挤压力的变化规律及其原因。

（3）求出挤压过程中锭坯与挤压筒之间的摩擦应力。

二、实验原理

挤压时，挤压筒内壁与锭坯表面之间的摩擦力会影响金属流动的均匀性，从而引起挤压力的变化。由于这种摩擦力的存在，外部金属的流动明显落后于中心部分金属的流动；正向挤压过程中，挤压力 P 与挤压行程 L 的关系呈图1-2-7-1所示的规律变化。

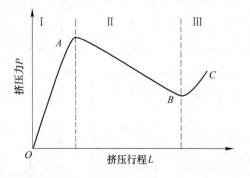

图1-2-7-1　挤压过程中的 $P-L$ 曲线图

根据规律，可将挤压过程分为三个阶段：

OA——开始挤压阶段 I ；

AB——基本挤压阶段 II ；

BC——终了挤压阶段 III 。

由阶段 I 进入阶段 II 时，在突破挤压开始的瞬间 A 点，锭坯长度最大，摩擦阻力也最大。当其他工艺因素固定时，这时的挤压力达到最大值 P_{max} ，此力称为突破压力，即为某工艺条件下挤压过程的挤压力，只要 P_{max} 低于设备能力，设备及工具就安全。随着挤压过程的进行，锭坯长度逐渐减小，摩擦阻力也相应逐渐减小，由阶段 II 进入阶段 III 的 B 点，挤压力达到基本挤压阶段的最小值 P_{min} ；此后继续挤压，挤压力又增大，这是由于挤压终了阶段，金属沿径向流动速度的增加使金属硬化程度，摩擦力增加而引起的。

不同工艺条件下的摩擦应力不同，P_{max} 和 P_{min} 的值也不同，测定挤压筒与锭坯之间的摩擦应力 τ 有两种近似的方法：

（1）用 $P-L$ 图计算。根据记录的 $P-L$ 图或直接读出的挤压力值，按下式计算摩擦应力：

$$\tau = (P_{max} - P_{min})/[\pi \cdot D_0(L_0 - h_0)] \quad (kg/mm^2)$$

式中　P_{max}——突破压力，kg；

　　　P_{min}——最小压力，kg；

　　　D_0——挤压筒直径，mm；

　　　L_0——镦粗后锭长（挤出料头忽略不计），mm；

　　　h_0——死区厚度，mm，$h_0 = (D_0 - D_k)(0.58 - \cot\alpha)/2$ （α 为模角）。

（2）用压余推出力 P_1 计算。当挤压终了，将模子、压余、垫片一起顶出挤压筒时，

可测得稳定推出力,即克服挤压筒内壁对它的阻力 P_1,则可按下式计算摩擦应力:

$$\tau = P_1/(\pi D_0 L_1) \quad (kg/mm^2)$$

式中　P_1——推出力,kg;

　　L_1——压余长度,mm。

三、实验设备及材料

(1) 设备:WAW-1000C 型微机控制电液伺服万能试验机。

(2) 工具:挤压工具 1 套,游标卡尺。

(3) 材料:$\phi 44mm \times 40mm$ 铅锭两个。

四、实验内容和步骤

(1) 在记录筒上放好坐标纸,装上记录用划笔。

(2) 测量锭坯尺寸 $D \times L$,测量挤压模的模孔直径 D_k 和定径带长度 h_d 及挤压筒内径 D_0,并把模子、锭坯、垫片装入挤压筒内。

(3) 开动试验机,计力开始,即表示锭坯开始处于应力状态,按压余厚度 $h = 5mm$ 控制行程 $L_{总}$,挤压过程中记下挤压时间 t、挤压行程 L、最大挤压力 P_{max} 和最小挤压力 P_{min}。

(4) 挤压结束后,降下活动横梁,取出模垫和导轴,快速提升活动横梁,当推出压余的推力稳定时,记下 P_1,然后快速推下压余。

(5) 取下记录纸,测量并记下有关数据,填入表 1-2-7-1 中。

(6) 按上述步骤,改变工艺条件,做第 2 根试件的挤压实验。

表 1-2-7-1　实验数据

试件号	锭坯尺寸		挤压模		挤压筒直径 D_0/mm	挤压时间 t /s	挤压行程 L /mm
	D/mm	L/mm	D_k/mm	h_d/mm			
1 号							
2 号							

试件号	挤压速度 v/mm·s^{-1}	挤压比 λ	最大挤压力 P_{max}/kg	最小挤压力 P_{min}/kg	压余推出力 P_1/kg	摩擦应力 τ/kg·mm^{-2}	试验条件
1 号							
2 号							

五、实验报告要求

(1) 载明实验数据。

(2) 绘出挤压过程中的 $P - L$ 曲线。

(3) 求出挤压过程中的摩擦应力 τ。

(4) 分析三个阶段的挤压力变化规律及其原因。

实验 8　空拉管材时，管坯的径厚比 D_H/S_H 对壁厚变化的影响及拉伸力的测定

一、实验目的

（1）了解管坯的径厚比 D_H/S_H 对空拉管材壁厚增减的临界系数范围。

（2）用公式计算法与实测法比较空拉管材的拉伸力。

二、实验原理

空拉是管材产生中常用的方法之一，但由于管坯内壁没有受到芯头的支撑作用，壁厚呈"自由变形状态"。这不仅难以控制管材的尺寸精度，而且可能导致壁厚超差而出废品，因此，研究影响空拉管时壁厚变化的因素及其规律在理论和实践上都具有重要意义。

空拉管时影响壁厚变化的因素包括管坯的径厚比 D_H/S_H 和相对拉伸应力（$K = \sigma_{拉}/\beta\sigma_s$）两大类。其中 D_H/S_H 反映几何尺寸的特点，对拉伸时壁厚变化趋势有着主要的影响，因此，在许多情况下，人们把它作为衡量管材空拉时壁厚增减趋势的唯一参数，而且把对应于空拉后壁厚增减不定或不变化的 D_H/S_H 值称为临界系数（或称临界值）。最早提出的临界值为：$D_H/S_H = 5 \sim 6$。但后来，在现场条件下实测统计所得到的这一数值范围扩大到 $4 \sim 8$，而实际上考虑 D_H/S_H 和 K 两者的影响所得到的临界值范围为 $D_H/S_H = 3.6 \sim 7.6$，在此范围内壁厚增减不定或不变，大于上限值时增壁，而小于下限值时则减壁。

三、实验设备与材料

（1）设备：WDW3200 微机控制电子万能实验机。

（2）工具：模子托架、拉伸模、壁厚千分尺、游标卡尺等。

（3）材料：紫铜管 2 根：$\phi 20 \times l$、$\phi 30 \times l$、长度 $l = 200\text{mm}$，碾好头。

模子尺寸见表 1-2-8-1。

表 1-2-8-1　模子尺寸

模子编号	1 号	2 号
模角/(°)	12	12
模孔直径 D_0/mm	16	12.8

四、实验内容和步骤

（一）壁厚与拉伸力测定

（1）用游标卡尺量出管坯外径 D_H，用壁厚千分尺量出壁厚 S_H，量壁厚时应在管上取 4 个对称点，然后取其平均值，把数值填入表 1-2-8-2 中。

（2）将托架夹在试验机的上夹头上，选择相应的 1 号模子放在托架上，并将管坯放入模孔内，其装配图如图

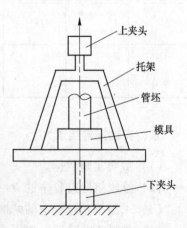

图 1-2-8-1　管材拉伸装配图

上夹头

托架

管坯

模具

下夹头

1-2-8-1 所示。

（3）将下夹头降到最低点，然后调节上夹头，使下夹头正好夹住管坯碾头部位为止。

（4）下夹头固定不动，使上夹头按 80mm/min 的速度向上运动，从而拉伸管材，注意记录稳定时的拉伸力 P_z。

（5）待管材拉出模孔后，取下试件，用钢锯把试件的尾端锯去一部分，用锉刀打去锯屑，按同样方法量出管材的外径和壁厚尺寸，把有关数据填入表 1-2-8-2 中。

表 1-2-8-2　实验数据

序号	壁厚与拉伸力测定									σ_b 确定	
	拉伸前管坯尺寸			拉伸后管材尺寸			延伸系数 λ	拉伸力 P_k /kg	拉伸应力 σ_z /N·mm^{-2}	拉断力 P_b /kg	拉伸应力 σ_b /N·mm^{-2}
	直径 D_H /mm	壁厚 S_H /mm	D_H /S_H	直径 D_k /mm	壁厚 S_k /mm	ΔS /mm					
1											
2											

注：D_H、S_H 为管材拉伸前直径、壁厚，据此可计算管材拉伸前截面面积 F_H；D_k、S_k 为管材拉伸后直径、壁厚，据此可计算管材拉伸后截面面积 F_k；$\Delta S = S_k - S_H$；$\lambda = F_H / F_k$；$\sigma_z = P_z / F_k$；$\sigma_b = P_b / F_k$。

（6）在 1 号模子上进行第 2 根管材的拉伸，记录有关数据。

（7）另换 2 号模子，把经过 1 号模子拉伸的两根管材分别在 2 号模子上进行拉伸，记录有关数据，做完后将托架卸下。

（二）抗拉强度 σ_b 的测定

（1）将拉伸后的管材锯去头尾，进行拉力实验，至拉断为止，记录此时的 P_b 值。

（2）测量管子的有关尺寸方法同前，把数据填入表 1-2-8-2 中。

（3）按表 1-2-8-2 计算 σ_z、σ_b。

五、实验报告要求

（1）载明实验数据。

（2）用公式法计算拉伸力，与实测拉伸力比较，分析其中的误差值。

（3）分析本实验管材拉伸后增壁或减壁的情况。

实验 9　拉棒时安全系数的确定及拉伸力的校核

一、实验目的

（1）通过测定拉棒时的 K 值来了解求安全系数的方法。

（2）用公式计算法与实测法比较拉棒时的拉伸力。

二、实验原理

在进行拉伸配模设计时，应考虑以下几个因素：

（1）拉伸力不能超过设备的能力。

（2）充分利用金属塑性，减少拉伸道次。

32

（3）出口处拉伸应力 σ_z 应比此处材料的 σ_s（或 σ_b）要小，才能保证拉伸不断头。因此，在拉伸过程中，道次延伸系数 λ 的选择是至关重要的，而道次延伸系数 λ 又必须满足于安全系数 K，满足 K 值范围的拉伸配模则是较好的工艺设计。

拉伸时，被拉出模孔材料的拉伸应力 σ_z

$$\sigma_z = P_1 / F_1$$

式中　P_1——稳定拉伸时的拉伸力，kg 或 kN；

F_1——拉伸后材料的截面面积，mm^2。

根据稳定拉伸过程的条件，应保证：$\sigma_z < \sigma_s$ 或 $\sigma_s / \sigma_z > 1$；否则，拉伸后材料会因"过拉"而出现细颈以至断头，因此可用安全系数 K 来表示这个比值：

$$K = \sigma_s / \sigma_z > 1 \quad 或 \quad K = \sigma_b / \sigma_z > 1$$

一般情况下，K 的取值在 1.4 ~ 2.0 范围内，即拉伸应力 σ_z 控制在 $(0.5 \sim 0.7)\sigma_b$ 范围内，这样既可以充分利用金属塑性又可以减少断头。当 $K < 1.4$ 时不安全，易断头；当 $K > 2.0$ 时过于安全，未能充分利用金属的塑性，使拉伸道次增多。

三、实验设备与材料

（1）设备：WDW3200 微机控制电子万能实验机。

（2）工具：模子托架、拉伸模、游标卡尺等。

（3）材料：$\phi16mm \times 250mm$ 紫铜棒 4 根，并碾好头。

模子尺寸见表 1-2-9-1。

表 1-2-9-1　模子尺寸

模 子 编 号	1 号	2 号
模孔直径 D/mm	12.8	11.4

四、实验内容和步骤

（一）拉伸实验

（1）测量坯料直径 D_0，量 3 次取平均值。

（2）将模子托架夹在试验机的上夹头上，选择相应的 1 号模子放在托架上，涂上润滑油，再将 1 根碾好头的棒坯放入模子内，注意对中。

（3）调节上、下夹头，使下夹头正好夹住棒坯的碾头部位为止。

（4）下夹头不动，使上夹头按 80mm/min 的速度向上运动，从而进行拉伸，记录稳定时的拉伸力 P_1 值，注意模子喇叭口的油量。

（5）待试件拉完后，停机取出试件，量出棒材直径 D_1（取平均值），并做好记录。

（6）循环做其他试料的拉伸，1 号，2 号模子各拉 2 根。

（7）拉伸完毕后，取下模架，换上机头的钳口。

（二）抗拉强度 σ_b 的测定

（1）将拉后的棒材锯去头尾进行拉力实验，至拉断为止，并记录拉断时的最大力 P_b 值。

（2）测量棒材拉断后的直径，把有关数据填入表 1-2-9-2 中。

（3）按表 1-2-9-2 计算 σ_z、σ_b 和安全系数 K。

表 1-2-9-2 实验数据

序号	拉伸试验部分							拉力试验部分		结果
	拉伸前尺寸		拉伸后尺寸		延伸系数 λ	拉伸力 P_1 /kN	拉伸应力 σ_z /N·mm^{-2}	拉断力 P_b /kN	抗拉强度 σ_b /N·mm^{-2}	安全系数 K
	D_0 /mm	F_0 /mm^2	D_1 /mm	F_1 /mm^2						
1										
2										
3										
4										

注：$\lambda = F_0/F_1$, $\sigma_z = P_1/F_1$, $\sigma_b = P_b/F_1$, $K = \sigma_b/\sigma_z$。

五、实验报告要求

（1）载明实验数据。

（2）用公式法计算拉伸力，与实测拉伸力比较，分析其中的误差值。

（3）分析为什么在拉伸配模设计中要校核安全系数 K，在实验中 K 值随变形程度不同有何变化。

实验 10 最大咬入角的测定

一、实验目的

（1）求出轧件咬入时的最大咬入角和稳定轧制时的最大接触角。

（2）研究不同的工艺因素对咬入的影响。

（3）求出不同条件下的轧辊和轧件之间的摩擦系数。

二、实验原理

在轧辊接触轧件的瞬间，轧辊对轧件的作用力，一是径向压力 P，二是由压力 P 产生的轧辊与轧件接触表面的摩擦力 T，这两个力都可以分解为垂直分力 P_y、T_y 和水平分力 P_x、T_x，如图 1-2-10-1 所示。垂直分力 P_y、T_y 为压缩力，作用在垂直方向上的分力使轧件从上、下两个方向同时受到压缩，只有轧件受到压缩产生塑性变形时才能被咬入，这是轧件被轧辊咬入的先决条件，又叫必要条件。水平分力 P_x 为轧件的推出力，T_x 为轧件的拉入力，决定轧件能否被咬入，就取决于 P_x 和 T_x 的合力。

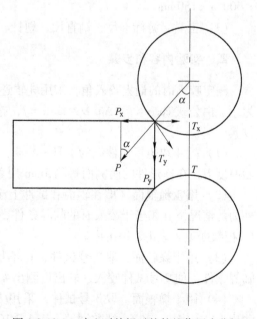

图 1-2-10-1 咬入时轧辊对轧件的作用力分析

当 $P_x < T_x$，即 $\tan\alpha < f$ 时，轧件能咬入，这是咬入的充分条件；当 $P_x > T_x$ 时，$\tan\alpha > f$，轧件不能咬入；当 $P_x = T_x$ 时，轧件的咬入处于临界状态，$T_x = T\cos\alpha$、$P_x = P\sin\alpha$，$T = fP$，$P\sin\alpha = fP\cos\alpha$，所以，$f = (P\sin\alpha)/(P\cos\alpha) = \tan\alpha$，即 $T/P = f = \tan\beta$，则开始咬入时，最大咬入角与摩擦角的关系为 $\tan\alpha \leqslant \tan\beta$ 或 $\alpha \leqslant \beta$。

由此可见，咬入角所允许的大小与金属对轧辊表面的摩擦系数 f 有关，即咬入角受摩擦系数的限制。

轧件一旦被咬入，轧制压力的作用点则由变形区的入口端朝出口方向移动，当轧件完全充满辊缝后，稳定轧制过程建立。如果单位压力沿接触弧均匀分布，则轧制压力的作用点将在接触弧的中点，如图1-2-10-2所示。此时轧制压力 P 的作用角 ϕ 等于咬入角 α 的一半，即 $\phi = \alpha/2$，所以，稳定轧制的条件为 $\alpha/2 \leqslant \beta$，即 $\alpha \leqslant 2\beta$；此时，咬入角实际上就是接触角。

实际上，沿接触面上单位压力分布是不均匀的，因此 α 与 β 的关系为 $\alpha \leqslant (1.5 \sim 2)\beta$，由一系列实验而测得。

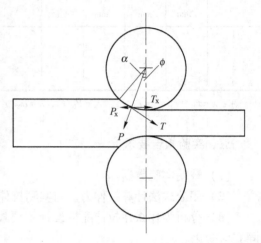

图 1-2-10-2　稳定轧制时轧辊对轧件的作用力分析

三、实验设备与材料

（1）设备：二辊不可逆轧机 $\phi185\text{mm} \times 250\text{mm}$。

（2）材料：矩形铅试料4块：$5\text{mm} \times 30\text{mm} \times 100\text{mm}$，楔形铅试料1块：$(5 \sim 20)\text{mm} \times 40\text{mm} \times 150\text{mm}$。

（3）工具：游标卡尺、钢直尺、划针、机油、粉笔等。

四、实验内容和步骤

测定咬入时的最大咬入角，采用轧辊逐渐张开法，即调整上轧辊的位置，使之能咬入为止。由公式 $\cos\alpha = l - \Delta h/D$、$\tan\alpha = f$，按 $\alpha = \beta$ 的关系求出最大咬入角 α_{max} 和摩擦系数 f。

（1）把4块矩形试件编为1号~4号、楔形件为5号，测量每块矩形件和楔形件的原始厚度 H，在楔形件的两侧面每隔5mm用划针刻出直线，并涂上红色粉笔灰。

（2）用粗糙辊面（即在辊面和试件上涂上粉笔灰），取1号试件，在不加外力或略加外力的情况下，相当于咬入时的临界条件，使1号试件咬入，轧出后测出 h，求出 α_{max} 和 f，把数据填入表1-2-10-1中。

（3）用干燥辊面，取2号试件，在不加外力或略加外力的情况下，相当于咬入时的临界条件，使2号试件咬入，轧出后测出 h，求出 α_{max} 和 f，把数据填入表1-2-10-1中。

（4）用干燥辊面，取3号试件，采用大压下，加外推力，使3号试件咬入，轧出后测出 h，求出 α_{max} 和 f，把数据填入表1-2-10-1中。

表 1-2-10-1　实验记录表

试样号	试验条件	H/mm	h/mm	$\Delta h/\text{mm}$	$\cos\alpha$	α	f
1 号	粗糙辊面，不加外力						
2 号	干燥辊面，不加外力						
3 号	干燥辊面，大压下，加外力						
4 号	润滑辊面，不加外力						
5 号	楔形试件，干燥辊面，加外力						

（5）用涂油辊面（即在辊面和试件上涂上机油），取出 4 号试件，在不加外力或略加外力的情况下，相当于咬入时的临界条件，使 4 号试件咬入，轧出后测出 h，求出 $\alpha_{\max}$ 和 f，把数据填入表 1-2-10-1 中。

（6）用干燥辊面，可适当加外力，使楔形件小头咬入，待轧制过程建立，接触角达到最大值，试件卡在辊间不能前进，出现打滑现象时，立即停机，抬起上辊，退出试件，测出 h 和 $\alpha_{\max}$，据 $\cos\alpha = 1 - \Delta h/D$，$f = \tan\beta = \tan\alpha'/2$，求出 α' 和 f，并可观察到两侧划线的不均匀变形，如图 1-2-10-3 所示。

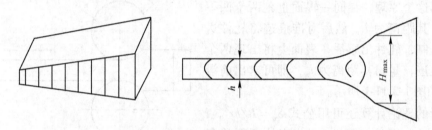

图 1-2-10-3　楔形件轧制前后的形状

五、实验报告要求

（1）载明实验数据。

（2）根据实验结果，讨论外加力、摩擦系数及压下量对咬入的影响。

（3）根据实验结果，分析生产中改善咬入的措施。

六、实验注意事项

（1）在轧辊上涂粉笔灰、涂油及清擦轧辊时，操作者应站在出料端操作，严禁在送料端操作，以免将手或纱布等物压入辊间而发生危险。

（2）矩形试件平整，棱角分明，咬入端呈 90°角。

（3）两边压下保持一致，送料平正，不得歪斜。

实验 11　前滑值的测定

一、实验目的

（1）通过实验认识前滑的存在。

（2）用实验的方法测定不同条件下的前滑值。

（3）了解某些工艺因素对前滑的影响。

二、实验原理

在轧制过程中，轧辊与轧件接触表面之间存在相对滑动，轧件的出辊速度大于轧辊的圆周速度，这种轧件运动超前轧辊的现象，称为前滑。

由前滑的定义可知：

$$S_n = [(V_h - V)/V] \times 100\%$$

式中　V_h——轧件的出辊速度；

　　　V——轧辊的圆周速度。

速度可用单位时间内物体移动的距离来表示，在时间 t 内，辊面上某点旋转的线距离为 L，则 $V = L/t$，轧件表面上某点在同一时间 t 内移动的距离为 L_n，则 $V_n = L_n/t$，将 V、V_n 代入上式得：

$$S_n = [(L_n - L)/L] \times 100\%$$

根据这个原理，在同一辊面上刻两个凹下的痕迹，其距离为 L，然后对准痕迹将轧件送入辊间轧制，轧件出辊后，表面上将出现两个凸出的痕迹，量出其距离为 l_n，即可求出前滑值 S_n，如图 1-2-11-1 所示。

前滑的理论计算还可用公式 $S_n = R/hr^2$，$r = \alpha/[2(1 - \alpha/2\beta)]$ 求出，在一定的压下量条件下，测得摩擦系数 f，即可求出 S_n。反之，测出前滑值也可以求得摩擦系数 f。β 取自经验数据，干燥辊面轧铝时，$f = 0.136 \sim 0.160$；涂机

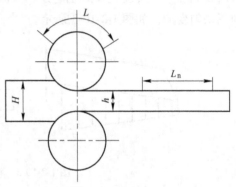

图 1-2-11-1　前滑值测定示意图

油辊面轧铝时，$f = 0.09 \sim 0.12$，$\tan\beta = f$，α 按公式 $\alpha = \sqrt{\Delta h/R}$ 或 $\cos\alpha = 1 - \Delta h/D$ 求得。

三、实验设备与材料

（1）二辊不可逆轧机：$\phi186\text{mm} \times 250\text{mm}$。

（2）铝板条：$3\text{mm} \times 40\text{mm} \times 200\text{mm}$。

（3）钢卷尺、钢尺、游标尺、机油、钢钻、榔头等。

四、实验内容和步骤

（1）用钢钻在辊面上冲两个痕迹，用钢卷尺精确量出其间距 L。

（2）量出试件的厚度 H，为保持相对的加工率，铝板条分别按 $\varepsilon = 10\%$、20%、30%、40% 的加工率分配压下量，算出压下量 Δh_1、Δh_2、Δh_3、Δh_4，以及轧后的厚度 h_1、h_2、h_3、h_4。

（3）取铝板条试件，用算好的轧后厚度 h_1、h_2、h_3、h_4，调整各道次的辊缝，在干燥辊面上对准痕迹进行轧制，轧件出辊后量出两凸点之间的距离 L_n；分别轧制，每次前后都要量出其 H、h、L_n，把有关数据填入表 1-2-11-1 中。

（4）取铝板条试件，在试件和辊面上均匀地涂上机油，按上面的方法，分别轧制，量出每次有关的 H、h、L_n 尺寸，填入表 1-2-11-1 中。

表 1-2-11-1　实验记录

辊面状态	铝板	H/mm	h/mm	Δh/mm	ε/%	L_n/mm	L/mm	S_n实验值	$\cos\alpha$	α角度	α弧度	r弧度	S_n计算值
干燥辊面	1												
	2												
	3												
	4												
涂油辊面	1												
	2												
	3												
	4												

五、实验报告要求

（1）载明实验数据。

（2）作出下列曲线，回答有关问题：

1）绘制在干燥辊面上轧制时，前滑值 S_n 的实验值和计算值与加工率 ε 的关系曲线，分析两者差别的原因；

2）绘制在涂油辊面上轧制时，前滑值 S_n 的实验值和计算值与加工率 ε 的关系曲线，分析两者差别的原因；

3）讨论辊面状态和压下量对前滑的影响，研究前滑在实际生产中的意义。

六、实验注意事项

（1）清擦轧辊或在面上涂油时，操作者应站在出料端操作，以免发生危险。

（2）送料平正，对准辊轧上的刻痕，观察者和操作者应密切配合。

（3）测量数据要准确，两边压下保持一致。

实验 12　轧件宽展的测定

一、实验目的

（1）了解各种工艺因素对轧件宽展的影响。

（2）用实验的方法测定不同条件下的宽展量。

（3）熟悉常用的宽展计算公式。

二、实验原理

各种因素对轧件宽展的影响，都是建立在最小阻力定律和体积不变法则的基础上；从体积不变法则来看，轧件高向受到压缩一定要向纵向和横向延伸，而且纵向和横向变形之和一定等于高向上的压缩变形；从最小阻力定律来看，金属之所以有的为纵向变形，有的为横向变形，是由于它们受到的阻力不同，当某一区域内纵向阻力最小时，金属将呈纵向变形，而另一区域内横向阻力最小时，金属将呈横向变形；这样，轧制变形区可分为宽展区和延伸区，结果轧件产生纵向的延伸和横向的宽展变形，如图1-2-12-1所示。因此，影响轧件宽展的因素都是通过影响宽展区的大小来实现的。

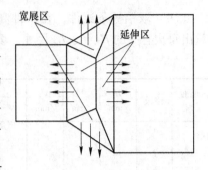

图 1-2-12-1　轧件宽展区与延伸区的分布

三、实验设备与材料

（1）设备：二辊不可逆轧机：$\phi 185mm \times 250mm$。

（2）材料：矩形铅试料：$5mm \times 30mm \times 100mm$，3 块，$5mm \times 15mm \times 100mm$，1 块。

（3）工具：游标尺、机油等。

四、实验内容和步骤

首先把试件编为 1 号、2 号、3 号、4 号，然后测量每块试件的原始厚度 H 和原始宽度 B_1，为使测量准确，对试件宽度的测量，轧前和轧后均在试件的中部测量，把有关数据填入相应的表中。

（一）外摩擦对宽展的影响

取两块尺寸相同的 1 号和 2 号试件，分别在使用润滑油和不使用润滑油的情况下轧制一道次，加工率均为 $\varepsilon = 20\%$，测出轧件轧后的厚度 b 和宽度 B_2，所得数据填入表 1-2-12-1 中。

表 1-2-12-1　外表摩擦对宽展的影响记录

试件号	润滑条件	H/mm	h/mm	$\Delta h/mm$	$\varepsilon/\%$	B_1/mm	B_2/mm	$\Delta B/mm$	备注
1 号	润滑辊								
2 号	干辊								

（二）轧件宽度对宽展的影响

取两块长度和厚度相同而宽度不同的 2 号和 4 号试件，在不使用润滑油的情况下，分别在轧机上轧一道次，加工率均为 $\varepsilon = 20\%$，测出轧件轧后的厚度 h 和宽度 B_2，所得数据填入表 1-2-12-2 中；在这里，对 2 号试件不必再轧，只要借助 2 号试件的数据就行了。

表 1-2-12-2　轧件宽度对宽展的影响记录

试件号	润滑条件	H/mm	h/mm	$\Delta h/mm$	$\varepsilon/\%$	B_1/mm	B_2/mm	$\Delta B/mm$	备注
2 号	干辊								
4 号	干辊								

（三）道次和压下量对宽展的影响

取规格相同的 2 号和 3 号两块试件，在不使用润滑油的情况下，分别在轧机上轧制二道次和一道次，总加工率均为 $\varepsilon_总 = 40\%$；3 号试件轧一道次，2 号试件轧二道次，使其二道次的总加工率 $\varepsilon_总 = 40\%$；由于可以借用 2 号试件的数据，2 号试件只要再轧一道就行了，分别测出 2 号和 3 号试件的 H、h、B_1 和 B_2，再用谢别尔公式计算试件的宽展量，所得数据填入表 1-2-12-3 中。

表 1-2-12-3　道次和压下量对宽展的影响记录

试件号	H/mm	h/mm	Δh/mm	ε/%	B_1/mm	B_2/mm（实测）	ΔB/mm	B_2/mm（计算）
2 号								
3 号								

五、实验报告要求

（1）载明实验数据。

（2）分析并回答下列问题：

1）外摩擦如何影响轧件的宽度；

2）轧件宽度怎样影响轧件宽展；

3）讨论轧制道次和道次加工率对轧件宽展的影响，研究宽展对实际生产有什么意义。

六、实验注意事项

应在试件的中部测量试件的宽度，轧制前后应在同一位置测量，其余同前实验。

第 3 节　金属材料热处理、表面改性实验

实验 1　碳素钢的热处理

一、实验目的

（1）熟悉热处理基本操作。

（2）了解热处理工艺对组织性能的影响。

（3）熟悉碳钢热处理后的基本组织特征。

二、实验原理

钢的热处理就是利用钢在固态范围的加热、保温和冷却以改变其组织，从而获得所需要的性能的一种操作。普通热处理的基本操作有退火、正火、淬火、回火等。

（一）钢的热处理

热处理时，加热温度、加热时间及冷却方法是最基本的也是最重要的三个关键要素，正确地选择这三者的规范是热处理成功的最低要求。

1. 加热温度的确定

退火加热温度：亚共析钢是 $Ac_3 + (20 \sim 30)\,℃$，即完全退火。过共析钢是 $Ac_1 + (20 \sim$

30)℃，即球化退火。

正火（常化）加热温度：亚共析钢是 $Ac_3 + (30 \sim 50)$℃，过共析钢是 $Ac_{cm} + (30 \sim 50)$℃，即均加热到奥氏体单相区。

淬火加热温度：亚共析钢是 $Ac_3 + (30 \sim 50)$℃，过共析钢是 $Ac_1 + (30 \sim 50)$℃。

回火加热温度：取决于所要求的组织性能，低温回火是 150 ~ 250℃，中温回火是 300 ~ 500℃，高温回火是 500 ~ 650℃。

钢的成分、原始组织及加热速度等均影响临界点 Ac_1、Ac_3 及 Ac_{cm} 的位置，各种碳钢的临界点如表 1-3-1-1 所示。从热处理手册中可以查到各种钢的热处理温度。热处理时不能任意提高加热温度。因为加热温度过高，晶粒容易长大，氧化、脱碳和变形等都会增加，例如，过热淬火会得到粗大马氏体组织。过共析钢过热淬火除得到粗大马氏体外，还将有较多的残留奥氏体，故硬度和耐磨性均降低，如果加热温度过低，则淬火后有部分铁素体甚至珠光体而使硬度不足。

表 1-3-1-1　各种碳钢的临界温度（近似）

类　别	钢　号	临界温度/℃			
		Ac_1	Ac_3/Ac_{cm}	Ar_1	Ar_3
碳素结构钢	20	735	855	680	835
	30	732	813	677	835
	40	724	790	680	796
	45	724	780	682	760
	50	725	760	690	750
	60	727	766	695	721
碳素工具钢	T7	730	770	700	743
	T8	730	—	700	—
	T10	730	800	700	—
	T12	730	820	700	—
	T13	730	830	700	—

2. 加热时间的确定

从开始加热到规定的加热温度，称为升温阶段。为了使工件的各部分温度均达到指定温度，并完成组织的转变，还需要有个保温阶段，热处理的加热时间（包括升温和保温的持续时间）与许多因素有关。例如，工件的尺寸、形状、使用的加热设备、钢的种类和钢材的原始组织、热处理类型及热处理要求等。这些需要综合、具体地加以考虑。在手册上可以查到这些有关数据。一般规定在空气介质中，升温后的保温持续时间，对于碳钢，按有效厚度每1mm 为 1 ~ 1.5min 估计，合金钢可按每 1mm 为 2min 估计。

3. 冷却方法

退火一般采取随炉冷却。正火（常化）采取在空气中冷却。

淬火时的冷却方法非常重要，所以淬火介质的选择是一个关键。由钢的 C 曲线可知，在淬火时并不需要整个温度范围内快速冷却，而是在 650 ~ 400℃ 这个奥氏体最不稳定的温度范围内，才要求快速冷却。在 400℃ 以下马氏体转变区域内，反而要求冷却速度尽可能低，以减少内应力。表 1-3-1-2 列出了几种常用淬火剂的冷却能力。

表 1-3-1-2　几种常用淬火剂的冷却能力

淬 火 介 质	在下列温度范围内的冷却速度/℃·s^{-1}	
	650~550℃	300~200℃
水（18℃）	600	270
水（26℃）	500	270
水（50℃）	100	270
水（74℃）	30	200
10% NaCl 水溶液（18℃）	1100	300
10% NaOH 水溶液（18℃）	1200	300
菜油（50℃）	200	35
机油（18℃）	100	20
机油（50℃）	150	30
水玻璃苛性钠水溶液	310	70

在实际生产中，根据不同的材料和不同的要求等具体情况，采用不同的淬火介质（如常用的水和油）和不同的淬火方法（如双液淬火法、分段淬火法等）。

（二）碳钢热处理后的基本组织和性能

分析钢的热处理组织，要综合运用铁碳状态图和 C 曲线。

1. 共析钢连续冷却后的显微组织

当奥氏体慢冷时（相当于炉冷，见图 1-3-1-1 中 V_1），得到 100% 的珠光体。当冷速增大到 V_2 时（相当于空冷），得到片层细的珠光体，即索氏

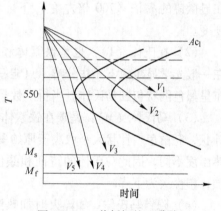

图 1-3-1-1　共析钢的 C 曲线

体或托氏体。当冷速增大到 V_3 时（相当于油冷），得到托氏体和马氏体。

当冷速再增大到 V_4、V_5 时（相当于水冷），奥氏体中的碳原子已来不及扩散，最后得到马氏体和残留奥氏体，其中与 C 曲线尖部相切的 V，称为临界冷却速度。

2. 亚共析钢连续冷却后的显微组织

当奥氏体慢冷时（相当于炉冷，见图 1-3-1-2 中的 V_1），较接近平衡状态，先析出铁素体，最后得到珠光体和铁素体。随冷速的增大，如 $V_1 \rightarrow V_2 \rightarrow V_3$ 时，奥氏体的过冷度越大，析出的铁素体越

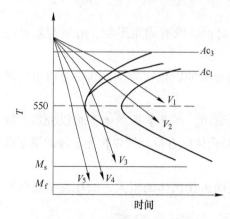

图 1-3-1-2　亚共析钢的 C 曲线

少。这时析出的少量铁素体分布在晶界上。另外，共析组织的增加，使共析组织中的含碳量减少，由于过冷度增大，共析组织变得更细。因此冷速由 $V_1 \to V_2 \to V_3$，显微组织的变化是：铁素体→珠光体→铁素体→索氏体→铁素体＋托氏体。

当冷速为 V_4 时析出的铁素体很少，最后主要得到托氏体和马氏体。当冷速超过临界冷速时，没有铁素体析出，全部得到马氏体（如 V_5）。

3. 马氏体回火后的组织性能

低温回火后得到回火马氏体，它是碳溶于铁素体中的过饱和固溶体与碳化物所组成的不均匀的机械混合物。低温回火可以消除淬火钢的内应力及增加些韧性，同时使碳钢仍具有高的硬度。

中温回火后得到回火托氏体。它是铁素体与渗碳体微粒所组成的机械混合物，具有很好的弹性和保持一定的韧性。

高温回火后得到回火索氏体。它是铁素体与较粗渗碳体颗粒所组成的机械混合物，具有高的综合力学性能。淬火后高温回火称为调质处理。

4. 基本组织特征说明

（1）索氏体（S）：是铁素体与渗碳体的机械混合物。其层片状分布比珠光体更细密，在显微镜的高倍（700 倍左右）下才能分辨出层片状，它比珠光体具有更高的强度和硬度。

（2）托氏体（T）：也是铁素体和渗碳体的机械混合物。层片分布比索氏体更细密，在一般光学显微镜下无法分辨，只能看到黑色组织如墨菊状。当其少量析出时，沿晶界分布呈黑色网状包围马氏体。当析出数量多时，则为大块黑色晶粒状。

（3）马氏体（M）：是碳在铁素体中的过饱和固溶体，在显微镜下呈具有一定位向的针状，亮白色。针状大小取决于原始奥氏体晶粒的大小，由于钢中含碳量不同及淬火时加热温度不同，因此马氏体的特征和颜色也有所差别。钢淬火得到马氏体后，硬度显著增加，塑性大为下降。

（4）隐针马氏体：如淬火时加热温度正常，则一般得到细小针状的马氏体，它在显微镜下呈"布纹状"甚至一片淡黄，看不清明显的针状，故称隐针马氏体。它是正常的淬火组织。

（5）残余奥氏体：呈白亮色，分布在马氏体针之间，没有固定形状，有时与隐针马氏体难以区别。

（6）回火马氏体（$M_回$）：由于马氏体析出了极分散的碳化物质点，其易受蚀而呈黑色针状。细针状回火马氏体看不出明显的黑针。

（7）回火托氏体（$T_回$）：由于碳化物微粒非常细小，在光学显微镜下难以分辨，故呈黑色组织，同时这些碳化物的分布保留了回火前马氏体的方位，所以在光学显微镜下观察时与回火马氏体没有明显的区别。

（8）回火索氏体（$S_回$），由于其碳化物颗粒比回火托氏体的粗大，故在高倍显微镜下可以观察到这些颗粒。

以上这些组织的特征和颜色都是用硝酸酒精溶液或 4% ~5% 苦味酸溶液浸蚀的。

三、实验内容及步骤

（1）本实验用 45 号钢、T8 和 T10 钢 3 种碳钢进行热处理，热处理的试件分配见表 1-3-1-3。

表 1-3-1-3　实验热处理的试件分配

钢　种	过热淬火	加热不足淬火	正 常 淬 火	
			油冷	水冷
45 号	1	1	1	1 + 5（回火用）
T8 钢	1	1	1	1 + 5（回火用）
T12 钢	1	1	1	1 + 5（回火用）

（2）淬火的加热温度根据表 1-3-1-3 中的要求讨论确定。过热淬火及加热不足淬火的，均用水冷。回火温度可选 200℃、300℃、400℃、500℃、600℃。试样加热要注意放在炉内均热区，淬火时动作要迅速，试样入水后不断搅动。

（3）将热处理后的试样用砂轮磨去脱碳层，测定硬度，然后磨制成金相样品，观察和分析显微组织。

（4）将实验结果填入相应的表中。

1）淬火后的组织性能见表 1-3-1-4。

表 1-3-1-4　淬火后的组织性能

钢种	过热淬火		加热不足淬火		正 常 淬 火			
	组织	HRC	组织	HRC	油冷		水冷	
					组织	HRC	组织	HRC
45 号								
T8 钢								
T12 钢								

2）回火后的组织性能见表 1-3-1-5。

表 1-3-1-5　回火后的组织性能

钢种	200℃		300℃		400℃		500℃		600℃	
	组织	HRC	组织	HRC	组织	HRC	组织	HRC	组织	HRC
45 号										
T8 钢										
T12 钢										

四、实验报告要求

（1）作出回火温度 - 硬度关系曲线，分析淬火时加热温度和冷却速度以及回火温度对钢组织性能的影响。

（2）观察已制备好的淬火组织和回火组织。

实验 2　钢的淬透性测定

一、实验目的

（1）熟悉应用末端淬火法测定钢的淬透性的原理及操作。
（2）绘制淬透性曲线，掌握它的应用。

二、实验原理

在实际生产中，零件一般通过淬火得到马氏体，以提高力学性能。钢的淬透性是指钢经奥氏体化后在一定冷却条件下淬火时获得马氏体组织的能力，它的大小可用规定条件下淬透层的深度表示。通常，将淬火件的表面至半马氏体区（50% M 体 + 50% 珠光体类型组织）间的距离称为淬透层深度。淬透层的深度大小受到钢的淬透性、淬火介质的冷却能力、工件的体积和表面状态等的影响。所以，测定钢的淬透性时，要将淬火介质、工件的尺寸等都规定下来，才能通过淬透层深度以确定钢的淬透性。

三、实验内容

末端淬火法（GB 225—63）规定试样尺寸，长 100mm，直径 25mm，并带有"台阶"，直径 30mm，台高 3mm。淬火在特定的试验装置上进行，如图 1-3-2-1 所示。在试验之前应进行调整，使水柱的自由喷出高度为 65mm，水的温度为 20 ~ 30℃，试样放入试验装置时，冷却端与喷嘴距离为 12.5mm。

试验时，要将待测的一定钢号的试样，加热到奥氏体化温度，保温 30min 后由炉中取出，在 5s 内迅速放入淬火的试验装置。这时，试样的淬火端被喷水冷却 15min，冷却速度约为 100℃/s，而离开淬火端冷却速度逐渐降低，到另一端时为 3 ~ 4℃/s。

试样冷却后，取出，在试样两侧各磨去 0.2 ~ 0.5mm，得到互相平行的沿纵向的两个狭长的平行平面。在其中的一个平面上，从淬火端开始，每隔 1.5mm 测一次硬度（HRC），并作出淬透性曲线（HRC-x 关系曲线）。

再由半马氏体硬度曲线，根据钢的含碳量确定半马氏体硬度，并据此在淬透性曲线上找出半马氏

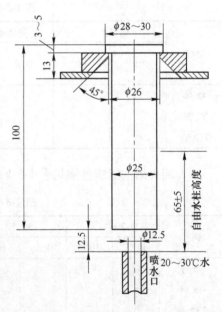

图 1-3-2-1　末端淬透性实验示意图

体区至水冷却端的距离 d，即是末端淬火法确定的该钢淬透性，图 1-3-2-2 所示为 J_d^{HRC}，如 J_{10}^{44} 即该钢半马氏体硬度为 HRC44，半马氏体区距水冷端距离为 10mm，此即该钢的淬透性。

四、实验设备及材料

（1）设备：箱式电阻炉、末端淬火设备、洛氏硬度试验机、砂轮机、铁钳子、游标卡尺。

（2）材料：45 号、40Gr 钢试样。

五、实验内容与步骤

（1）每组 4 个试样，45 号钢和 40Cr 钢标准试样各 2 个（每种钢分别在 850℃与 1100℃加热）。

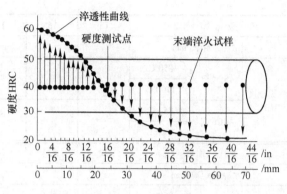

图 1-3-2-2 端淬曲线

（2）将试样装入铁罐中，用木炭 25% + 铁屑 75%（质量分数）填充试样四周，分别放入 850℃ 及 1100℃ 的电炉中加热，加热时间按铁罐 1mm 直径 1.0 ~ 1.5min 计算，加热后的保温时间等于加热时间的 1/5。

（3）熟悉末端淬火操作方法，调整试样末端至喷水口距离为 1275mm。自由水柱高度为 65mm，调整完毕用玻璃板盖好喷水口。

（4）加热到 850℃试样取出放在末端淬支火架上，立即抽掉玻璃板进行末端喷水淬火。加热到 1100℃的试样，降温后将试样再放入 850℃的炉中保温 15min，以保证两种加热温度下，其开始喷水温度相同。

（5）冷却到室温后沿试样长度方向磨出一狭长平面。

（6）在磨出的狭长平面上自水冷端开始，每隔 1.5mm 距离测取 1 次洛氏硬度值 HRC，当硬度值下降趋于平稳时，可每隔 3mm 测量 1 次。一般测量至离水冷端 30 ~ 40mm 即可，并做好记录。

（7）将硬度值随至水冷端距离的变化（表 1-3-2-1），绘出一条曲线，即淬透性曲线。

表 1-3-2-1 至水冷端距离与洛氏硬度的关系

采点序号			1	2	3	4	5	6	7
至水冷端距离/mm									
洛氏硬度 HRC	45 号钢	850℃							
		1100℃							
	40Cr 钢	850℃							
		1100℃							

采点序号			8	9	10	11	12	13	14
至水冷端距离/mm									
洛氏硬度 HRC	45 号钢	850℃							
		1100℃							
	40Cr 钢	850℃							
		1100℃							

采 点 序 号			15	16	17	18	19	20	21
至水冷端距离 mm									
洛氏硬度 HRC	45 号钢	850℃							
		1100℃							
	40Cr 钢	850℃							
		1100℃							
采 点 序 号			22	23	24	25	26	27	28
至水冷端距离/mm									
洛氏硬度 HRC	45 号钢	850℃							
		1100℃							
	40Cr 钢	850℃							
		1100℃							

六、注意事项

（1）按要求对淬火试验装置进行调整，必须严格、认真。

（2）要检查试样的表面质量，必需时，应进行处理。

（3）试样两侧磨出的平面应平行，并在测硬度前，应划线定好测硬度的位置，力求准确。

（4）取试样放入淬火装置时，动作要迅速，但要注意安全。

七、实验报告要求

（1）列出实验数据，并绘制 45 号钢和 40Cr 钢的淬透性曲线。

（2）说明淬透性的实际意义。

（3）说明钢中含碳量不同时，淬透性曲线有何变化，钢中合金元素、淬火温度对淬透性曲线有何影响。

实验 3　热处理工艺对高速钢组织和性能的影响

一、实验目的

（1）观察和识别高速钢的显微组织及特征。

（2）了解高速钢的金相检验方法及其所用标准。

（3）熟悉高速钢的成分、组织和性能及热处理工艺之间的关系特点。

二、实验原理

（一）W18Cr4V 高速钢金相组织

图 1-3-3-1 所示为 W18Cr4V 高速钢铸态组织，由莱氏体（鱼骨状共晶体）＋δ 共析

体 + 马氏体 + 残余奥氏体构成。

图 1-3-3-2 所示为 W18Cr4V 锻造退火态，由索氏体 + 碳化物构成。

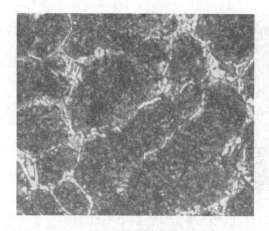

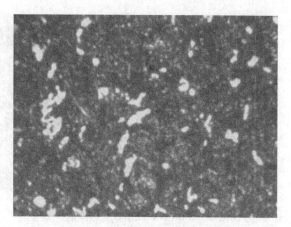

图 1-3-3-1　W18Cr4V 高速钢铸态组织
4% 硝酸酒精溶液 400 ×

图 1-3-3-2　W18Cr4V 锻造退火态
4% 硝酸酒精溶液 400 ×

图 1-3-3-3 所示为 W18Cr4V 1280℃ 加热淬油，由隐针马氏体 + 残余奥氏体 + 颗粒状的一次碳化物 + 二次碳化物构成，原奥氏体晶界清晰可见。

图 1-3-3-4 所示为 W18Cr4V 1280℃ 加热油淬，560℃ 三次回火组织，亮白色块状为合金碳化物，暗黑色的基体为回火马氏体和少量残余奥氏体。

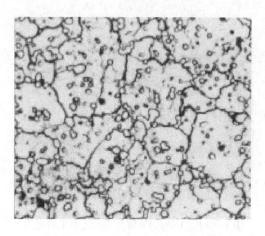

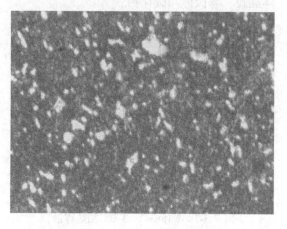

图 1-3-3-3　W18Cr4V 1280℃ 加热淬油
4% 硝酸酒精溶液 400 ×

图 1-3-3-4　W18Cr4V 1280℃ 加热油淬，
560℃ 三次回火 4% 硝酸酒精溶液 400 ×

图 1-3-3-5 所示为 W18Cr4V 1230℃ 加热淬油组织。由于淬火温度不足，奥氏体的合金化不充分，淬火后晶粒细小，残留碳化物大部分未溶入奥氏体，数量较多，故而硬度偏低，HRC62 ~ 63，热硬性也差，所以刀具在使用时容易磨损。

图 1-3-3-6 所示为 W18Cr4V 淬火加回火，过热情况下的组织。大块状的碳化物沿奥氏体晶界分布，基体为回火马氏体（黑色基体）+ 少量的一次碳化物，使刀具产生变形甚

至皱皮，严重过热的高速钢刀具或工件，其力学性能明显下降，并导致脆性增大，故较精密的刀具不允许有过热组织。

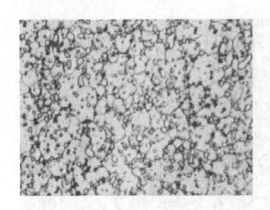

图 1-3-3-5　W18Cr4V 1230℃加热淬油
4% 硝酸酒精溶液 400×

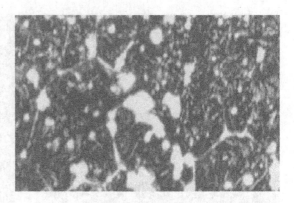

图 1-3-3-6　W18Cr4V 淬火加回火，
过热 4% 硝酸酒精溶液 400×

图 1-3-3-7 所示为 W18Cr4V 1370℃加热淬油，过烧状态，组织为共晶莱氏体 + 黑色 δ 共析组织 + 马氏体 + 残余奥氏体，严重的过烧组织，使刀具外形严重变形，出现收缩和皱皮，导致刀具报废。

图 1-3-3-8 所示为 W18Cr4V 重复淬火之间未经退火组织。碳化物带状且不均匀，两次淬火之间未经充分退火，易产生萘状断口，断口呈鱼鳞状白色闪光，其组织为粗大的奥氏体晶粒、马氏体和碳化物。

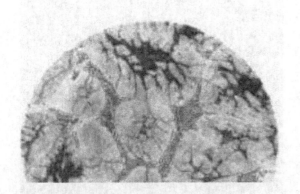

图 1-3-3-7　W18Cr4V 1370℃加热淬油，
过烧 4% 硝酸酒精溶液 400×

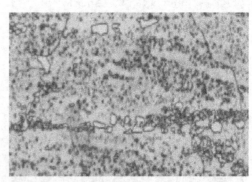

图 1-3-3-8　W18Cr4V 重复淬火之间未经退火
碳化物带状且不均匀 4% 硝酸酒精溶液 400×

图 1-3-3-9 所示为 W18Cr4V 1280℃加热淬油，560℃三次回火组织，出现严重的碳化物带状偏析处，在热处理时容易产生过热，淬火后导致工件产生较大的变形，严重时会引起开裂碳化物带状偏析。

图 1-3-3-10 所示为 W18Cr4V 1280℃加热淬油，回火时间不足，组织存在较大部分的白色区，可见淬火晶粒，黑色基体为回火马氏体，浅色部分为淬火马氏体，亮白色为碳化物，还有残余奥氏体。回火不足的高速钢脆性较大，容易在使用时产生刀具崩刃或开裂。

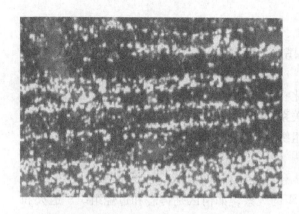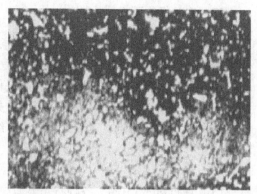

图 1-3-3-9　W18Cr4V 1280℃加热淬油，
560℃三次回火 4%硝酸酒精溶液 400×

图 1-3-3-10　W18Cr4V 1280℃加热淬油，
回火时间不足 4%硝酸酒精溶液 400×

（二）高速钢的金相检验高速钢的金相检验

退火状态下按退火状态下按 GB/T 9943—1988《高速工具钢棒技术条件》规定进行，主要检验共晶碳化物的不均匀度及脱碳层。检验共晶碳化物的不均匀度的试样，应在钢材直径的 1/4 处取厚度 10~12mm 的横向试样，再取扇形试样，经金相磨抛后浸蚀，不同牌号的高速钢应按标准中的热处理制度淬火，并在 680~700℃回火 1~2h。淬火状态应按《工具钢金相检验标准》进行检验。

三、实验设备及试样

（1）设备：XDJXDJ-200 型金相显微镜，洛氏硬度仪。
（2）试样：W18Cr4V 的金相试样 1 套。

四、实验内容及步骤

（1）观察分析高速钢经不同热处理后的显微组织。
（2）根据 GB/T 9943—1988《高速工具钢棒技术条件》，对所观察的试样进行共晶碳化物不均匀度评级（至少进行 2 个试样的评定）。
（3）硬度测试：测试 W18Cr4V 不同热处理工艺下试样的洛氏硬度，并填入表 1-3-3-1。

表 1-3-3-1　W18Cr4V 不同热处理工艺下试样的洛氏硬度

热处理状态	铸态			锻造 + 退火			淬火			淬火 + 回火			1230℃淬火		
序号	1	2	3	1	2	3	1	2	3	1	2	3	1	2	3
数值															
平均值															

热处理状态	1280℃淬火			1370℃淬火			一次回火			二次回火			三次回火		
序号	1	2	3	1	2	3	1	2	3	1	2	3	1	2	3
数值															
平均值															

五、实验报告要求

（1）绘出所观察试样的显微组织示意图，并标明材料、状态、显微组织、腐蚀剂、放大倍数。

（2）绘出对所观察的试样进行共晶碳化物不均匀度曲线。

（3）绘出硬度与不同淬火加热温度的关系曲线。

（4）根据成分特点，对热处理工艺 – 组织 – 性能进行系统分析。

六、思考题

（1）通过对 W18Cr4V 各种状态显微组织的观察，如何区别铸态和过烧组织、退火和回火组织，如何区别铸态和过烧组织、退火和回火组织、不同温度的淬火组织、充分回火与不充分回火的组织，并分析其原因。

（2）高速钢 W18Cr4V 的 Ac_1 在 800℃左右，但淬火加热温度一般为 1250～1280℃，试分析淬火加热温度这样高的原因。

实验4　常见热处理缺陷分析

一、实验目的

（1）识别钢中常见的几种显微缺陷的特征。

（2）了解钢在热处理产生显微缺陷的原因及其防止的方法。

二、实验原理

钢在热处理过程中常见的显微缺陷有带状组织、魏氏组织、网状组织、氧化与脱碳、过热与过烧以及裂纹等。

（一）带状组织

钢中带状组织的特征是，在亚共析钢中先共析的铁素体或过共析钢中先共析的渗碳体

与珠光体，分别沿着压力加工的方向呈带状交替分析，显微镜下形成黑白交替的带状组织，如图 1-3-4-1 所示。

产生带状组织的原因（以亚共析钢为例）：

（1）热加工时停锻温度低于 A_d 以下，使先共析铁素体及奥氏体均沿加工方向伸长，因此转变后形成铁素体与珠光体交替分布带状组织形貌，可以用完全退火或正火的方法消除。

（2）钢材本身具有成分偏析，在热加工时偏析部位沿压力加工的方向伸长，

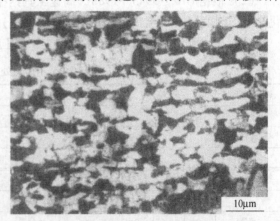

图 1-3-4-1　16Mn 热轧状态 50 ×
铁素体（白色），珠光体（黑色）

因此在后来的冷却的过程中转变产物呈带状分布。消除由于成分偏析造成的这种缺陷的方法：一是将钢加热到高温进行扩散退火，使成分均匀化。二是加大热变形后钢材的冷速。这两种方法均有利于减轻或消除带状组织缺陷。应当指出的是，采用热变形后快冷方法消除的带状组织，再经加热冷却时，如条件适合（如慢冷），带状组织又会重新出现。

（3）钢中存在的非金属夹杂物，在压力加工时沿加工方向伸长，冷却时这些夹杂物可能成为铁素体的核心，使铁素体优先沿夹杂物析出而形成带状组织。用正火方法，可以减轻因夹杂物而形成的带状组织，但不能完全消除。

带状组织的存在，使钢材的力学性能具有明显的方向性，钢材横向（垂直于压力加工方向）的塑性及韧性降低。但对于某些有意识地利用钢材其纵向良好力学性能的零件，带状组织不仅不是缺点，反而成为某些专门用途材料的最佳组织。

（二）魏氏组织

魏氏组织的特征：先共析的铁素体或渗碳体，冷却时不仅沿奥氏体晶界析出，而且在奥氏体晶粒内部以一定的位向关系呈片状析出（在显微镜下呈针状形貌）。魏氏组织的形成与钢的化学成分、加热时奥氏体晶粒大小及随后冷却速度有关。当成分一定时，它多半是由于钢在高温下加热时形成粗大的奥氏体晶粒，随后又以较快的速度进行冷却时所引起的。在铸钢件中，停轧温度过高的轧制件和热处理中的过热件常有魏氏组织出现。

存在大量的魏氏组织时，会使钢的冲击韧性显著降低。用热处理的方法可以消除魏氏组织，即把钢再加热到稍高于 Ac_3 或 Ac_{cm} 的温度，形成细小的奥氏体晶粒，然后以适当的速度冷却即可不再出现魏氏组织。

（三）网状组织

亚共析成分（图 1-3-4-2）和过共析成分钢在炉冷后常出现网状组织，这是因为奥氏体化后缓慢冷却时，通过两相区时析出的铁素体（亚共析钢）或渗碳体（过共析钢）。网状组织使力学性能恶化。消除网状组织可采取正火处理。

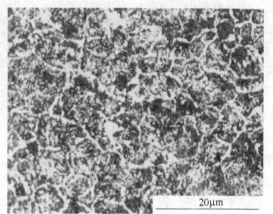

20μm

图 1-3-4-2　钢中的网状组织

（四）氧化与脱碳

将钢铁材料放在氧化性介质中加热，金属表面的铁原子与介质中的氧结合形成氧化物，当加热温度高于 570℃ 时，从表面向内部形成的氧化物为 Fe_2O_3、Fe_3O_4、FeO，这些氧化物将作为氧化铁皮而消耗掉，加热温度越高，氧化速度越快，加热时间越长，氧化层越厚。

氧化造成金属材料大量消耗，使钢材尺寸变小。由于表层有氧化铁皮，不仅表面不光洁，而且影响淬火时的冷却速度，同时剥落在加热炉中的氧化物也将浸蚀炉内的耐火材料，使炉子使用寿命降低，故应采取措施，避免金属加热时发生氧化。

脱碳是钢材在加热时表层碳原子与介质中的氧或氢结合，形成 CO、CH_4 等产物，造成钢材表层碳含量降低的现象。由于钢铁材料表层中的碳原子和介质中氧或氢反应的速度大于碳从钢材内部向表面扩散的速度，所以脱碳只在表层形成。

脱碳造成钢材表层含量的降低，导致表层硬度及强度下降．特别是疲劳强度的下降更显著，所以在热处理中应尽量避免钢材发生脱碳，特别是高碳工具钢、轴承钢及弹簧钢，或其他重要零件应严格防止加热时发生脱碳现象。防止钢在加热时发生氧化及脱碳的方法，主要是改善加热条件和加热介质。在加热温度不是很高的条件下，可采用工件表面涂保护料等方法来防止或减轻加热过程中的氧化及脱碳现象。

（五）过热与过烧

钢在加热时形成粗大的奥氏体晶粒，这种现象称为过热。过热使钢的性能变坏，特别是冲击韧性将明显下降。过热的钢淬火后将得到粗大的马氏体组织，不仅冲击韧性低，而且淬火时也容易造成工件变形甚至淬裂。过热的钢可以用重新加热的方法来补救，即将钢件缓冷下来，再重新加热到稍高于临界温度，形成细小的奥氏体晶粒，再进行热处理。

过烧是指加热温度过高。它不仅使钢件形成粗大的奥氏体晶粒，而且在奥氏体晶界处会产生氧化或形成某些化合物，甚至晶界处产生局部熔化现象。过烧将导致钢材变脆。过烧的钢是没有办法挽救的，它是永久性缺陷，故在热处理中应严格控制加热温度，以防产生过烧导致产品报废。

（六）裂纹

裂纹产生的原因很多，如钢的化学成分、原始组织的均匀性、加热温度及速度、冷却方式及冷却速度等因素均有影响。在热处理中，当热应力和组织应力大于材料的断裂强度时，工件就会产生裂纹。这种裂纹的断裂面呈灰色，用显微镜观察其组织，在裂纹边缘及内部组织是相同的，如图 1-3-4-3 所示。

10μm

图 1-3-4-3　淬火裂纹

（七）测定方法

（1）带状组织的评定方法。按国家标准 GB/T 13299—1991 规定，评定珠光体钢带状组织级别，应在放大倍数为 100 倍的显微镜下，根据带状铁素体数量增加，并考虑带状贯穿视场的程度、连续性和变形铁素体晶粒多少的原则，将带状组织分为 3 个系列各 6 个级别。表 1-3-4-1 所示为各级的组织特征。

表 1-3-4-1　带状组织各级别特征

级别	组织 特 征		
	A 系列 （碳含量≤0.15%）	B 系列 （0.16%≤碳含量≤0.3%）	C 系列 （0.31%≤碳含量≤0.5%）
0	等轴的铁素体晶粒和少量的珠光体，没有带状	均匀的铁素体-珠光体组织，没有带状	均匀的铁素体-珠光体组织，没有带状
1	组织的总取向为变形方向，带状不很明显	组织的总取向为变形方向，带状不很明显	组织的总取向为变形方向，带状不很明显

级别	组织 特 征		
	A 系列 （碳含量≤0.15%）	B 系列 （0.16%≤碳含量≤0.3%）	C 系列 （0.31%≤碳含量≤0.5%）
2	等轴铁素体晶粒基体上有 1~2 条连续的铁素体带	等轴铁素体晶粒基体上有 1~2 条连续的和几条分散的等轴铁素体带	等轴铁素体晶粒基体上有 1~2 条连续的和几条分散的等轴铁素体－珠光体带
3	等轴铁素体晶粒基体上有几条连续的铁素体带穿过整个视场	等轴晶粒组成几条连续的贯穿视场的铁素体－珠光体交替带	等轴晶粒组成的几条连续铁素体－珠光体交替带，穿过整个视场
4	等轴铁素体晶粒和较粗的变形铁素体组成贯穿视场的交替带	等轴晶粒和一些变形晶粒组成贯穿视场的铁素体－珠光体均匀交替带	等轴晶粒和一些变形晶粒组成贯穿视场的铁素体－珠光体均匀交替带
5	等轴铁素体晶粒和大量较粗的变形铁素体晶粒组成贯穿视场的交替带	以变形晶粒为主构成贯穿视场的铁素体－珠光体的不均匀交替带	以变形晶粒为主构成贯穿视场的铁素体－珠光体的不均匀交替带

（2）魏氏组织的评定方法。国家标准 GB/T 6394—2002 规定，根据析出的针状铁素体数量、尺寸和由铁素体相确定的奥氏体晶粒大小的原则，将魏氏组织分为 2 个系列各 6 个级别，各级魏氏组织特征见表 1-3-4-2。

表 1-3-4-2 魏氏组织各级别特征

级别	组织 特 征	
	A 系列（0.15%≤碳含量≤0.3%）	B 系列（0.31%≤碳含量≤0.5%）
0	均匀的铁素体和珠光体组织，无魏氏组织特征	均匀的铁素体和珠光体组织，无魏氏组织特征
1	铁素体组织中，有呈现不规则的块状铁素体出现	铁素体组织中出现碎块状及沿晶界铁素体网的少量分叉
2	呈现个别针状组织区	出现由晶界铁素体网向晶内生长的针状组织
3	由铁素体网向晶内生长，分布于晶粒内部的细针状魏氏组织	大量晶内细针状及由晶界铁素体网向晶内生长的针状魏氏组织
4	明显的魏氏组织	大量晶内细针状及由晶界铁素体网向晶内生长的针状魏氏组织
5	粗大针状及厚网状的非常明显的魏氏组织	粗大针状及厚网状的非常明显的魏氏组织

（3）网状组织评定方法。可以按渗碳金相检验 JB/T 6141.3—1992 规定，碳化物评定级别见表 1-3-4-3。

表 1-3-4-3 碳化物评定级别

级别	特 征
1	细颗粒球化物
2	细颗粒球化物＋点状分布的细小碳化物或稍粗的碳化物

级别	特　征
3	细颗粒球化物 + 呈断续网状分布的小块状碳化物或稍粗大的碳化物
4	细颗粒球化物 + 呈断续网状分布的块状碳化物或粗块状碳化物
5	细颗粒球化物 + 呈网状分布的条状、块状碳化物或角状碳化物
6	细颗粒球化物 + 大量粗大角状碳化物

（4）脱碳层测量方法。按国家标准 GB 224—1987 规定，脱碳层厚度的测定是在放大 100 倍的显微镜下进行的。脱碳层分为全脱碳层和部分脱碳层两部分。脱碳层的总厚度为全脱碳层加部分脱碳层之和。全脱碳层为全部铁索体组织，由试样边缘量至最初发现有珠光体或最初发现有其他组织的地方。部分脱碳层是指只脱去一部分碳的区域。如果没有全脱碳层存在时，则部分脱碳层厚度的测定，应自试样的边缘量至开始发现钢的原来组织处为止。如有全脱碳层时，则部分脱碳层的测定，应自开始发现珠光体或其他组织的部位置至钢的原来组织处为止。测量脱碳层厚度时，应当观察试样的全部周边，并以总脱碳层的最大厚度作为脱碳厚度。或取其平均值，并注明最深处及最薄处的厚度。脱碳层的厚度以毫米计，也可用钢材和零件的厚度或直径的百分数表示。脱碳层厚度百分数按下式计算：

$$X = \frac{d}{D} \times 100\%$$

式中　　X——脱碳层厚度占工件直径的比例，%；

　　　　d——边缘量时脱碳层的厚度，mm，当技术条件有规定时，亦可用两对边脱碳层的厚度之和表示；

　　　　D——钢材及零件的厚度直径，mm。

（5）裂纹的评判。出现裂纹的工件即为报废。

三、实验设备及材料

（1）设备：金相显微镜。

（2）材料：低碳钢、中碳钢和高碳钢试样若干。

四、实验内容和步骤

（1）领取带状组织、魏氏组织、网状组织、脱碳组织、过热及过烧组织、裂纹的金相样品。

（2）在显微镜下仔细分析每块样品的组织特征。

（3）将所观察的带状组织、魏氏组织、网状组织与评级表（图）对照，评出级别。

（4）测量脱碳样品全脱碳层和部分脱碳层深度。其样品为自行进行热处理（使其在不同的温度和时间下发生氧化脱碳）、自行制样所得。

五、实验报告要求

（1）将所观察的各种微组织，在 φ50mm 圆的 1/2 上用铅笔描绘出组织形貌，说明组织名称、热处理工艺、放大倍数及所用的浸蚀剂。

（2）测量脱碳样品总脱碳层深度及部分脱碳层深度。

（3）根据原冶金部标准 B 列评级图，评出亚共析钢试样的带状组织和魏氏组织级别。

六、实验注意事项

制备脱碳试样，开炉出炉注意安全用电和防止烫伤，打砂轮和抛光注意操作安全，腐蚀试样时注意不要溅到眼睛，安全操作设备仪器，杜绝发生危害人身安全的事故（开炉前听指导教师讲解设备安全使用方法）。

七、思考题

（1）为什么会出现带状组织，如何消除？

（2）哪些热处理过程中可能导致出现网状组织，为什么？

（3）过热的主要特征是什么，过伤的主要特征是什么，如何补救已经过热的工件？

（4）热处理中还常出现哪些缺陷？试分析产生原因和补救方法。

实验 5　铝合金的固溶淬火

一、实验目的

（1）了解固溶淬火工艺（淬火前加热温度、保温时间及淬火速度等）对铝合金时效效果的影响。

（2）掌握金属材料最佳淬火温度的确定方法。

二、实验原理

（一）概述

淬火目的：主要是为了得到过饱和固溶体，为时效操作做好组织上的准备。

性能变化：变形铝合金在保持高塑性的情况下提高强度。通常铸造铝合金的强度和塑性都有所提高。

要想大大提高合金的强度性能，必须在淬火后进行时效处理。淬火及时效处理作为金属材料的强化手段，有其独特的优点。因为它可在不改变材料形状的情况下，获得优异的综合性能，因而是一种发挥材料潜力的极为有效的方法。

（二）淬火工艺的确定原则

1. 淬火加热温度

淬火加热温度：下限为固溶温度曲线，上限为开始熔化温度。由图 1-3-5-1 可知，淬火温度的要求比较严格，允许的波动范围小，还要求在加热过程中金属温度能够保证较好的均

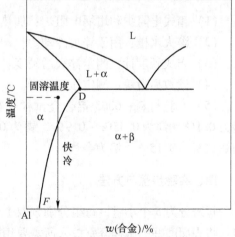

图 1-3-5-1　确定淬火温度示意图

匀性。因此，淬火加热所采用的设备一般为温度能准确控制以及炉内温度均匀的浴炉或气体循环炉，工件以单片的方式悬挂于炉中。

淬火时金属内部会发生一系列物理 – 化学变化，除最主要的相态变化外，还会产生再结晶、晶粒长大以及与周围介质的作用等。这些变化对淬火后合金的性能都会产生影响。在确定淬火温度时，应根据不同合金的特点予以考虑。过烧是淬火时容易出现的缺陷。轻微过烧时，表面特征不明显，显微组织观察到晶界稍变粗，并有少量球状易熔组成物，晶粒亦较大。反映在性能上，冲击韧性降低，腐蚀速率大为增加。严重过烧时，除了晶界出现易熔物薄层，晶内出现球状易熔物外，粗大的晶粒晶界平直，严重氧化，三个晶粒的衔接点呈黑三角，有时还在制品表面出现沿晶界的裂纹，颜色发暗，有时也出现气泡等凸出颗粒。

2. 保温目的

使相变过程能够充分进行（过剩相充分溶解），使组织充分转变到淬火需要的形态。

3. 保温时间

主要取决于成分、原始组织及加热温度。温度愈高，相变速率愈大，所需保温时间愈短。为获得细晶粒组织并防止晶粒长大，在保证强化相全部溶解的前提下，尽量采用快速加热及短的保温时间。

4. 淬火冷却速度

取决于过饱和固溶体的稳定性，V_c（临界冷却速度）是可防止固溶体在冷却过程中发生分解的最小冷却速度。V_c 与合金系、合金元素含量和淬火前合金组织有关。

不同的合金系，原子扩散速率不同，基体与脱溶时间、表面能以及弹性应变能也不同，因此，不同系中脱溶相形核速率不同，使固溶体稳定性有很大差异。但水淬易使制件产生较大残余应力及变形。为克服这一缺点，把水温适当升高，或在油、空气及其他冷却较缓和的介质中淬火。此外，也可采用一些特殊的淬火方法，如等温淬火、分级淬火等。

淬火转移时间内固溶体发生部分分解，不仅会降低时效后强度性能，而且对材料晶间腐蚀抗力也有不利影响。因此，应尽量缩短转移时间。

三、实验设备及材料

（1）箱式电阻炉和坩埚电阻炉：加热试样。

（2）淬火水槽：用于淬火冷却。

（3）布式硬度计：测定淬火后硬度。

（4）读数显微镜：测定压痕直径。

（5）实验材料：6063 铝合金试样（硅为 0.2% ~ 0.6%，铁为 0.35%，铜为 0.1%，锰为 0.1%，镁为 0.45% ~ 0.9%，铬为 0.1%，锌为 0.1%，钛为 0.1%，其他元素合计为 0.05% ~ 0.15%，铝为余量）。

四、实验步骤与方法

每班分为 5 个小组，每组分别领取 1 套试样（5 块试样），每人负责一项淬火温度测定。将表面磨好的试样分别放入所需要用的温度（如 480℃ 和 500℃）坩埚电阻炉的盐浴槽中，其他三种不同温度试样分别放入箱式电阻炉内，保温时间一样，10 ~ 15min，然后快速淬入水槽中。

将不同淬火温度试样用细砂纸磨去氧化皮后再测定硬度，淬火态试样硬度测定完后，要保存好自己所负责的淬火试样，经过自然时效后（一般大于 7 天）再测定硬度（具体时间由指导教师与学生商定）。测定硬度应取三点进行测定（最好选中心部位），但每两点至压痕中心距离不小于压痕直径的 4 倍，压痕中心至试样边缘的距离不小于压痕的 2.5 倍，查表（建议根据实验条件要求，试样测定布式硬度值 HB，测定硬度时选用参数为：负荷 250kgf（2.452kN），淬火钢球直径 ϕ5mm，负荷保持时间 30s）。

五、实验报告要求

将本组所得硬度数据填入表 1-3-5-1 中，并画出淬火温度与硬度曲线。解释实验所获得的曲线，确定最佳淬火温度。

表 1-3-5-1　实验数据记录表

加热温度 /℃	HB 值							
	淬火态				时效态			
	1	2	3	平均值	1	2	3	平均值
380								
480								
500								
520								
540								

实验 6　铝合金的人工时效

一、实验目的

（1）熟悉制定铝合金人工时效规程的方法。
（2）了解时效温度和保温时间对铝合金时效过程的影响。

二、实验原理

时效是合金强化的热处理方法之一，在铝合金生产中广泛应用。时效前合金必须获得过饱和固溶体，可通过淬火来获得。淬火温度一定要选择适当，以保证合金获得最大的过饱和度。温度过高则会产生过烧，温度过低则不可能获得最大的过饱和度，影响时效效果。合金的过饱和固溶体是亚稳定状态，它在一定条件下会发生脱溶分解。某些铝合金淬火后在室温下会自发地发生分解，经过一定时间则完全强化，称自然时效。而另外一些铝合金则需经加热来加速其脱溶分解过程，才能得到最大的强化效果，称人工时效。时效过程建立在原子扩散的基础上，温度和时间是影响原子扩散的重要因素，必然影响时效的过程。如图 1-3-6-1 所示，时效温度愈高，则时效速度愈快，达到硬度（强度）最高峰的时间愈短。另外，随着时效温度的提高强度峰值会降低。根据时效曲线可制定出较合理的时效规程。

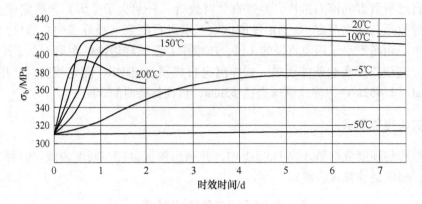

图 1-3-6-1　硬铝在不同温度下的时效曲线

三、实验材料及方法

用 20mm × 20mm × 3mm 的铝合金压延板材 40 块，淬火温度 495 ± 5℃，保温 30min，按表 1-3-6-1 的时效规定进行处理，并测定其硬度值，填入表 1-3-6-1 中，将数据整理后绘制不同温度下硬度 – 时效时间曲线。

表 1-3-6-1　时效处理后硬度（HV）测定数据值

时效时间/min		0	5	20	35	50	70	90	110	130
时效温度 /℃	180									
	200									
	220									
	250									

四、实验报告要求

（1）简述实验目的、实验过程和方法。

（2）根据实验结果，绘制等温和等时曲线，并对曲线加以解释。

实验 7　电沉积 Ni 合金及其耐蚀性能测试

一、实验目的

（1）掌握金属镀层电沉积设备的使用方法。

（2）掌握电沉积的沉积过程和沉积机理。

（3）研究不同温度对电沉积镀层的影响。

（4）学会金属电化学腐蚀测试技术，并会用软件进行分析。

二、实验原理

电镀又称为电沉积，是金属材料表面改性的一个重要手段，也是在材料表面获得金属镀层的重要方法之一。电镀发明于 18 世纪，并于 19 世纪以后得到了快速的发展。它是在外加电流的作用下，在电解质溶液（镀液）中由阴极和阳极构成回路，利用电化学反应原理，使溶液中的金属离子（或络合离子）沉积到阴极镀件的表面，进而获得金属（或合金）的过程。

电化学反应：水合金属离子或配离子通过阴极双电层，并去掉它周围的水合分子或配位体层，在阴极上得到电子生成金属原子（吸附原子），发生还原反应：$Me^{n+} + ne \rightarrow Me$，同时阳极发生氧化反应：$Me \rightarrow Me^{n+} + ne$；在沉积过程中还伴随有不希望发生但又避免不了的副反应（氢离子被还原为氢气）：$2H^+ + 2e \rightarrow H_2 \uparrow$。

三、实验设备及材料

（1）实验所使用设备如图 1-3-7-1 所示。

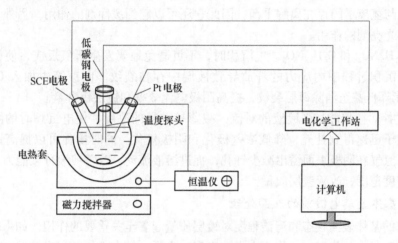

图 1-3-7-1　电镀实验装置图

（2）材料：硫酸镍（分析纯）、三乙醇胺（分析纯）、甘氨酸（分析纯）、氢氧化钠（分析纯）、无水乙醇（分析纯）、丙酮（分析纯）、环氧树脂（工业纯）、氯化钠（分析纯）、硫酸钠（分析纯）。

四、实验内容和步骤

（一）镀液配制

（1）将计算好的 $NiCl_2 \cdot 6H_2O$、$NiSO_4 \cdot 6H_2O$、$Na_2WO_4 \cdot 2H_2O$、$Na_3C_6H_5O_7 \cdot 2H_2O$、$CuSO_4 \cdot 5H_2O$ 分别用适量蒸馏水溶解，搅拌均匀。

（2）将溶解好的 $NiSO_4 \cdot 6H_2O$ 溶液与 $NiCl_2 \cdot 6H_2O$ 溶液混合。

（3）将柠檬酸钠溶液加入到混合后的 $NiSO_4 \cdot 6H_2O$ 与 $NiCl_2 \cdot 6H_2O$ 混合液中。

（4）将 Na_2WO_4 溶液加入到混合溶液 $NiSO_4 \cdot 6H_2O$ 与 $NiCl_2 \cdot 6H_2O$ 溶液，以及柠檬酸钠溶液的混合液中。

（5）将 $CuSO_4$ 溶液加入到 $NiSO_4 \cdot 6H_2O$ 与 $NiCl_2 \cdot 6H_2O$ 溶液，以及柠檬酸钠溶液、Na_2WO_4 溶液的混合液中。

（6）将计算好的 $C_2H_5NO_2$ 和 $C_6H_{15}NO_3$ 加入到混合溶液 $NiSO_4 \cdot 6H_2O$ 与 $NiCl_2 \cdot 6H_2O$ 溶液，以及柠檬酸钠溶液 Na_2WO_4 溶液和 $CuSO_4$ 溶液的混合液中，搅拌均匀。

（7）用稀硫酸溶液调节 pH 值，搅拌一段时间后即可使用。

镀液配制过程中，各组分的溶解方法以及加入顺序都很重要，它将直接影响镀液和镀层的质量。

镀液中各组分的主要作用：

（1）$CuSO_4 \cdot 5H_2O$、$NiSO_4 \cdot 6H_2O$、$NiCl_2 \cdot 6H_2O$、$Na_2WO_4 \cdot 2H_2O$。它们是提供铜离子、镍离子和钨酸根离子的主盐。它们的含量不同时，对合金镀层的组织结构和镀层中铜元素、镍元素和钨元素的含量影响较大，从而使合金镀层的性能发生很大的变化。

（2）$Na_3C_6H_5O_7 \cdot 2H_2O$。柠檬酸钠是镀液中的络合剂。它的主要作用是和镀液中的铜离子、镍离子形成络合物，稳定和控制镀液中自由铜离子、镍离子的浓度，提高镀液均镀能力，络合剂还能增大阴极极化，使镀层结晶细致。络合剂不仅和金属离子间存在络合平衡，而且与氢离子间存在离解平衡，因此它还可以起到缓冲剂的作用。另外，柠檬酸盐还可以起到光亮剂的作用。

（3）$C_2H_5NO_2$ 和 $C_6H_{15}NO_3$。电沉积时，不可避免地要发生析氢反应，使得阴极电流效率降低，沉积过程中内应力的释放导致镀层中存在裂纹。向镀液中加入 $C_2H_5NO_2$ 和 $C_6H_{15}NO_3$ 能降低甚至消除镀层裂纹，提高阴极电流效率和镀层钨含量。

（4）搅拌。搅拌能加强镀液的对流，减薄扩散层的厚度，使电沉积时的阴极表面的放电金属离子迅速得到补充，降低浓差极化和阴极极化。同时搅拌可以提高镀层的平整性，有利于氢气在阴极表面溢出减少针孔，促进溶液流动，改善镀液分散能力，进而提高沉积电流密度范围，改善镀层质量。

（二）基体金属电镀前的表面处理

电镀前的基体表面状态和清洁程度对镀层质量起着至关重要的作用。如果基体表面粗糙、锈蚀或者是有油污存在，将不会得到光亮、平滑、结合性好的优良镀层。生产实践证明，镀层出现起泡、脱落，甚至镀不上等现象大多是由于镀前处理不当和欠佳所致。所以镀前处理是能否获得优质镀层的重要环节。

本试验前处理工艺流程如下：

打磨→化学机械抛光→超声波清洗→水洗→除油→热水洗→冷水洗→酸浸蚀→去离子水洗→电沉积→标样。

（1）打磨、化学机械抛光的主要目的是去除金属部件的毛刺、氧化皮、划痕、锈蚀和沙眼等，使金属部件粗糙不平的表面得以平坦和光滑，达到镜面的光亮效果。

（2）超声清洗、除油。金属制品经各种加工处理后，其表面不可避免地粘附有油污。除油的目的主要就是为了将金属表面的这些油污除净，使基体表面清洁。而超声清洗是利用超声波振荡使除油液产生大量的小气泡，这些小气泡在形成、生长和析出时产生强大的机械力，促使金属部件表面粘附的油脂、污垢迅速脱离，从而加速除油的过程。

（3）经过上述步骤处理后的金属表面由于除油等的作用以及在空气中放置，金属表面容易生成一层很薄的氧化膜，酸浸蚀的目的就是去除这一层氧化膜，使金属表面受到轻微刻蚀而呈现出基体比较新鲜的结晶组织，从而可以得到与基体结合优良的镀层。

（4）电沉积。将经过前处理的试样迅速放入到设定温度的镀液中，并保证与阴极接触良好，调整好阳极与被镀基体表面的距离，并使之平行，将电镀参数调到事前确定的值，即可接通电源进行电沉积。

（5）后处理。沉积后的镀件，经清水洗、蒸馏水洗、吹干及酒精擦拭后，装进试样袋中，然后放入干燥杯内保存备用。

（三）电化学测试

在 CHI660C 电化学工作站进行电化学测试。实验在三电极体系中进行，电化学测试中工作电极为低碳钢表面镀层，参比电极为饱和甘汞电极（SCE），辅助电极为铂电极。所用溶液体系为 3.5% 的 NaCl 溶液。极化曲线测试的电位扫描速度为 1mV/s；电化学阻抗测量在开路电位下进行，其频率范围为 100.0kHz ~ 0.01Hz，测量信号的幅值为 5mV。镀层耐腐蚀性的电化学测试在室温 25℃ 下进行。

五、实验报告要求

（1）电沉积的沉积过程和沉积机理。

（2）不同温度对电沉积镀层的影响。

实验 8　高压电化学沉积薄膜

一、实验目的

（1）了解高压电化学沉积试验方法和原理。

（2）测定电化学沉积薄膜的性能。

（3）观察沉积薄膜的组织。

二、实验原理

（1）极性分子中正负电荷的重心不重合，电子分布偏向极性基团；

（2）在高电位作用下（图 1-3-8-1），极化分子被诱导极化，电子分布进一步改变，正负电荷重心更加远离，分子转变成带有能量的能量分子：

$$CH_3X \xrightarrow{\text{高电压}} CH_3 - X^* \text{（能量分子）} \qquad (1\text{-}3\text{-}8\text{-}1)$$

（3）在电极之间施加的高电压使电极表面活化，成为活化的反应点；

（4）能量分子 CH_3X^* 在电极表面的活化点吸附成为活化分子：

$$CH_3X^* \xrightarrow{\text{吸附在电极表面的活化点}} CH_3^{\neq} \qquad (1\text{-}3\text{-}8\text{-}2)$$

（5）活化分子在电极表面发生电化学反应生成 DLC 薄膜、气体等产物：

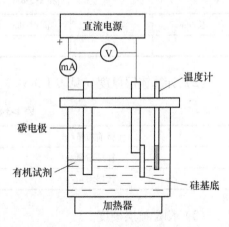

图 1-3-8-1　高压电化学沉积示意图

$$CH_3^{\neq} \xrightarrow{\text{发生电化学反应}} C + H_2O + 其他产物 \tag{1-3-8-3}$$

三、实验设备及材料

（1）电镀设备：采用 250mL 三口烧瓶作为电解池，高压电源，沉积电极。

（2）电镀所需材料：分析纯乙醇、分析纯丙酮，单晶硅片，氮气。

四、实验步骤

（一）工艺流程

采用超声除油→电镀→流动水洗→吹干工艺。

（二）操作步骤

沉积工件固定在阴极石墨下端，而阳极下端则与纯铂片（铂丝）相连。将一冷凝管插入另一瓶颈，防止低沸点有机溶剂挥发；将惰性气体（氩气、氮气）通过插入另一侧瓶颈的导气管进入，赶出溶解在溶剂中的氧。

为确保研究目的的准确性，本实验将对以下条件进行严格控制：电解池浸在恒温水浴中，确保温度控制为 55℃（±5℃）、控制通入惰性气体的时间及沉积时间控制为 8h。外加电源采用高压直流电源，电压在 0～3000V 范围内连续可调。

将处理好的基材固定在阴极石墨电极上，调节两电极间的距离约为 7mm，添加电解液至阴极石墨下端与液面间的距离为 10～15mm，水浴锅温度控制为 55℃（±5℃），正确连接电解池的正负极和直流高压电源的正负极。待通入惰性气体 15min 后，检查电源连接无误，开启电源和冷却水。启动高压，将电压缓慢升至所要求施加电压后保持稳定，调低氩气流量，反应完成后即可关闭高压电源。取出沉积工件，在丙酮中超声清洗并用氮气吹干。

五、实验报告要求

（1）计算电流范围（见表 1-3-8-1）。

表 1-3-8-1　沉积所需电流范围计算

长/dm	宽/dm	面积/dm²	要求的阴极电流密度/A·dm⁻²	电流范围/A

（2）计算镀层厚度（见表 1-3-8-2）。

表 1-3-8-2　镀层厚度计算

镀前质量/g	
镀后质量/g	
镀层增重/g	

（3）测定镀层硬度。

（4）观察镀层的显微形貌。

实验 9　磁控溅射镀制薄膜

一、实验目的

（1）了解和掌握磁控溅射制备薄膜的原理和实验程序。

（2）制备出一种薄膜，如金属膜或碳膜。

（3）观察薄膜的形貌和测试性能。

二、实验原理

磁控溅射镀膜原理：

（1）辉光放电。溅射是建立在气体辉光放电的基础上，辉光放电是只在真空度约为几帕的稀薄气体中，两个电极之间加上电压时产生的一种气体放电现象。

（2）溅射。通常溅射所用的工作气体是纯氩，辉光放电时，电子在电场的作用下加速飞向基片的过程中与氩原子发生碰撞，电离出大量的氩离子和电子，电子飞向基片。氩离子在电场的作用下加速轰击靶材，溅射出大量的靶材原子，这些被溅射出来的原子具有一定的动能，并会沿着一定的方向射向衬底，从而被吸附在衬底上沉积成膜。这就是简单的"二级直流溅射"。

（3）磁控溅射。通常的溅射方法，溅射沉积效率不高。为了提高溅射效率，经常采用磁控溅射的方法。磁控溅射的目的是提高气体的离化效率，其基本原理是在靶面上建立垂直与电场的一个环形封闭磁场，将电子约束在靶材表面附近，延长其在等离子体中的运动轨迹，提高它参与气体分子碰撞和电离过程的概率，从而显著提高溅射效率和沉积速率，同时也大大提高靶材的利用率。

三、实验设备及材料

（1）设备：磁控溅射镀膜机（1 套）、万用电表。

（2）材料：钢和 Si 基片、金属靶或石墨靶材、氩气等实验耗材。

四、实验内容和步骤

学生在教师指导下查阅有关文献，了解磁控溅射制备薄膜的原理；学习磁控溅射镀膜机的正确使用；按照实验程序进行薄膜制备实验。

（1）开相关设备的电源，并开冷却水和空压机。

（2）打开放气阀，待没有气压声时打开真空室大门。

（3）把基体样品安放在靶台的适当位置，关闭真空室大门。

（4）关闭放气阀，打开机械泵控制电源，然后打开旁抽阀，开始抽真空，直到真空度低于 5Pa。

（5）关闭旁抽阀，打开前级阀，开分子泵电源，逐渐打开翻板阀，开始抽真空（2×10^{-3} Pa）。

（6）通入氩气调整真空度 1Pa。

（7）打开靶材电源，并沉积薄膜。

（8）完成后，依次关闭电源和设备，打开腔体取出沉积薄膜样品。

五、实验报告要求

（1）观察沉积薄膜的形貌变化及特征。

（2）测试薄膜的力学性能。

实验 10　低碳钢表面磷化处理

一、实验目的

磷化处理是指钢铁零件在含锌、锰、钙、铁或碱金属的磷酸盐溶液中进行化学处理，在其表面形成一层不溶于水的磷酸盐膜的过程。磷化膜厚度一般为 5～20μm，为微孔结构，与基体结合牢固，具有良好的吸附性、润滑性、耐蚀性、不粘附熔融金属（Sn、Al、Zn）性及较高的电绝缘性等。金属磷化处理是金属表面处理中采用的最广泛而有效的方法。通过本实验的开展，要求学生掌握磷化的基本工艺及其性能的测试方案。

二、实验原理

从磷化液的组成和磷化膜的基本成分来综合分析，一般可认为，磷化膜的形成包括电离、水解、氧化、结晶等至少四步反应过程。磷化开始前，磷化液中存在游离磷酸的三级电离平衡以及可溶性重金属磷酸盐的水解平衡：

$$H_3PO_4 \rightleftharpoons H_2PO_4^- + H^+ \qquad K_1 = 7.5 \times 10^{-3}$$

$$H_2PO_4^- \rightleftharpoons HPO_4^{2-} + H^+ \qquad K_2 = 6.3 \times 10^{-8}$$

$$HPO_4^{2-} \rightleftharpoons PO_4^{3-} + H^+ \qquad K_3 = 4.4 \times 10^{-13}$$

$$Me(H_2PO_4)_2 \rightleftharpoons MeHPO_4 + H_3PO_4$$

$$3MeHPO_4 \rightleftharpoons Me(PO_4)_2 + H_3PO_4$$

其中，Me 包括 Zn^{2+}、Ca^{2+}、Mn^{2+}、Fe^{2+} 等重金属离子。磷化之前上述电离与水解处于一种动态平衡状态，当钢铁被投入磷化液时，被处理金属表面随即发生阳极氧化过程：

$$Fe + 2H_3PO_4 \rightleftharpoons Fe(H_2PO_4)_2 + H_2 \uparrow$$

由于金属表面氧化过程的产生，从而破坏了磷化液的电离与水解平衡，随着磷化的不断进行，游离 H_3PO_4 的不断消耗，促进了原电离反应和水解反应的进行，Fe^{2+}、HPO_4^{2-} 及 PO_4^{3-} 浓度不断增大。当磷化反应进行到 $FeHPO_4$、$MeHPO_4$ 及 $Me_3(PO_4)_2$ 等物质浓度分别达到其各自的溶度积时，这些难溶的磷酸盐便在被处理金属表面活性点上形成晶核，并以晶核为中心不断向表面延伸增长而形成晶体；晶体不断经过结晶－溶解－再结晶的过程，直至在被处理表面形成连续均匀的磷化膜。

三、实验设备及材料

（一）基体材料

实验采用耐候低碳钢材料为磷化处理的基体材料。实验试样为耐候低碳钢试片

（宝钢集团生产），规格为 10mm × 10mm × 1.5mm。

（二）实验药品

磷酸（H_3PO_4）（分析纯），氧化锌（ZnO）（分析纯），六水合硫酸镍（$NiSO_4 \cdot 6H_2O$）（分析纯），硝酸钠（$NaNO_3$）（分析纯），氢氧化钠（NaOH）（分析纯），盐酸（HCl）（分析纯），硫酸铜（$CuSO_4 \cdot 5H_2O$）（分析纯），氯化钠（NaCl）（分析纯），氢氧化钾（KOH）（分析纯），磷酸三钠（Na_3PO_4）（化学纯）。

四、实验内容和步骤

磷化具体工艺流程如下：打磨→脱脂→水洗→除锈→水洗→磷化→水洗→干燥。

（1）打磨：将基体材料试样在 200 ~ 800 号金相砂纸上逐级打磨，直至表面呈均匀光滑的镜面状。

（2）脱脂和脱脂后清洗：采用碱性脱脂剂脱脂（氢氧化钾 10.5g/L、磷酸三钠 5.3g/L、EDTA 2.6g/L），脱脂温度 60 ~ 65℃，时间 5min。脱脂后用去离子水冲洗，并在去离子水中超声波清洗 30s。

（3）除锈和除锈后清洗：将打磨和脱脂后的碳钢试样在 0.1mol/L 的盐酸溶液中除锈 10s，去除表面残存的锈迹。除锈后去离子水冲洗，并在去离子水中超声波清洗 30s，去除表面残留的酸性化学成分。

（4）磷化：本实验采用化学转化法在锌系磷化液中制备磷化膜。

（5）磷化后清洗和干燥：试样经磷化处理后用去离子水多次清洗，将磷化带出的酸性溶液和可溶性盐洗涤干净，清洗后的金属表面接近中性。清洗完毕后，磷化试样在 55 ~ 60℃ 的热风下吹干。

五、实验报告要求

提出磷化的基本工艺及性能测试方案。

实验 11　钢 的 渗 硼

一、实验目的

（1）熟悉渗硼层组织的特征。

（2）应用金相显微镜测定渗层厚度。

二、实验原理

渗硼的零件不仅可以提高表面的硬度及耐磨性，同时还具有良好的抗蚀性能。渗硼后的工件表面硬度可以高达 $H_m = 1300 ~ 1500$，从 Fe – B 相图（图 1-3-11-1）可见，渗硼时 B 与 Fe 形成 FeB 及 Fe_2B 化合物，Fe_2B 的硬度 $H_m = 1300 ~ 1500$，FeB 的硬度 $H_m = 1800 ~ 2300$，FeB 相硬而脆，易于剥落，故一般渗硼中均控制渗硼量，使之只形成 Fe_2B 而不形成 FeB 化合物。只有当零件主要要求耐磨性，而又不经受振动的零件时才倾向获得 FeB + Fe_3B 两种硼化物共存的组织。在渗硼过程中形成的 FeB 及 Fe_2B 均不含有碳。因此，含碳钢渗硼过程中，将使表层的碳从渗硼层中被向内驱逐，在硼化物层下面形成一增碳区，称为扩散层（也称为过渡层）。扩散层的厚度往往比硼化物层大得多，渗层组织从外到里依次为：

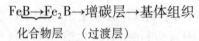

$$FeB \rightarrow Fe_2B \rightarrow 增碳层 \rightarrow 基体组织$$

化合物层　　　（过渡层）

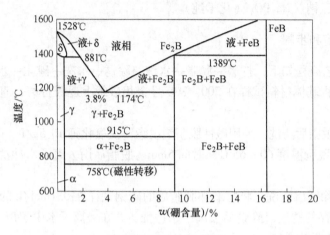

图 1-3-11-1　Fe-B 相图

硼化物 FeB 与 Fe_2B 均呈指状（舌状或针状）垂直于渗体表面呈平行状分布，当用硝酸酒精浸蚀时均呈白亮色。分辨不出 FeB 与 Fe_2B，当用三钾试剂（铁氰化钾 $K_3Fe(CN)_6$ 10g，亚铁氰化钾 $K_4Fe(CN)_6$ 1g，氢氧化钾 KOH 30g，水 100L）浸蚀时，则外层 FeB 呈深棕色，内层 Fe_2B 呈浅黄褐色、基体不受浸蚀，如图 1-3-11-2 所示。此种分布特征与基体间有较多的接触区，所以渗硼层不易剥落。当用三钾试剂及硝酸酒精两种试剂先后浸蚀时，则硼化层层组织均可清晰呈现。

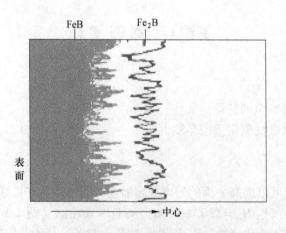

图 1-3-11-2　渗硼层经三钾试剂浸蚀硼化物形态示意

钢铁渗硼时，硼化物和紧接硼化及内层的过渡层显微组织的特征，随着含碳量及合金元素的增加，不仅使渗硼层减薄，而且硼化物楔入的程度也降低，使渗硼层和基体的接触面减少。因此，结合力变弱，增加了渗硼层的脆性。随着钢中碳含量的增加，细长指状硼化物的指尖，特别是 Fe_2B 的指尖变得平整，有如并拢的手指一样。

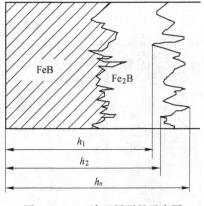

图 1-3-11-3　渗硼层测量示意图

一般渗硼后渗层深度的测量，是测量硼化物深入的深度。硼化物呈不整齐的指状时，一般是测表面至硼化物指尖长度 h_1，h_2，…，h_n，然后取其平均值 h，即为渗硼层的深度。如图 1-3-11-3 所示。

$$H = (h_1 + h_2 + h_3 + \cdots + h_n)/n$$

三、实验方法及步骤

（1）对 A3、45 号钢进行渗硼处理（930℃，2h）。

（2）观察处理后试样组织的变化情况，特别注意试样渗层至心部的组织变化情况。

（3）细致观察渗层组织特征。

（4）使用金相显微镜测量渗层厚度。

四、实验报告要求

绘出渗硼后渗硼层组织，并测量渗硼层厚度。

第4节　材料加工模具实验

实验1　线切割钼丝上丝、穿丝和紧丝操作

一、实验目的

（1）了解钼丝穿丝和紧丝的要领。

（2）掌握穿丝和紧丝的操作技能。

二、实验原理

以快走丝线切割机床为例，讨论电极丝的上丝、穿丝及调节行程的方法。

（一）上丝操作

上丝的过程是将电极丝从丝盘绕到快走丝线切割机床储丝筒上的过程。不同的机床操作可能略有不同，下面以北京阿奇公司的 FW 系列为例说明上丝要点（如图 1-4-1-1、图 1-4-1-2 所示）。

（1）上丝以前，要先移开左、右行程开关，再启动丝筒，将其移到行程左端或右端极限位置（目的是将电极丝上满，如果不需要上满，则需与极限位置有一段距离）。

（2）上丝过程中要打开上丝电机启停开关，并旋转上丝电机电压调节按钮以调节上丝电机的反向力矩（目的是保证上丝过程中电极丝有均匀的张力，避免电极丝打折）。

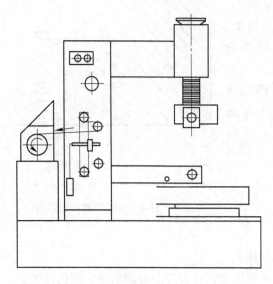

图 1-4-1-1　上丝操作示意图

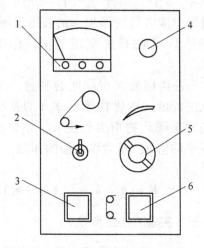

图 1-4-1-2　储丝筒操作面板
1—上丝电机电压表；2—上丝电机启停开关；
3—丝筒运转开关；4—紧急停止开关；
5—上丝电机电压调节按钮；6—丝筒停止开关

（3）按照机床的操作说明书中上丝示意图的提示，将电极丝从丝盘上到储丝筒上。

（二）穿丝操作

（1）拉动电极丝头，按照操作说明书说明，依次绕接各导轮、导电块至储丝筒。在操作中要注意手的力度，防止电极丝打折。

（2）穿丝开始时，首先要保证储丝筒上的电极丝与辅助导轮、张紧导轮、主导轮在同一个平面上，否则在运丝过程中，储丝筒上的电极丝会重叠，从而导致断丝。

（3）穿丝中要注意控制左右行程挡杆，使储丝筒左右往返换向时，储丝筒左右两端留有 3 ~ 5mm 的余量。

（三）紧丝

（1）左手拿出紧丝轮，套上左边钼丝，右手开动卷丝筒运行按钮。

（2）右手按动运丝按钮，然后移至急停按钮，随时准备停机。

（3）左手稍用力（约 0.5kg）张紧钼丝，当卷丝运行到右端时，按下急停按钮。

（4）拿开紧丝轮，用左手拉紧，右手用螺丝刀松开右边螺钉，把伸长的那一部分钼丝也绕到卷丝筒上，压紧螺钉，将钼丝右端固定。

（5）再电动旋转卷丝筒，来回观察卷丝筒正反转换向，直至正常为止，停机。

三、注意事项

（1）钼丝绕好后在电动开机前，一定要检查钼丝是否在上、下导论槽内，导电块上，否则不能开机。

（2）电动启动卷丝筒之前，一定要检查手动摇柄是否拿下来，以免发生危险。

（3）不要站在卷丝筒的正后方操作，以免污迹甩到身上。

（4）钼丝一定要放在挡丝杆左侧，才能保证绕丝和排丝之间有一小段距离。

四、实验报告要求

（1）了解线切割机床基本结构。

（2）掌握钼丝穿丝和紧丝的要领，领会穿丝和紧丝的操作技能。

实验 2　数控线切割的程序编辑与加工实验

一、实验目的

（1）了解数控线切割机床的结构、工作原理及操作方法。

（2）掌握数控程序的基本编辑方法，学会用"3B"语言编辑程序输入电脑，并在线切割机床上验证所编零件的加工程序是否正确。

二、实验原理

数控程序是人对机器发出的加工命令，为使机器能够接受这种命令，编制程序时就必须符合一定的格式。国内大多数数字程序控制的线切割机床所使用的程序主要有"3B"格式。

根据零件图所提供的尺寸、要求，按照上述的某一种格式编写出加工程序。将这些程序输入到电脑生产可加工的程序，再由微机控制线切割机床的加工过程。这样就能将所编辑的图形加工成零件。

三、主要仪器及耗材

（1）电火花线切割机床 1 台。

（2）活动扳手、游标尺、计算器。

（3）毛坯（材料：铝板，尺寸：$100mm \times 50mm \times 0.5mm$）1 块。

四、实验内容和步骤

首先由实验教师讲解数控程序的原理及各种格式的编辑方法。介绍数控切割机床的主要部件及其作用。

（1）根据图纸确定计算坐标系和加工顺序。该坐标系和加工顺序一旦确定后就不能再变动。以后各条线段的坐标只能平移不能旋转。

（2）根据钼丝的直径和放电间隙确定好补偿量，按照图纸的尺寸加上补偿量，编辑好加工程序。

（3）用按键将编辑好的加工程序输入电脑，输入完后最少检查一遍，看有无错误。

（4）装好工件，找正钼丝的起点位置，记下 X、Y 进给滑板以及它们手柄上的大小刻度的初始值。

（5）启动机床，按下执行按钮，开始切割加工。随时注意显示屏和各项电参数是否正确。

（6）加工完毕，按操作规程关闭机床。

（7）测量工件。

五、实验报告内容

（1）零件图、加工程序和已经加工的零件。

（2）简述线切割机床的加工原理。

实验3　电火花成形加工实验

一、实验目的

（1）了解电火花成形机床的组成、加工原理及操作方法。

（2）了解轴向放电间隙的控制方法。

（3）了解电极的极性、加工电压、脉冲宽度（μs）；脉冲间隔（μs）；加工电流等对工件表面加工质量的影响。

二、实验设备及工具

（1）Superorm320 电火花成型机床 1 台。

（2）紫铜电极 1 根。

（3）加工试件、材料 45 号钢，尺寸：50mm×50mm×10mm 1 块。

（4）游标卡尺和活动扳手 1 把。

三、实验内容和步骤

（1）了解电火花加工机床的主要构成、加工原理和操作方法。然后进行电火花加工。

（2）装夹好工件，对好电极、调整好百分表的起点位置。

（3）选择好电极的极性、脉冲宽度、脉冲间隔、加工电压和加工电流。

（4）将主轴状态旋至伺服调节，同时调节加工/跃动旋钮，跃动功能旋钮和伺服加工配合得当。

（5）用 1 根电极在同 1 块试样上的两处进行粗、精两种不同电规准条件的加工，主轴垂直进给深度为 5mm，待加工完毕，分别观察粗、精加工处的表面粗糙度，并将测量数据填入表 1-4-3-1 中。

（6）按操作规程关闭机床，测量加工试件，编写实验报告。

表 1-4-3-1　同一电极材料在不同电规准条件下的电火花加工结果检测表

规准 \ 种类	极性	工作电压	高压电流	低压电流	脉冲宽度	脉冲间隔	电极		试样		表面粗糙度
							直径	损耗	直径	深度	
粗											
精											

四、实验报告要求

（1）载明实验数据。

（2）掌握电火花成型机床的组成、加工原理及操作方法及轴向放电间隙的控制方法。

（3）通过实验数据分析，说明电极的极性、加工电压、脉冲宽度（μs）；脉冲间隔（μs）；加工电流等对工件表面加工质量的影响。

实验 4　塑料注射成型工艺

一、实验目的

通过注射成型实验，掌握注射成型原理、注射成型工艺参数的确定，了解注塑机的结构。掌握注塑机的调整及操作方法。

二、实验原理

塑料注射成型时，热塑性塑料在注射机料筒内，在外加热器的作用下，逐步塑化为熔体，借助螺杆的轴向运动，使熔体以较高的压力和较快的速度，经喷嘴注射到模具型腔内，充满型腔并经一定时间冷却，使之凝固成型。然后开模推出塑件。

认知注射工艺参数对塑件的质量影响程度。

三、实验设备及材料

（1）52-30/225 预塑塑料注射成型机 1 台。

（2）注射模。

（3）PE 塑料 1kg。

（4）笔、纸、尺等记录、绘图工具。

四、实验内容和步骤

（1）拟定料筒温度、喷嘴温度、注射时间、保压、加料量等工艺条件。

（2）开机，在设备上设置生产工艺条件。

（3）当到达拟定温度时，恒温 10 ~ 20min。

（4）注射实验开始前应对空注射，判断料筒温度和喷嘴温度是否合适，如果料流光滑明亮、无变色、银丝、气泡等，说明温度正常。

（5）改变注射成型工艺条件，仔细观察和记录各种工艺条件下的空射料流的表面质量和塑件表面质量情况。

五、思考题

（1）拟定注射成型工艺条件的依据是什么？

（2）塑件的质量与成型工艺条件有何关系，与原材料、成型设备、模具等有何关系？

（3）塑件所产生的各种缺陷的主要原因是什么？

实验 5　塑料模的拆装实验

一、实验目的

通过对塑料注射模具的拆卸和装配，掌握塑料模的结构以及注射成型的工作原理。

二、实验原理

模具结构的正确性和合理性，关系到制品的合格率和模具的使用寿命及成本。通过对模具的拆装，掌握模具结构及各部件的动作原理。

三、实验设备及材料

（1）塑料注射模 10 副。
（2）扳手、内六角扳手、锤子等工具 1 套。
（3）纸、铅笔、直尺、圆规等绘图工具。

四、实验内容和步骤

（1）在模具拆卸和装配过程中，务必弄清楚模具零部件的相互装配关系和紧固方法，并按钳工的基本操作方法进行，以免损坏模具零件。

（2）对已准备好的模具仔细观察分析，了解各零部件的作用和相互配合关系以及它们的成型工作原理。

（3）将模具的动、定模分开，观察分析成型零件的构成和装配关系以及它们的成型原理。

（4）按一定顺序拆卸模具的零部件。零件清洗干净，分别装配动模和定模，然后组合为整副塑料模。

（5）根据模具中型腔的形状，绘制塑料制品。

（6）分别绘制模具零件图及模具装配图。

（7）根据模具及制品，分析其工艺成型特点及模具机构特点。

五、实验报告内容要求

（1）叙述模具装拆的过程。

（2）详细说明模具成型过程中的工作原理。

（3）画出模具结构图及零件图。

实验 6　冲 模 拆 装

一、实验目的

（1）了解冲模的类型、结构、工作原理以及各零件的名称和作用。

（2）了解冲模各零件之间的装配关系及装配过程。

（3）模拟冲模的工作过程。

二、实验原理

冲模拆装主要是了解冲模的基本构造；组成冲模的零件的作用；简单模、复合模、级进模的特点。通过拆卸和组装各类冲模，加强对模具的上下模结构、模具零件构造、不同类冲压模具的认知，为后续冲模总体和零部件的设计打下基础。一般冲模由工作、定位、卸料、导向、固定等 5 类零件构成。坯料通过定位零件保证在模具中的位置，经过工作零件对坯料实施拉、压力或者剪切力，完成对材料形状、尺寸的变形，再经过卸料、推件、顶件（图 1-4-6-1）零件将制件、废料、坯料与工作零件发生分离，以便于进入下一工序，冲模上、下模由导向零件来引导运动位置和方向，由固定零件来连接上述 4 类零件，从而形成上模和下模两个整体。

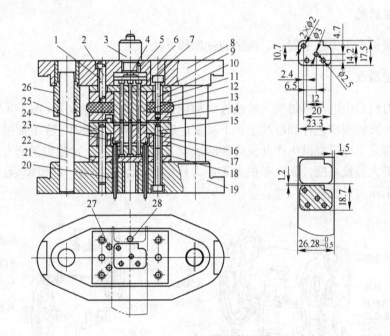

图 1-4-6-1　冲压模具装配图

1—打杆；2—模柄；3—推板；4—推杆；5—卸料螺钉；6—凸凹模；7—卸料板；8—落料凹模；
9—顶件块；10—带肩顶杆；11—冲孔凸模；12—挡料销；13—导料销；14—卸料板；15—螺钉；
16—顶料板；17，18—固定板；19—下模座；20—顶杆；21—导柱；22—垫板；23—顶料杆；
24—落料凹模；25—销钉；26—导套；27—导料销；28—挡料销

三、实验设备及材料

（1）手锤、橡胶锤、螺丝刀、活动扳手及内六角扳手。
（2）简单模、复合模、级进模若干副。

四、实验内容和步骤

（1）了解冲模类别和总体结构。

（2）分组拆卸不同类别冲模，详细了解冲模每一个零件的名称、结构和作用，了解冲模工作过程。

（3）重新装配冲模，进一步熟悉冲模结构、工作原理及装配过程。

（4）按比例绘出所拆冲模的结构总装草图。

五、实验报告要求

（1）简述冲模的类型、结构、工作原理以及各零件的名称和作用。

（2）简述冲模各零件之间的装配关系及装配过程。

实验 7　冲 模 调 试

一、实验目的

了解冲裁模在压力机上安装、调试的过程和方法。

二、实验原理

曲柄压力机是由电动机带动飞轮通过传动轴使齿轮旋转，制动器（图 1-4-7-1）控制离合器使齿轮的旋转变成连杆和滑块上、下反复运动，而滑块带动固定在上面的冲模上模反复运动，从而完成冲模合模生产开模排料的运动，即冲压过程；冲裁模的闭合高度必须小于压力机的最大装模高度，而且必须大于压力机的最小装模高度，冲模模柄（图 1-4-7-2）尺寸必须小于压力机模柄孔尺寸。

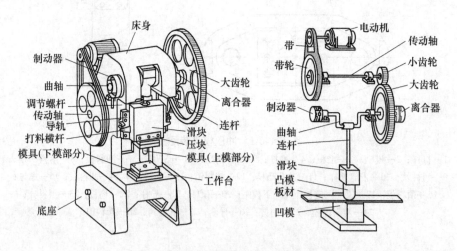

图 1-4-7-1　开式曲柄压力机结构和机械

三、实验设备及材料

（1）10t 开式曲柄压力机。

（2）有导向冲裁模两副。

（3）手锤、扳手、螺丝刀、白纸。

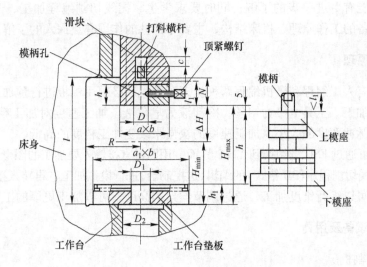

图 1-4-7-2　压力机参数与模具参数

（4）1mm 厚的铝板条料若干。

四、实验内容和步骤

（1）了解压力机的结构和工作过程。

（2）清理压力机工作台面，将冲模放在工作台上。

（3）调节滑块连杠到最低位置，同时将冲模模柄装入滑块模柄孔。

（4）调节滑块下行，直到滑块下平面与冲模上模板上平面接触，将上摸紧固在滑块上。

（5）扳动飞轮，使滑块下行到下死点，调整下死点到工作台面距离，使凸模进入凹模 0.5mm 左右。

（6）扳动飞轮试冲白纸，观察断面情况，分析冲模安装是否平稳到位。

（7）调整好后，开动压力机，空转几次后再试冲铝板。

（8）观察断面情况，若质量有问题，需要调整模具高度、位置直到冲出合格制件。

（9）调整完毕后，开动压力机进行冲裁。

（10）实验完毕后，卸下模具，涂油保护，清理现场。

五、实验报告要求

（1）简述曲柄压力机结构及特点。

（2）简述冲裁模在压力机上安装、调试的过程和方法。

实验 8　采用线切割加工冷冲模（凸凹）

一、实验目的

线切割加工是模具方向的一门专业基础课，通过本课程的学习使学生对电加工设备的工作原理和性能有更进一步的了解；同时要求学生掌握线切割编程加工、凸凹模加工成型，以及对设备的工作原理、机床结构，主要零部件的作用有更深入的了解。

二、实验原理

线切割机有人工编程和微机编程两种。人工编程后必须用铝板进行预加工，确认无误后再转入正式加工。工具电极为钼丝，冷却液为皂化液。加工速度对加工精度影响很大，可以通过调节脉冲宽度的大小、加工速度的快慢来改变加工精度的高低。

微机编程可通过 ESC 键切换到 YH-8 界面，用图样直接输入要加工的图形，然后选择穿丝孔的位置，线切割程序(3B 格式)的编辑,送控制台,进行模拟加工,再转入正式加工。

线切割机可以进行锥度加工，通过调节丝架的高度，可以加工更厚的工件。

三、实验设备及用具

(1) 线切割机。
(2) 钼丝。
(3) 扳手、夹具。
(4) 0.5mm 铝板条料若干。

四、实验方法和步骤

(1) 程序编制。
(2) 程序输入。
(3) 模拟检查。
(4) 启动加工。

五、实验报告要求

(1) 检测加工件的尺寸。
(2) 简述为保证凸凹模的尺寸所做的补偿。

第 5 节　材料加工设备实验

实验 1　管棒型生产设备演示

一、实验目的

(1) 了解管、棒、型、线材的生产设备的结构。
(2) 掌握管、棒、型、线材的生产设备工作原理及特点。

二、实验原理

管、棒、型、线材的生产，其主要的生产设备有挤压机（图 1-5-1-1）、拉伸机、轧管机等。

图 1-5-1-1　液压机外形

（一）挤压机

挤压机在有色金属及合金的压力加工中已得到普遍应用。其产品有管材、棒材、型材及线坯。挤压机的大小均以能产生最大挤压力 $P(t)$ 来表示。目前，我国最大挤压机是 22500t，350～2000t 挤压机应用最广。

1. 挤压机的分类及其特性

（1）挤压机的分类：

1）液压传动挤压机——液压挤压机；

2）机械传动挤压机——曲柄挤压机。

机械传动挤压机是通过曲轴或偏心轴将回转运动变成往复运动，从而推动挤压杆对金属进行挤压的。这种挤压机在承受负荷时易产生冲击，对速度调节反应不灵敏，防止过载能力小并且难以大型化，最大的也只能达到 500t，所以热挤压很少采用，一般只适用于小吨位、高速冷挤压。

液压挤压机是以液体作为工作介质的压力机。液体是以乳化水作为工作介质的挤压机，称为水压挤压机，而液体是以油作为工作介质的，称为油压挤压机。近 20 多年来，油压挤压机的应用不断增多。因为油压机的油泵直接安装在挤压机上面，又称自给油压机。它结构紧凑，占地面积小，调速准确，工作平稳，没有冲击。但挤压速度不能太快，较适合中小型工厂单机生产。水压挤压机适用于大吨位，高速、高压的挤压机，多台挤压机联合使用更为经济。其缺点是一次投资较大，需要水泵站系统，设备占地面积大。

总之，液压传动的挤压机比机械传动挤压机吨位大，运动平稳，过载适应性较好，而且速度也较易调整，因此被广泛采用。

（2）液压机的组成：

1）泵站：它是液压挤压机设备的动力装置，由水箱、高压泵、管道、高压水罐、高压气罐、空气压缩机和低压罐组成。

2）液压挤压机本体：它是被加工金属塑性变形的地方，是工作部位，在机架上安装有执行机构——各工作缸、挤压筒、模子装置等。

3）操纵系统：控制系统中高压液体的流向、流量和压力。它由分配器和节流阀、充液阀、安全阀、闸阀等组成。

4）工作液体：水（含 1%～3% 乳化剂的乳液）或油。

5）辅助部分：如管道、管道接头、储液槽、冷却器（或加热器）等。

2. 液压挤压机的基本原理

（1）帕斯卡原理（柱塞尺寸设计依据）：液压机的工作介质是液体，液体的分子容易互相滑，容易分开，液体可以适应容器任何形状。如果不考虑液体的黏性和可塑性时，在密闭的容器中施加在液体上的压力可按等强度朝各个方向传递。在外部压力作用下，密闭容积的液体体积只发生微小变化；在所有彼此相通的密闭空间里静止液体的压力都相等，并且静止液体压力的方向与容器的壁面垂直。

（2）液流的连续性原理（速度控制原理）：液体在管路内做定常流动时，根据质量守恒定律，在管路内的液体既不能增多，也不能减少，因此在单位时间内流过管路任一截面的液体质量必然相等。

（3）伯努利方程式（能量特点）：在密封管路内做定常流动的理想液体的压能、动能和势能三者之和为一常量。可以由一种能量转化为另一种能量，但总能量保持不变。

3. 液压挤压机的结构

液压挤压机按总体结构分为立式挤压机和卧式挤压机两大类：

（1）立式挤压机。其特点是由于运动部件与出料方向和地面垂直，故占地面积小。同时立式挤压机的运动部件对摩擦压力不大，磨损小，故挤压机的工作不易失调。可以生产壁厚均匀的薄壁管材。但立式挤压机要求建筑很高的厂房和很深的地坑，所以限制了大吨位的立式挤压机的发展。

立式液压挤压机按穿孔装置分为：无独立穿孔装置的立式挤压机和带独立穿孔装置的立式挤压机两种类型。

（2）卧式挤压机：

1）卧式挤压机的特点是挤压机本体和大部分附属设备均布置在地面上，有利于工作时对设备的状况进行监视、保养和维护；各种机构可布置在同一水平面上，易实现自动化和机械化；可制造和安装大型挤压机，减少建筑施工困难和资金，同时制品的规格不受限制，是在地面上水平出料；运动部件由于自重加压在导套导轨面上易磨损，从而改变某些部件的正确位置，故挤管时易偏心；占地面积大。

2）卧式挤压机按挤压方法分为正向卧式液压挤压机、反向卧式挤压机和联合卧式挤压机三种类型。

正向卧式液压挤压机，挤压时挤压筒不动，锭在轴推动下向前移动，锭与筒接触面产生很大的摩擦力（挤压力的 30%～40%），因此挤压时金属流动不均匀，变形也不均匀；导致金属制品的组织、性能不均；且挤压力较大，比反挤压大 30%～40%；金属缩尾废料多，占锭的 10%～15%。正向卧式液压挤压机具备设备简单，操作方便；且由于死区存在，制品表面质量好；制品外形尺寸变化灵活，工具设计简单，可以生产较宽大的挤压制品，并且适合多孔模挤压等优点，应用很广泛。

反向卧式挤压机实现反向挤压的基本要求是挤压筒可动，其行程应不小于筒的长度。挤压时，金属流出方向与轴运动方向相反。由于挤压时筒运动，所以筒与金属无摩擦，挤压时金属流动较均匀，变形也较均匀；所需挤压力小，挤压速度快；制品的组织性能均匀，残余废料少。但挤压轴为空心轴受强度限制，挤压制品尺寸受环境限制；死区小制品表面欠佳；设备结构复杂，需采用长行程的挤压筒，挤压周期较长。

联合卧式挤压机，可以实现正向和反向挤压，但结构复杂，所以，联合卧式挤压机应用不够广泛。

卧式液压挤压机中，正向卧式挤压机应用最广泛，正向卧式液压挤压机按用途分为两种类型：

① 卧式棒、型挤压机主要用于生产棒材，型材和线坯。此类挤压机无独立穿孔系统。故结构较为简单，与一般棒、型挤压机不同之处，是它的挤压筒可做较长距离的移动。铸锭是送在活动头与挤压筒之间。其优点是缩短了挤压机的机身长度，同时还能实现反向挤压操作。

② 卧式管、棒挤压机是带有独立穿孔装置的挤压机，又称复动式挤压机。其结构形式一般根据穿孔缸与主缸的位置可分为三种基本形式：

一是后置式管、棒挤压机的穿孔缸位于主缸之后，这种结构形式的管、棒挤压机穿孔系统与主缸之间是完全独立的。穿孔柱塞的行程比主柱塞的行程长，故可实现随动针挤压，延长针的使用寿命。由于针在挤压时可以自由前后移动，故可以生产内径变化的管子。在挤压棒、型材时，可将穿孔缸的压力叠加到挤压轴，增大挤压力，维修比较方便。但是，这种挤压机机身较长，占地面积相应增大。同时穿孔系统很长，刚性较差。加之在主柱塞中的导向衬套有磨损，必然会引起穿孔系统偏斜，使管子偏心。

二是侧置式管、棒挤压机的穿孔缸位于主缸的两侧，它的特点是穿孔柱塞与主柱塞的行程相同，不能实现随动针挤压。穿孔针在挤压时不动，对其使用寿命不利。因金属变形在模孔处最大，温度最高，针常被拉细、拉断。又因主缸后面安装着主柱塞与穿孔柱塞回程缸，故机身也较长。

三是内置式管、棒挤压机的穿孔缸位于主柱塞之前的内部或置于与主柱塞相连的活动梁之内，这是一种结构上较先进的设计。穿孔缸和穿孔返回缸所需的工作液体各用一个套筒式导管供给，主缸两侧与机头相连接的两个缸是活塞式的，它既是主柱塞的返回缸，又是副挤压缸。挤压机可以达到全吨位，当只向主缸供给高压液体时为低吨位。

内置式管、棒挤压机的特点是机身长度短，与能力相同的型棒挤压机相当，因穿孔系统位于主柱塞前瑞的内部，刚性好和导向精确，因而管子不易偏心，这是由于穿孔系统较短所致；穿孔针在挤压时可随着主柱塞一起前进，实现随动挤压，同时也可以实现固定针挤压；维修和保养困难。但是，当用油作为工作液体时，因其有润滑性能，密封装置等部件不易磨损，从而可减少维修和保养的工作量；因穿孔系统位于主柱塞前瑞的内部，位置所限，穿孔力受一定的限制。

4. 液压挤压机的传动

液压挤压机的液压传动分为高压泵直接传动和高压泵－蓄势器传动两种类型：

（1）高压泵直接传动，即高压泵打出的高压液体直接供给工作缸或回程缸。其特点挤压机的行程速度与金属的变形抗力无关，仅与高压泵的流量有关；高压泵付出的能量随加工制品的变形抗力改变而改变，效率高，工作行程时效率平均为 80% ~ 90%；系统压力随变形抗力变化而变化，有利于实现自动控制；基建投资少，传动效率高，维护、保养简单；所安装的高压泵和带动它的电动机的功率要根据挤压所需的最大挤压速度来选择，这样就造成高压泵及电机的利用系数不高。现应用广泛的油压挤压机基本上采用的都是这种传动方式。

（2）高压泵－蓄势器传动，即在高压泵至挤压机之间的高压管路系统中增添高压容器。泵－蓄势器传动的挤压机运行时，高压液体不仅由泵供给，还可以在液量不足时，由蓄势器来补充，蓄势器起着储备高压液体的作用，因此，对高压泵没有承受高峰负荷的要求。在挤压机需要的高压液体减少时，过剩的高压液体再次储入蓄势器，以备下一个循环使用。由此可见，蓄势器还有平衡高压泵负荷的作用。水压挤压机一般采用这种传动方式。

（二）管棒型材拉伸机

有色金属加工厂用于生产管、棒、型材的拉伸机均按其不同用途，在结构，规格、特性等方面划分得很细，不好按等级归类。但是所有拉伸机均可划分为三种类型：链式拉伸机、卷筒拉伸机和液压拉伸机。

1. 单链拉伸机

拉伸小车借助于 4 个滚轮可在机架的导轨上滚动。小车前端有挂钩，后端有钳口，拉伸时，利用平衡锤的杠杆使挂钩能钩在任一节链条上（图 1-5-1-2）。与此同时使钳口咬入制品的夹头来实现拉伸。在制品被拉完尾部脱离模孔的瞬间，链条、小车的弹性恢复，使后者突然得到一冲击力产生的加速度，而使挂钩脱开链条，并在平衡重锤的作用下抬起。与此同时，钳口自动张开，制品落于拨料杆上并被拨入拉伸机旁的料架上。拨料杆的位置平时与拉伸机轴线平行，拉伸时逐一地在小车后面转动 90° 与制品垂直处于接料状态。小车借助于机构快速返回。如果用于拉伸管材，在模架后面还安装一尾架来固定芯杆。

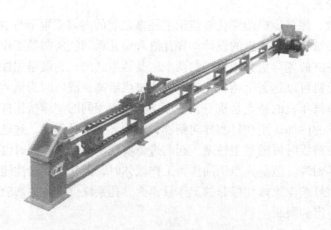

图 1-5-1-2　单链拉伸机外形图

2. 双链拉伸机

双链拉伸机的工作机架是由许多的 C 形架组成的，在 C 形架内装有两条水平横梁，其底面支承拉链和小车，侧面装有小车导轨，两根链条从两侧连在小车上，C 形架之间的下部安装有滑料架。与单链式拉伸机比较，有下列优点：

（1）拉伸后的制品可以直接由两根链条之间自由下落而无专用的拨料机构，卸料也方便，这对拉伸大而长的制品显示出更大的优越性。

（2）使用范围广，在一台设备上可拉伸大小规格的制品，消除了单链拉伸机的拉伸小车在拉伸力大时挂钩、脱钩困难的缺点。

（3）由于采用两根链条受力，链条的规格大大减小，使中、小吨位的拉伸机可采用标准化链条。

（4）小车拉伸中心线与拉伸机中心线一致，克服了单链拉伸机拉伸中心线高于拉伸机中心线的弊病，因此拉伸平稳，拉出的制品尺寸精度、表面质量和平直度高。

三、主要仪器

300t 立式挤压机、0.4t 拉伸机、3t 拉伸机。

四、实验报告要求

（1）说明液压挤压机的结构、分类及工作原理。
（2）说明链式拉伸机的结构、特点。

实验 2 板带生产设备演示

一、实验目的

（1）了解板、带材的生产设备的结构。
（2）掌握板、带材的生产设备工作原理及特点。

二、实验原理

轧机是轧件在轧制过程中，使轧件在旋转的轧辊中产生塑性变形的机械设备，是轧制生产车间的主要设备，通常由一个或数个主机列组成。轧机由三部分组成，即工作机座、轧辊的传动装置、驱动用的主电动机（图 1-5-2-1）。轧机上的附属设备与轧机的构造形式和用途有关。一般来说，在板、带及箔材轧机上具有辊道、升降台、旋转台、推床、导尺、立辊、卷取设备等。

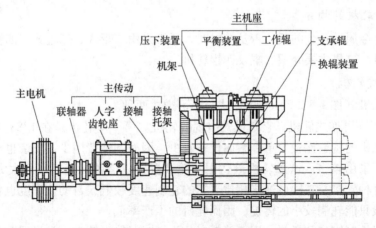

图 1-5-2-1 轧机的基本结构

（1）工作部分：直接承受金属烈性变形加工的部分，通常称为工作机座。它主要包括轧辊、轴承、牌坊、压下机构和平衡装置。它是轧机的主要部分，直接影响产品的产量和质量。

（2）传动部分：能量的传递部分，它把动力机的运动改变成工作部分所需要的运动。它包括减速机、齿轮座、连接轴和联轴节等。

（3）动力部分：分蒸汽机和电动机两类。现代轧机主要是采用电动机，它把电能转化成机械能，供给工作部分。

（4）现代轧机尚有自动抑制部分，用来控制轧机的全部工作。

（一）按加工工艺过程分类

有色金属加工厂的轧制车间，根据加工工艺过程不同，将轧机分为热轧机和冷轧机两大类。

1. 热轧机

它是高温下进行轧制的轧机。对有色金属及合金而言，轧制温度如下：铝及其合金为 $400 \sim 500℃$，铜及其合金为 $750 \sim 950℃$，镍合金为 $1000℃$ 左右，稀有金属在 $1000℃$ 以上。

由于热轧机一般是在较高的温度下工作，主要是进行热开坯，很少直接出成品，因此轧机精度比较低。整个轧机的弹跳值也比较大，一般在几毫米以上，相当于中厚板轧机。轧制厚度通常为 $4 \sim 100mm$，其成品为板坯，但也可热轧出成品。

热轧机的特点是：轧机开口度大，道次压下量大，压下速度大（一般大于 $1mm/s$），轧辊直径大。轧辊硬度不大。但耐急冷急热性能要好。轧机的机械化和自动化程度高，轧机前后有辊道。热轧机一般采用二辊式或四辊可逆式轧机。

2. 冷轧机

它是在室温下进行轧制的轧机。可以直接轧出成品，也可以不直接轧出成品。轧制力很大，轧辊的弹性压扁和弯曲也较大，因此在条件许可的情况下，应尽量减小工作辊直径。增设支承辊，从而减小轧辊的弹性压扁和弯曲。

冷轧机的特点是：轧机开口度不大，道次压下量小，压下速度低（一般小于 $1mm/s$，甚至可达 $0.05mm/s$），轧辊直径不大，轧辊硬度高，表面粗糙度低，一般前后带有张力。二辊、三辊和多辊轧机均可用作冷轧机。

（二）按轧机结构分类

轧制有色金属及合金的板、带及箔材时，通常采用二辊式、三辊式、四辊式、多辊式及行星式轧机。这里主要介绍二辊及四辊轧机。

1. 二辊式轧机

二辊式轧机（图 1-5-2-2）有可逆式与不可逆式两种。

（1）二辊不可逆式轧机。它是最先出现的轧机。第一座轧机是在 1783 年制造的。二辊不可逆式轧机的构造比较简单，附属设备较少，因而制造费用少，安装也比较容易，一般中小型工厂采用较多。这种轧机最适用飞轮装置，以储蓄能量，从而大大提高动力效率。此外，这种轧机与二辊可逆式相比，它的轧制速度较低，自动化程度也较低，轧机尺寸较小，一般只能轧制较小的铸锭，因而轧机的生产率低。

它可用以轧制锭坯和板材。用于热轧时，为了减轻体力劳动，常设置升降台，用升降

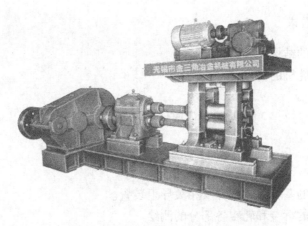

图 1-5-2-2　二辊式轧机外形图

台将轧件从出料端经上辊上方送回进料端。

（2）二辊可逆式轧机。这种轧机虽只有两个轧辊，但轧辊旋转方向是可逆的。因此，可以往返轧制。完全弥补了二辊不可逆轧机的缺点，减少了间歇时间，能够获得很高的生产率，满足了现代化生产的要求。但是这种轧机的构造复杂，附属设备较多，电气设备也很复杂，故造价昂贵。同时要求操作工人有较高的技术水平。目前二辊可逆式轧机广泛地用于热轧和冷轧板、带、条和箔。

二辊可逆式轧机使用直流电机，不但提高生产率，而且还可以调节速度，便于控制咬入速度、正常轧制速度和抛出速度，有助于轧制工艺的改进。

二辊可逆式轧机取消了升降台，前后可配备较长的辊道，可安装旋转设备、轧边机和导尺等，从而提高了轧制生产的机械化程度，减少了轧制时间，为大型铸锭生产创造了条件。

2. 四辊轧机

四辊轧机是在克服二辊和三辊轧机缺点的基础上发展起来的。四辊轧机也有可逆与不可逆两种。

四辊轧机辊身强度高，刚度大，弹变量小，产品精度高；工作辊直径小，最小可轧厚度达 0.01mm，辊身长，$L/D_{\text{工}}=5\sim7$，可轧宽而薄的产品；操作方便，应用广泛，热轧、冷轧、连轧均适用。

四辊轧机由于有小直径的工作辊和大直径的支承辊相配合，故在结构上是比较合理的。轧制时支承辊的作用使工作辊的弯曲和弹性压扁都很小，轧件的宽展也小，因而最适合于热轧和冷轧宽而薄的轧件，同时可以采用比二辊式较大的加工率，从而减少整个带材生产过程的中间退火次数。由于四辊轧机上有较多的附属设备，能使操作机械化和自动化，故生产效率较高。但四辊轧机由于工作辊水平方向没有支承，对辊缝有影响。

三、主要设备

二辊不可逆 $\phi 185\text{mm}\times 250\text{mm}$ 轧机、4GLZ $\phi 140\text{mm}/\phi 310\text{mm}\times 300\text{mm}$ 四辊冷轧机。

四、实验报告要求

(1) 简述轧机的结构及分类。

(2) 简述所见轧机的特点。

实验 3　二辊、四辊轧机构造

一、实验目的

(1) 掌握轧机的基本组成部分及相关导卫装置。

(2) 熟悉轧机的拆装和轧辊各部分的测绘。

(3) 掌握轧机的正确操作方法及辊缝的调整与对正。

(4) 掌握型钢轧机的孔型调整及相关导卫装置安装。

(5) 熟练使用 CAD 软件绘制轧机主机列简图、轧辊结构简图等。

二、实验内容

(1) 动手实际操作轧机并观察工作情况。

(2) 绘制主机列简图。

(3) 绘制轧辊结构简图。

三、实验仪器、设备及材料

(1) 二辊、四辊板带钢冷轧机各 1 台。

(2) 二辊、四辊型钢轧机各 1 台。

(3) 测量工具：游标卡尺、千分尺、皮尺、卷尺、钢尺等。

四、实验步骤

(1) 合上轧机电源开关，分别开动和停止二辊、四辊板带钢冷轧机，二辊、四辊型钢轧机，观察轧机是否运转正常，了解各部分的作用。

(2) 简单绘制二辊、四辊板带钢冷轧机，二辊、四辊型钢轧机主机列简图，并注意各台轧机的传动方式及结构特点。

(3) 记录轧机轧辊尺寸，见表 1-5-3-1、表 1-5-3-2。

表 1-5-3-1　板带钢冷轧机的轧辊尺寸数据记录表

序号	辊身尺寸/mm				辊径尺寸/mm				辊头尺寸/mm			
	辊身长度		辊身直径		辊径长度		辊身长度		辊身直径		辊径长度		辊身长度
轧机	二	四	二	四	二	四	二	四	二	四	二	四	二	四
1													
2													
3													
平均													

表 1-5-3-2　型钢轧机的轧辊尺寸数据记录表

序号	辊身尺寸/mm				辊径尺寸/mm				辊头尺寸/mm					
	辊身长度		辊身直径		辊径长度		辊身长度		辊身直径		辊径长度		辊身长度	
轧机	二	四	二	四	二	四	二	四	二	四	二	四	二	四
1														
2														
3														
平均														

五、实验报告要求

（1）简述实验目的及原理，分析实验数据。

（2）绘制二辊、四辊板带钢冷轧机、型钢轧机主机列简图，说明各部分组成及作用。

（3）绘制二辊、四辊板带钢冷轧机、型钢轧机轧辊结构简图，说明各部分组成及作用。

（4）分析说明轧机工作机座各部分的组成及作用。

实验 4　轧机刚度系数的测定

一、实验目的

通过实验进一步认清轧机刚度的意义，明确其重要性，并掌握测定轧机刚度系数的方法。

二、实验原理

轧机在轧制时产生的巨大轧制力，通过轧辊、轴承、压下螺杆，最后传递给机架。所有这些零部件在轧制力作用下都会产生弹性变形。

在轧制压力的作用下，轧辊产生压扁和弯曲，从而形成轧辊的弹性变形。轧辊弹性变形和轧制压力的关系曲线称为轧辊弹性曲线，该曲线近似呈直线关系。

同样，轧辊轴承及机架等，在负荷作用下也会产生弹性变形。该弹性变形相对于负荷所作的弹性曲线，在最初阶段由于装配表面的不平和公差等原因有一弯曲段，过后也可视为直线。

考虑了轧辊和轧机机架的弹性变形曲线后，整个轧机的弹性曲线则为它们的总和。曲线的直线段斜率对已知轧机为常数，该斜率称为轧机的刚度系数，其物理意义是使轧机产生弹性变形所需施加的负荷量。由于曲线下部有一弯曲段，所以直线段与横坐标并不相交于原点，而是在 S_0 处。如果把轧机的初始辊缝也考虑进去，那么曲线段也将不从坐标零点开始，如图 1-5-4-1 所示。

　　因为两轧辊之间隙在受载时比空载时大。把空载时的间隙称为初始辊缝 S_0'，把受载时辊缝的弹性增大量称为弹跳值 f。f 从总的方面反映了机座受力后变形的大小。显然，f 与轧制力的大小成正比。在相同的轧制力作用下，f 越小，则该轧机的刚性越好。

　　以纵坐标表示轧制力，以横坐标表示轧辊的开口度，由实验方法绘制出轧机的弹性变形曲线，该曲线与横坐标轴的交点即为初始辊缝 S_0'。在轧制负荷较低时有一非线性段，但在高负荷部分曲线的斜率逐渐增加趋向一个固定值，该固定值即为机座的刚度系数。

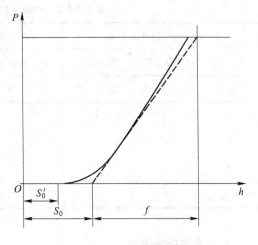

图 1-5-4-1　轧机弹性曲线

固定斜率直线段与横坐标的交点即为包含初始辊缝和机架装配间隙的实际辊缝 S_0。

　　显然，刚度系数就是当轧机的辊缝值产生单位距离的变化时所需的轧制力的增量值，即

$$K = \Delta P / \Delta f$$

当轧机弹性曲线为一直线时，此时刚度系数可表示为：

$$K = P / f$$

则轧出的板材厚度可用下式表示：

$$H = S_0 + f = S_0 + p / k$$

即

$$P = K(h - S_0)$$

此式为轧机的弹性变形曲线方程，表示轧制力大小与轧出的板材厚度之间的关系。

三、主要仪器及耗材

（1）实验轧机。

（2）压力传感器、应变仪、示波器或计算机数据采集系统。

（3）游标卡尺、千分尺、标准测量垫片。

（4）铝试件 4mm×35mm、3mm×35mm、2mm×35mm 各 1 块。

（5）铅试件 2mm×35mm、1.6mm×35mm、1.2mm×35mm 各 1 块。

四、实验内容和步骤

（1）检查仪器是否预备好，接上传感器。

（2）将传感器放置在压下螺杆下面。

（3）在传感器未受载时，将传感器输出到应变仪的信号调平。

（4）预调初始辊缝 S_0' 至 1mm，用标准测量垫片进行测量。

（5）取铅试件，在调好的辊缝中依次进行轧制，记录轧制压力。测出实际辊缝 S_0（表 1-5-4-1）。

（6）将铝试件按顺序编号，测量原始尺寸，进行轧制，同时记录轧制压力。

（7）测量每道次铝试件轧后厚度，填入表中。

表 1-5-4-1　实验数据表

试样号	材质	H	h	压下量	S_0'	P	S_0	f	K
0	垫片								
1	铅								
2	铅								
3	铅								
1	铝								
2	铝								
3	铝								

五、实验注意事项

（1）注意观察和记录。

（2）遵守实验室纪律，未经允许禁止动手操作相关仪器设备。

六、实验报告要求

（1）由实验数据绘出轧机的弹性变形曲线。

（2）由实验曲线计算出 S_0，f，K，并对结果进行分析。

实验 5　翅片管成型方法演示

一、实验目的

（1）了解外翅片成型设备的结构、机理。

（2）了解外翅片管成型原理、条件。

二、实验原理

内螺旋外波纹管，是一种内表面带有内螺旋线，外表面呈波纹状高效传热管，主要应用于冷冻机、中央空调等制冷行业。在相当长的时间内，制冷行业使用的大都是光面铜管，由于其传热效率低，越来越不能适应低能耗，大容量的发展方向。因此，光面铜管必将被高效散热的内螺旋外波纹管所取代。

外翅片成型机（图 1-5-5-1），采用的是滚轧加工方法，即先将待加工的光面管套在芯杆上，通过轧管机的旋紧装置旋紧．使铜管与轧

图 1-5-5-1　翅片管成型设备

管机的 3 个轧辊紧密接触，随后开动轧管机并进一步进刀，加大刀片的深入量，于是最终加工出外波纹管。

（一）旋轧基本原理

螺旋轧制所轧制品主要由轧辊孔型几何形状、轧制制品形状以及几个特征角（前进角 α、轧件螺旋上升角 β_1 和轧辊孔型螺旋上升角 β_2）所决定。

方案一：轧辊为带一定螺距的环形孔型，且螺距恒等于轧制制品的螺距值，轧辊轴之间的交叉角（也称前进角 α）等于轧件螺旋上升角，即：$\alpha = \beta_1$。

方案二：轧辊螺旋孔型的螺距等于轧件的螺距值，且前进角等于轧辊孔型螺旋上升角，即：$\alpha = \beta_2$。

这种方案用于轧制带凸筋的环形件。

方案三：轧辊螺旋孔型的方向与轧件螺旋方向相一致，且轧件螺旋上升角大于轧辊孔型螺旋上升角，即：$\alpha = \beta_1 - \beta_2$。

此方案特点：前进角比轧制环形凸筋件时要小，它适用于轧制多头螺旋件。

方案四：轧辊螺旋孔型方向与轧件螺旋方向一致，且轧辊孔型螺旋上升角大于轧件螺旋上升角，即：$\alpha = \beta_2 - \beta_1$。

此方案与方案三相似，用于轧制螺旋件，但轧辊孔型制作较复杂，优点是可改善咬入条件。

（二）翅片管成型变形特点

轧件在轧辊的带动下做螺旋直线运动，通过轧辊轧槽与芯棒组成的孔型逐渐加工成翅片管，其变形过程具有以下特点：

（1）周期性反复加工：轧件上任一点金属每旋转一周与三个轧辊各接触一次，因此会出现单头和三头产品。

1）单头：三个轧辊沿同一路线旋转。

2）三头：三个轧辊沿各自路线旋转，故容易乱齿。

（2）集中表面变形：在冷轧条件下，单位压缩量受到旋转条件的限制，集中表面变形轧件的变形很不深透，造成横截面上严重的不均匀变形，严重时造成齿顶部裂纹。

（3）小延伸：由于旋轧时，迫使金属向径向变形（例如翅片增高），故延伸变形很小，一般为 1.05 ~ 1.1（铜、铝产品），延伸系数小，显然对翅片成型有利。为了正确反映实际变形程度的大小，通常以表面增加系数来表示。即：

$$\mu_b = F_b / F_{b0}$$

式中，μ_b 为表面增加系数；F_b 为一个螺距长度翅片管的外表面积；F_{b0} 为一个螺距长度管坯的外表面积。

显然，μ_b 愈大，齿高就愈大，但成型难度亦愈大，在实际生产中，高齿管比低翅管的生产难度更大。

（三）翅片管成型过程

根据其变形过程，在旋轧时分为咬入、辗轧、整形三个阶段，见图 1-5-5-2。

1. 咬入阶段 a

此阶段自轧件与轧辊接触开始，至槽底壁厚减小到成品壁厚为止，此阶段的主要作用

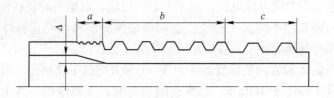

图 1-5-5-2　翅片管成型过程

在于切槽。该阶段由于管坯与芯棒存在一定的间隙 Δ，开始使管坯压扁。管坯与芯头接触才成型，故在内壁存在压槽，其中 Δ 的选取相当重要。

Δ 大，翅片相对较低，但可保证成型后的外径 D_1 比管坯 D_0 小，若 Δ 非常大，压扁严重，出现轧卡。

Δ 小，翅片相对较高，但 D_1 可能比 D_0 大，底壁厚随之减薄。

2. 辗轧阶段 b

在辗轧阶段轧辊凸缘（刀片）停止向径向切槽，而是通过增加刀片的厚度或改变刀片的形状，迫使金属朝刀片与刀片之间的间隙高度方向变形，从而使翅片逐渐增高。

3. 整形阶段 c

在通过咬入段和辗轧段后，其断面形状和尺寸基本定型，最后通过几个整形刀片使产品断面得到规正，同时使轧件内孔逐渐转圆而使芯棒与内孔全部脱离接触。

三、主要仪器及耗材

（1）外翅片成型机。

（2）紫铜或铝光管（$\phi 16\text{mm} \times 1\text{mm}$）若干根。

四、实验报告要求

（1）说明内螺旋外翅片成型机的结构及工作原理。

（2）说明内螺旋外翅片管成型的变形特点及过程。

实验 6　电加工设备

一、实验目的

电加工设备是模具方向的一门专业基础课，通过本课程的学习使学生对电加工设备的工作原理和性能有更进一步的了解；同时要求学生对设备的工作原理、机床结构，主要零部件的作用有较全面的了解。

二、实验原理

电火花加工设备是模具加工的主要设备，使用最多的是数控电火花线切割机床和电火花成型机床。

电火花成型机床主要由控制柜、加工机床和冷却系统组成。

控制柜主要是提供单向方波电源，加工参数的设定，根据不同材料使用不同工具电极和不同加工精度所需要的不同加工程序。也可以根据要求自己设置脉冲电源的电流、电压、脉冲宽度、脉冲间隔、抬刀高度、抬刀时间等工艺参数。

加工机床可提供 Z 轴方向的深度加工和 X、Y 轴方向的平动加工。放电加工时工件与冷却介质表面高度不得小于 100mm，出现连续放电时，立即停机，禁止把工具电极抬出冷却介质的表面。

冷却液主要是煤油，属易燃品，要特别注意防火。

三、实验设备

（1）DK7726 线切割机床。
（2）SUPERFORM320 电火花成型机床。

四、实验报告要求

（1）说明线切割机床结构及操作方法。
（2）说明电火花成型机床结构及操作方法。

实验 7　手工电弧焊

一、实验目的

（1）掌握手工焊条电弧焊的原理和特点。
（2）认识手工电弧焊焊接设备组成，了解其焊接工艺以及操作方法。
（3）用该设备进行手工焊条电弧焊实际操作实践。

二、实验原理

手工焊条电弧焊主要由焊接电源和焊钳两部分组成，两者之间以及电源与焊件之间通过电缆连接。焊接电源对电弧提供能量，并应具有下降外特性。焊钳夹持焊条并传导电流。焊条电弧还有面罩、焊条保温桶等辅助设备或工具。

焊条和焊件分别接至焊接电源的两个输出端。焊条和焊件接触以接触引弧方式引燃电弧，在电弧高温及较大的电弧吹力作用下，熔化的焊芯端部迅速地形成细小的金属熔滴，过渡到局部熔化的工作表面，融合在一起形成熔池。焊条熔化后分成两部分：金属焊芯以熔滴形式向熔池过渡；焊条药皮在熔化过程中产生一定量的气体和液态熔渣，不仅使熔池和电弧周围的空气隔绝，而且和熔化了的焊芯、母材发生一系列冶金反应，保证所形成焊缝的性能。随着电弧以适当的弧长和速度在工件上不断地迁移，熔池液态金属逐渐冷却结晶，形成焊缝。液态熔渣凝固形成焊渣，覆盖在焊缝表面上起保护作用。

三、实验设备及材料

（1）ARCZX7-315 型直流电弧焊机 1 台。
（2）电焊条若干。

（3）焊接面罩若干。

（4）钢板若干。

四、实验内容和步骤

（1）本实验中，学生应在教师的指导下，首先认识手工焊条电弧焊设备的各个部件，熟悉各自的功能。然后严格按照手工焊条电弧焊操作规程，进行手工焊条电弧焊焊接操作，以进一步建立手工焊条电弧焊焊接原理和焊接实践之间相互关系的概念。

（2）实验前学生应复习讲课中的有关部分并阅读实验指导书，为实验做好理论方面的准备。

（3）认识手工焊条电弧焊的电源，并说明其组成。认识焊接电源控制面板上各个仪表、按钮的意义、作用。

（4）将接地电缆的一端接焊接电源输出，另一端接施焊工件。焊接电源插入插座，并合电闸接通电源。此时焊接电源风扇转动（对电源变压器进行风冷），电源控制面板准备灯亮。

（5）首先将控制面板上电源开关打开；根据钢板厚度，转动调节旋钮，选定合适的焊接电流和焊接电压。

（6）挑选 1 根电焊条，认识电焊条的结构。将电焊条的裸端夹在焊钳的铜质夹头内，左手拿面罩，右手拿焊钳，用电焊条在工件表面滑动，直至电弧产生。稳定电焊条和工件之间的距离，使电弧燃烧稳定。

（7）透过面罩观察电弧的形态。

五、注意事项

注意防止电击、弧光刺眼和高温烫伤。

六、实验报告要求

（1）写出实验原理及用途并分析电弧的构造。

（2）画出手工焊条电弧焊设备的基本构成简图并注明各部分的主要功能。

（3）详细说明手工焊条电弧焊的操作步骤并注明注意事项。

实验 8　二氧化碳气体保护焊

一、实验目的

（1）掌握二氧化碳气体保护电弧焊的原理和特点。

（2）认识二氧化碳气保焊焊接设备的构成，了解其焊接工艺以及操作方法。

（3）用二氧化碳气体保护电弧焊设备进行二氧化碳气保焊实际操作实践。

二、实验原理

二氧化碳气体保护电弧焊是以连续送进的焊丝作为电极，靠焊丝和焊件之间产生的电弧熔化金属与焊丝，以自动或半自动方式进行焊接。如图 1-5-8-1 所示，焊接时焊丝由送丝机构通过软管经导电嘴送进，二氧化碳气体以一定流量从环形喷嘴中喷出。电弧引燃后，焊丝末端、电极及熔池被 CO_2 气体所包围，使之与空气隔绝，起到保护作用。

二氧化碳虽然起到了隔绝空气的保护作用，但它仍是一种氧化性气体。在焊接高温下，会分解成一氧化碳和氧气，氧气进入熔池，使 Fe、C、Mn、Si 和其他合金元素烧损，降低焊缝力学性能。而且生成的 CO 在高温下膨胀，如果来不及逸出，则在焊缝中形成气孔。为此，需要在焊丝中加入脱氧元素 Si、Mn 等，即使焊接低碳钢也使用合金钢焊丝如 H08MnSiA，焊接普通低合金钢时使用 H08Mn2SiA 焊丝。

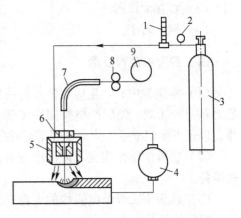

图 1-5-8-1　CO_2 气体保护焊示意图
1—流量计；2—减压器；3—CO_2 气瓶；
4—直流弧焊电源；5—喷嘴；6—导电嘴；
7—送丝软管；8—送丝机构；9—焊丝盘

三、实验设备及材料

(1) KC-500 型晶闸管式二氧化碳气体保护焊机 1 台。

(2) 气瓶 1 个（带二氧化碳气体），气压计、流量计各 1 个，送气软管若干米。

(3) 送丝机 1 台（带焊丝）。

(4) 焊接保护面罩若干。

(5) 钢板若干。

(6) 扳手、钳子、电笔和十字头螺丝刀各 1 个。

四、实验内容和步骤

(1) 了解 CO_2 气保焊的电源组成，认识 CO_2 气保焊焊接电源控制面板上各个仪表、按钮的意义、作用。控制面板上有电源开关、工作模式、电流显示仪表、电压显示仪表、过流、报警等。

(2) 认识送丝机构：焊丝盘、送丝机、送丝软管。

(3) 了解供气系统的组成和各个部件，送气系统由气瓶、压力计、流量计和送气软管组成。

(4) 认识焊枪。将焊枪拆开，观察焊枪的组成及装配关系。焊枪由导电嘴、陶瓷嘴、焊接按钮等构成。

(5) 正确连接接地电缆、工件和焊枪。选择空冷模式，手工将焊丝通过送丝滚轮插入送丝软管。焊接电源插入插座，并合电闸接通电源。

(6) 摆直焊枪及其管线。在送丝机上按下手动送丝按钮，焊丝自动送进，直至从焊枪前端伸长，用钳子将多余焊丝剪去。

(7) 打开气瓶旋钮，压力表指针应转动至某一压力值。打开流量计，玻璃管内金属球上浮表示气体已经送出。

（8）在控制面板上通过调节旋钮设置焊接电流和焊接电压。调节其他相应旋钮，选择电弧力和有无收弧。选择检气开关为"检气"，然后置此开关为"焊接"位置。

（9）左手拿保护面罩，右手拿焊枪，置焊枪端部的焊丝到工件表面 3～5mm，同时按下焊接按钮，电弧产生。稳定焊丝和工件之间的距离，并移动焊枪，使电弧燃烧稳定。

（10）透过面罩观察电弧的形态。

（11）实验结束，器材归位。

五、注意事项

注意防止电击、弧光刺眼和高温烫伤。

六、实验报告要求

（1）写出实验原理、用途及优缺点。

（2）画出 CO_2 气保焊设备的基本构成简图并注明各部分的主要功能。

（3）说明 CO_2 气保焊的操作步骤并注明注意事项。

实验 9　电阻炉的组成和升温

一、实验目的

（1）了解电阻炉的基本组成和结构。

（2）掌握电阻炉的操作步骤和方法。

（3）研究升温过程中炉温的变化规律。

（4）绘制升温曲线。

二、实验原理

箱式电阻炉按其工作温度可分为高温箱式炉（高于 1000℃）、中温箱式炉（650～1000℃）和低温箱式炉（低于 650℃），其中以中温箱式炉最为常用，特别适用于小零件单件和小批量生产。

中温箱式电阻炉结构（如图 1-5-9-1 所示），主要由炉壳、炉衬、加热元件以及配套电气控制系统组成。炉壳由角钢及钢板焊接而成。炉衬一般采用轻质耐火黏土砖。保温层采用珍珠岩保温砖并填以蛭石粉、膨胀珍珠岩等，也有的在耐火层和保温层之间夹一层硅酸铝耐火纤维，还有的内墙用一层耐火砖，炉顶和保温层全用耐火纤维预制块砌筑。加热元件是由高电

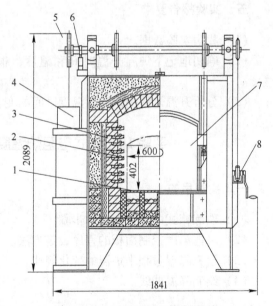

图 1-5-9-1　中温箱式电阻炉结构

1—底板；2—电阻丝；3—耐火砖；4—吊锤；

5—滑轮；6—限位开关；7—炉膛；8—手柄

阻率铁铬铝或镍铬合金丝绕成螺旋体，放于炉膛两侧和炉底搁砖上，炉底覆盖耐热钢底板。

本实验主要了解箱式电阻炉的一般构造和组成，掌握加热工件的基本操作步骤，并能对炉温变化规律进行测定和分析。

三、实验设备及材料

（1）设备：SX2-4-10 箱式电阻炉。

（2）工具和材料：耐火砖、夹钳、红色粉笔等。

四、实验内容和步骤

（1）内容：通过本实验了解中温电阻炉的组成和结构，研究不同温度升温过程中炉温变化规律。

（2）步骤：

1）通电前，先检查接线是否规范，控制器上等接线螺丝是否有松落现象，是否有断电、漏电现象；

2）双手戴上绝缘手套，并检查确认台面、地面干燥，同时地面已铺上橡胶垫，检查并确认开关位置后，确认总电源已关闭、切断电源；

3）将耐火砖放入炉内，并关闭炉门，打开电炉开关；

4）将控制器上的开关设定至目标试验温度；

5）设定完成后电炉开始升温工作，此时仪表由绿指示灯显示，每2min 记录 1 次加热时间和温度；

6）试验结束后关掉电炉总电源。

五、实验报告要求

（1）载明实验数据。

（2）确切地记下炉温升温时间和温度，根据记录的数据作出炉温随时间变化的曲线图。

（3）分析升温过程中炉温各温度区间的变化规律，得出相关结论。

实验 10　箱式电阻炉温度控制和降温曲线绘制

一、实验目的

（1）熟练箱式电阻炉的操作步骤。

（2）掌握温度控制面板的程序设定方法。

（3）研究降温过程中炉温的变化规律。

（4）绘制降温曲线。

二、实验原理

箱式电阻炉利用电流通过电热体元件将电能转化为热能，用以加热或者熔化工件和物料。

电阻炉由炉体、电气控制系统和辅助系统组成。炉体由炉壳、加热器、炉衬（包括隔热屏）等部件组成。电气控制系统包括电子线路、微机控制、仪表显示及电气部件等。辅助系统通常指传动系统、真空系统、冷却系统等。

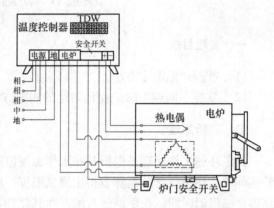

图 1-5-10-1　中温箱式电阻炉的温度控制

电阻炉的主要参数有额定电压、额定功率、额定温度、工作空间尺寸、生产率、空炉损耗功率、空炉升温时间、炉温控制精度及炉温均匀性等。

本实验主要了解箱式电阻炉的温度控制系统（图 1-5-10-1），熟练电阻炉的操作步骤，掌握温度控制面板的程序设定方法，研究降温过程中炉温的变化规律，并绘制和分析降温曲线。

三、实验设备及材料

（1）设备：SX2-4-10 箱式电阻炉。
（2）工具和材料：耐火砖、夹钳、红色粉笔等。

四、实验内容和步骤

（1）内容：通过本实验了解箱式电阻炉的温度控制系统，研究不同温度降温过程中炉温的变化规律。

（2）步骤：

1）通电前，先检查接线是否规范，控制器上等接线螺丝是否有松落现象，是否有断电、漏电现象；

2）双手戴上绝缘手套，并检查确认台面、地面干燥，同时地面已铺上橡胶垫，检查并确认开关位置后，确认总电源已关闭、切断电源；

3）将耐火砖放入炉内，并关闭炉门，打开电炉开关；

4）将控制器上的开关设定至目标试验温度；

5）设定完成后电炉开始升温工作，此时仪表由绿指示灯显示；

6）待温度升至目标温度后，将加热电源开关关闭，每 2min 记录 1 次加热时间和温度；

7）试验结束后关掉电炉总电源。

五、实验报告要求

（1）载明实验数据。

（2）确切地记下炉温升温时间和温度，根据记录的数据作出炉温随时间变化的曲线图。

（3）分析降温过程中炉温各温度区间的变化规律，得出相关结论。

实验 11　炉温均匀性测定

一、实验目的

（1）掌握炉温测定方法。

（2）掌握不同温度时炉温均匀性的测定方法。

二、实验原理

测温环的工作原理是根据其在工作温度范围内的线性收缩，从而给出测温环和烧成品的实际累计热量，对照换算表得出测试温度。陶瓷测温环在窑炉中受热时就收缩，并在最高温度随保温时间延长而继续收缩。在其使用温度范围内，收缩率是线性的，这为 PRCT 陶瓷测温环和被烧制的产品所受到的加热量提供了一种实用的测量方法。收缩量（环直径的减少）可用数字测微计测量。测温环为可靠的高精度产品，具有公认的精确性和可靠性。陶瓷测温环几乎可被放置在热处理炉的任何位置，如炉体内、推板或传输带上。

三、实验设备及材料

（1）设备：电阻炉两台，游标卡尺。

（2）工具：火钳、耐火手套。

（3）材料：测温环。

四、实验内容和步骤

（1）根据测温环要求制定相应的温度和保温时间，并提交指导教师审核。

（2）设定好加热曲线后放入电阻炉进行加热。

（3）将测温环冷却到室温后测量其尺寸，将测量尺寸与所购测温环自带的表格对照其温度。

五、实验报告要求

（1）记录数据（见表 1-5-11-1）。

表 1-5-11-1　记录数据

设定炉温/℃	测温环放置位置	直径/mm	测定温度/℃

（2）根据数据计算炉子的温差。

第 6 节　计算机在材料中的应用实验

实验 1　材料科学文献检索

一、实验目的

（1）了解互联网在材料科学研究中的应用。

（2）掌握材料科学文献检索的方法和技巧。

（3）掌握专利检索的方法和技巧。

二、实验原理

Internet 上除了提供通用信息检索的网站以外,还出现了针对材料科学领域的综合信息网站和各类材料研究网站(包括一些材料论坛),为用户提供了研究文献、材料数据库、专利信息等一系列信息资源。材料科学文献的检索涉及的面非常广,涉及的专业数据库非常多,准确地检索到与研究课题相关的文献非常关键。应根据不同需要,掌握一定的检索技巧,灵活运用各种检索策略,学习在互联网上快速、准确、全面地获取信息的方法。学校图书馆网站的电子资源可以向读者提供各种中、外文电子期刊、电子图书等的查询、浏览和下载服务,是非常重要的文献检索资源。国家知识产权局网站可以向读者提供良好的专利检索服务。

三、实验设备

多媒体计算机和 Windows7 系统。

四、实验内容和步骤

（1）内容：本实验利用学校图书馆网站中的电子资源进行中英文文献检索，利用国家知识产权局网站进行专利检索，并下载检索得到的文献和专利。

（2）步骤：

1）登录相应的文献或专利检索网站；

2）找到网站中文献数据库或专利检索页面；

3）输入合适的关键词进行检索；

4）下载检索得到的文献或专利。

五、实验报告要求

简述材料科学文献、专利检索的方法和技巧。

实验 2　Thermo-calc 软件的相图计算

一、实验目的

（1）了解 Thermo-calc 软件的相图计算过程与原理。

（2）掌握 Thermo-calc 软件的基本操作。

（3）掌握 Thermo-calc 软件的相图计算方法。

二、实验原理

Thermo-calc 是由瑞典皇家工学院开发的相图计算软件。完整的 Thermo-calc 系统有 SGTE 纯物质数据库、SGTE 溶液数据库、FEBASE 铁基合金数据库、KAUFMAN 合金数据库、ISHIDA：III-V 族化合物数据库以及 SGTE 盐数据库。该软件包括分成若干模块的 600 多个子程序，其中最主要的模块有 POLY-3，可用于各种类型的二元、三元和多元相图计算；TOP（thermo-optimizer）模块，为模型参数优化程序。相图计算的方法如图 1-6-2-1 所示。

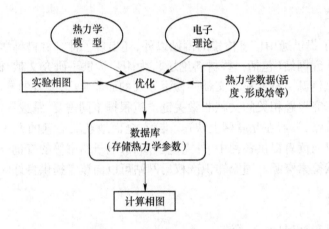

图 1-6-2-1　相图计算方法图解

三、实验设备

（1）多媒体计算机和 Windows XP 系统。

（2）Thermo-calc 软件。

四、实验内容和步骤

（1）内容：本实验利用 Thermo-calc 软件对二元合金相图进行计算，绘制出相应的合金相图。

（2）步骤：

1）运行 Thermo-calc 系统，选择计算用的数据库和要计算的合金元素；

2）在 CONTIDITIONS 条件窗口内确定温度和成分等条件；

3）定义绘制相图的参数，如成分范围和温度范围；

4）绘出相图。

五、实验报告要求

（1）简述 Thermo-calc 软件的相图计算过程与原理。

（2）简述 Thermo-calc 软件的二元合金相图计算，相应的合金相图的绘制。

实验 3　Office 软件在论文写作中的应用

一、实验目的

（1）了解 Office 软件在材料科学研究中的应用。
（2）掌握 Word 软件的基本操作。
（3）掌握 Word 软件在论文格式编辑中的方法和技巧。

二、实验原理

Microsoft Office 是微软公司开发的一套基于 Windows 操作系统的办公软件套装。常用组件有 Word、Excel、Powerpoint 等。Microsoft Office Word 是文字处理软件。它被认为是 Office 的主要程序，在文字处理软件市场上拥有统治份额。Word 给用户提供了用于创建专业而优雅的文档工具，帮助用户节省时间，并得到优雅美观的结果。利用 Word 强大的文本和图片编辑功能，可以对书籍、毕业论文以及期刊论文等文档进行撰写和格式编辑，以满足文献公开出版或发表的格式要求。

三、实验设备

（1）多媒体计算机和 Windows 7 系统。
（2）Word 软件。

四、实验内容和步骤

（1）内容：本实验利用 Word 软件对已撰写的期刊论文按照特定的格式要求进行编辑。
（2）步骤：
1）确定要编辑的论文内容和相应的格式要求；
2）按格式要求对论文内容进行编辑，并注意编辑过程对已编辑结果的保存；
3）编辑完成后进行仔细、完整的格式检查；
4）保存最终完成的编辑结果。

五、实验报告要求

简述 Word 软件对撰写期刊论文的格式要求。

实验 4　正交实验设计

一、实验目的

（1）理解正交试验设计的概念与原理。
（2）掌握正交试验设计的基本程序。

（3）掌握 Excel 软件的科学计算和数据绘图。

二、实验原理

正交试验设计是利用正交表来安排与分析多因素试验的一种设计方法。它是从试验因素的全部水平组合中，挑选部分有代表性的水平组合进行试验的，通过对这部分试验结果的分析了解全面试验的情况，找出最优的水平组合。常用的正交表已由数学工作者制定出来，供人们在试验研究中进行正交设计时根据需要选用。Microsoft Office Excel 是电子数据表程序（进行数字和预算运算的软件程序），是最早的 office 组件。Excel 内置了多种函数，可以对大量数据进行分类、排序乃至绘制图表等。利用 Excel 软件可以制作正交表格，用以对正交试验数据进行分析。

三、实验设备

（1）多媒体计算机和 Windows7 系统。
（2）Excel 软件。

四、实验内容和步骤

（1）内容：本实验利用 Excel 软件对材料科研中的正交试验数据进行分析，以找出优化的工艺条件，并绘制出各试验因素的趋势变化图。
（2）步骤：
1）明确试验目的，确定试验指标；
2）选因素、定水平，列因素水平表；
3）选择合适的正交表；
4）表头设计；
5）编制试验方案，按方案进行试验，记录试验结果；
6）试验结果分析。

五、实验报告要求

简述 Excel 软件对材料科研中的正交试验数据进行分析的方法。

实验 5　Origin 软件的数据处理

一、实验目的

（1）了解 Origin 软件在材料科研中的应用。
（2）掌握 Origin 软件的基本操作。
（3）掌握 Origin 软件的数据分析和绘图。

二、实验原理

Origin 为 OriginLab 公司出品的较流行的专业函数绘图软件，是公认的简单易学、操作灵活、功能强大的软件。既可以满足一般用户的制图需要，也可以满足高级用户数据分析、函数拟合的需要。Origin 具有两大主要功能：数据分析和绘图。Origin 的数据分析主要包括统计、信号处理、图像处理、峰值分析和曲线拟合等各种完善的数学分析功能。Origin 的绘图是基于模板的，Origin 本身提供了几十种二维和三维绘图模板，而且允许用户自己定制模板。Origin 可以导入包括 ASCII、Excel、pClamp 在内的多种数据。另外，它可以把 Origin 图形输出到多种格式的图像文件，譬如 JPEG、GIF、EPS、TIFF 等。

三、实验设备

（1）多媒体计算机和 Windows 7 系统。

（2）Origin 软件。

四、实验内容和步骤

（1）内容：本实验利用 Origin 软件对材料科学试验数据进行分析和绘图，以获得满足论文需要的试验结果图片。

（2）步骤：

1）数列变换。就是给数列重新赋值，当要把工作表中的某一列的数据都进行一定的函数变换时，可以用变换数列的方法给工作表的数列赋值，而不用计算每个数据。具体方法如下：

① 选中空白列、右键，从打开的快捷菜单中选择 "Set Column Value"；

② 在弹出的 "Set Column Value" 对话框（图 1-6-5-1）空白处输入相应的计算公式；

③ 单击 OK 即完成设置。

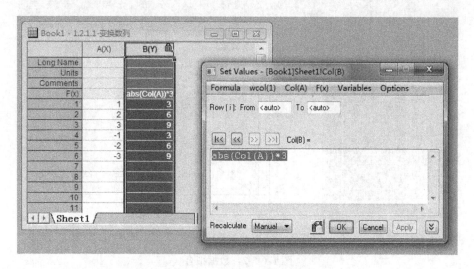

图 1-6-5-1　数列变换对话框

2）数据排序。Origin 可以做到单列、多列甚至整个工作表数据的排序，命令为 "sort by"。工作表排序类似数据库系统中的记录排序，是指根据某列或某些列数据的升降顺序，将整个工作表的行进行重新排列，其具体步骤如下：

① 选定整个工作表，单击"Worksheet—Sort Columns—Custom"命令，弹出"Nested Sort"对话框；

② 将"Select Columns"列表框中的列数据选中，然后单击"Ascending"或"Descending"按钮，即可将相应的列添加到右侧的"Nested Sort"列表框中，成为工作表升序（或降序）的首要列；

③ 同理，可以再次将其他列数据添加作为排序的次要列，最后单击 OK 即完成设置。

3）频率计数。就是统计一个数列（或其中一段）中数据出现的频率。具体操作步骤如下：

① 对准某一列或者选定的一段点击右键，选择"Frequency Count"，系统将弹出对话框，要求规定最小值、最大值和步长等；

② 设置好相应数据后点 OK 即完成设置。

注意：数据区间为左闭右开集合，比如第一个区间为［0，2），也就是说 2 属于第二个区间，而不属于第一个区间。

4）数据拟合。Origin 提供强大易用的数据处理功能，包括数据拟合和数据分析功能，其中数据拟合为常用的一项重要功能。

对于试验和统计数据来说，为了描述不同变量之间的关系，经常需要采用拟合曲线来表达。拟合曲线的目的就是根据已知数据找出相应函数的系数。Origin 提供了两类对数列拟合方法，即线性拟合和非线性拟合，它们在运算速度和复杂性上各不相同，但操作步骤类似（见图 1-6-5-2）。

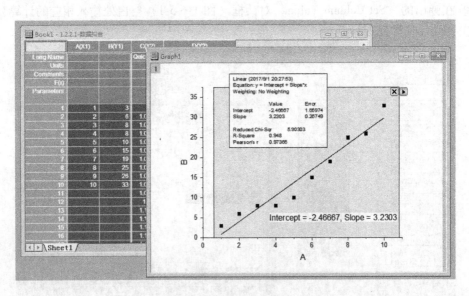

图 1-6-5-2　数据拟合

① 首先选中工作表中需要拟合的数据，绘制散点二维图形；

② 激活二维散点图形，点击"Gadgets—Quick Fit—Linear"命令，然后在散点图形上调整需要拟合的数据范围，确定无误后，点击选区右上角小三角形，在弹出的菜单中选择"New Output"，即可将拟合结果输出至工作表中；

③ 通过选区右上角小三角形后面的 "Chang Function" 命令，可以更换拟合函数，软件提供几十种常用函数可供选择。

5) 二维图形的绘制。在科技文章和论文中，数据曲线绝大部分采用的是二维坐标绘制，占总数据图的 90% 以上。Origin 的绘图功能非常灵活，功能十分强大，能绘制出众多精美的、满足绝大部分科技文章和论文绘图要求的二维数据曲线图。

本部分共绘制 4 个类型的二维图形：

① 绘制带误差棒的二维数据图形：将软件自带数据文件 "Gaussian. dat" 导入后，将第三列设置为 "Y Error"，然后单击工具栏上的 "Line + Symbol" 命令即可完成。

② 图形观察、数据读取定制数据组绘图：当图形中的数据点太密，曲线相隔太近不容易分辨，或对图形中某一区域特别感兴趣，希望仔细观察某一局部图形时，可以利用 Origin 丰富的图形观察和数据读取工具。将软件自带数据文件 "Nitrite. dat" 导入后，使用 "Plot—Specialized" 命令，打开特殊图绘制工具，绘制成功后移动矩形框，选择需要放大的区域，则下层显示出相应部分的放大图。

③ 2D 黑白/3D 彩色饼图的绘制：饼图对工作表数据的要求是：只能选择一列 Y 值（X 列不可以选）。使用菜单命令 "Plot—Column/Bar/Pie—2D B&W Pie Chart" 作 2D 黑白饼图，绘制成功后，右键选择 "Plot Details" 可以对图形状态进行调整；同理，可以制作 3D 彩色饼图，并对其进行调整。

④ 双 Y 轴图形的绘制：双 Y 轴图形主要选用于试验数据中自变量数据相同但有两个因变量的情况，本例使用软件自带的 "Template. dat" 数据，试验中，每隔一定时间间隔测量 1 次电压和压力数据，此时自变量时间相同，因变量数据为电压值和压力值，采用双 Y 轴图形模板，能在一张图上将它们清楚地表达出来。

6) 三维图形的绘制。如果要进行三维绘图（如三维表面图和三维等高图），就必须要采用矩阵表存放数据，Origin 软件提供了将工作表转换成矩阵表的方法。

如果使用软件自带的 "XYZ Random Gaussian. dat" 数据，导入数据的选择菜单命令 "Worksheet—Convert to Matrix—XYZ Gridding"，打开 "XYZ Gridding" 矩阵转换对话框，设置好转换参数后可以实现。转换后通过 "Plot" 菜单下的相应命令绘制相应的 3D 图形。

五、实验报告要求

Origin 软件对材料科学试验数据进行分析和绘图。

实验 6　Photoshop 软件的论文图片处理

一、实验目的

（1）理解 Photoshop 软件在材料科学研究论文中的应用。

（2）掌握 Photoshop 软件的基本操作。

（3）掌握 Photoshop 软件处理科学研究论文中图片的各种方法和技巧。

二、实验原理

Adobe Photoshop，是由 Adobe Systems 开发和发行的图像处理软件。Photoshop 主要处

理以像素构成的数字图像。使用其众多的编修与绘图工具,可以有效地进行图片编辑工作。从功能上看,该软件可分为图像编辑、图像合成、校色调色及功能色效制作部分等。图像编辑是图像处理的基础,可以对图像做各种变换如放大、缩小、旋转、倾斜、镜像、透视等;也可进行复制、去除斑点、修补、修饰图像的残损等。

在材料科学研究中,论文发表往往对其图片质量有一定要求,如图片的尺寸、像素等。而且人们在实验中获取的各种原始图片,如电子显微图像等有时不一定适合直接用于论文中,需要在尊重实验客观结果的前提下,对原始图片进行一定的处理,如裁剪典型的图片区域、适当的图片缩放等。以便使原始图片经 Photoshop 软件处理后能简明、清晰地把实验结果呈现给读者。

三、实验设备

(1) 多媒体计算机和 Windows 7 系统。
(2) Photoshop 软件。

四、实验内容和步骤

(1) 内容:本实验利用 Photoshop 软件,参考期刊已发表的论文图片格式,对材料科学实验获得的原始显微图片进行处理,使处理后的图片质量能达到期刊论文发表的要求。

(2) 步骤:
1) 在 Photoshop 软件中打开要处理的原始图片,并将图片设置为"RGB"模式;
2) 根据需要,对原始图片进行缩放、裁剪以及亮度等操作,以获得典型且能客观反映实验结果的图片信息;
3) 给图片加上相应的标尺;
4) 根据需要,在图片上加入文字、插图以及箭头等元素;
5) 设置图片最终的尺寸和像素;
6) 将处理后的图片保存为 tiff 或 jpeg 格式。

五、实验报告要求

Photoshop 软件处理科学研究论文中图片的各种方法和技巧。

实验 7　Image pro plus 软件的粒径分析

一、实验目的

(1) 掌握计算机图像的二值化处理。
(2) 理解粒径分析原理。
(3) 掌握 Image pro plus 软件进行粒径分析的方法。

二、实验原理

粒径分析之前一般要对测得的微粒图像进行前述的二值化处理,以分离出目标粒子,同时消除背景干扰，如图 1-6-7-1 所示。经过二值化处理后的图像可应用跟踪算法计算目标粒子的区域面积。其基本思路为：

（1）首先选择满足条件（常为某灰度值）的像素作为起始像素。

（2）根据已得输出结果，在输入图像上搜索确定下一步应处理的像素，并进行规定处理（计数）。

（3）根据已得输出结果及输入图像，确定终止条件。

（4）计算真实面积：根据标尺（或像素面积）将像素总数换算成真实面积，从而获得目标粒子的粒径大小。

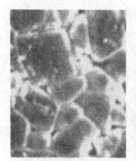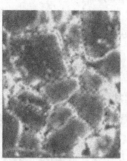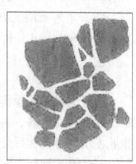

　　　原始图像　　　　　　　分离目标　　　　　　　去除背景　　　　　　　二值化

图 1-6-7-1　图像二值化处理的一般过程

Image Pro Plus 软件是 Media Cybernetics 公司著名的图像处理分析软件。支持图像采集、增强、标定、彩色图像处理、计数、测量、分析、图像标注、图像数据库、报表生成器、宏记录、VBA 宏编程进行功能扩展、全面的 Internet 支持。利用 Image Pro Plus 软件可以对材料实验获得的显微图像进行二值化处理和粒径统计分析。

三、实验设备

（1）多媒体计算机和 Windows 7 系统。

（2）Image Pro Plus 软件。

四、实验内容和步骤

（1）内容：本实验利用 Image Pro Plus 软件对材料科学文献中的原始显微图片进行粒径分析，将软件粒径分析得到的结果与文献报道的粒径值进行对比。

（2）步骤：

1）在 Image Pro Plus 软件中打开要处理的原始图片；

2）在软件中设置与原始图片一样长的测量标尺；

3）对原始图片进行二值化处理，然后计算图片的粒径分布；

4）导出粒径测量结果。

五、实验报告要求

用 Image Pro Plus 软件对材料科学文献中的原始显微图片粒径进行分析。

实验 8　ABAQUS 有限元软件应用

一、实验目的

（1）掌握 ABAQUS 软件对计算机硬件系统的要求及安装方法，熟悉 ABAQUS 软件的基本模块和操作方法。

（2）了解动力显式的有限元方法，了解 ABAQUS/Explicit 适用的问题类型，掌握 ABAQUS/Explicit 分析板料 V 形弯曲过程的有限元分析。

（3）了解有限元方法中的静力分析，了解 ABAQUS/Standard 适用的问题类型，掌握 ABAQUS/Standard 分析板料 V 形弯曲后回弹过程的有限元分析。

二、实验原理

通过上机实际操作，熟悉 ABAQUS 软件的基本模块和操作方法。包括部件模块与草图绘制、属性模块、装配模块、分析步模块、载荷模块、相互作用模块、网格模块、分析作业模块和可视化后处理模块等。

ABAQUS 软件中的显式非线性动态求解方法是基于工程实际的需要而产生的，它是一种真正的动态求解方法，在实际工程中非常有用。

结构线性静力分析计算是结构在不变的静载荷作用下的受力分析，它不考虑惯性和阻尼的影响。静力分析的载荷可以是不变的惯性载荷。

三、实验设备及材料

（1）设备：计算机 1 台。

（2）软件：ABAQUS 软件。

四、实验内容和步骤

（1）打开软件，熟悉 ABAQSU 的前处理、分析计算、后处理三大分析步骤；认识软件和界面主要工具及模块选择。

（2）分别选择部件模块、属性模块、装配模块、分析步模块、载荷模块、相互作用模块、网格模块、分析作业模块和可视化后处理模块，根据参考教材《ABAQUS6.11 中文版有限元分析从入门到精通》第 2 章的内容进行相应的操作练习。

（3）根据理论教学过程演示的板料 V 形弯曲过程（图 1-6-8-1）有限元仿真实例，运用相关知识，在 ABAQUS 软件里建立相应的有限元仿真模型，对该过程进行仿真分析。

（4）从上一个 Model 拷贝生成新 Model，回弹过程用 ABAQUS/Standard 求解器（计算结果更精

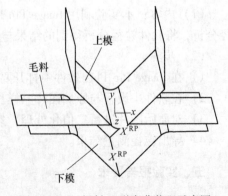

图 1-6-8-1　板料 V 形弯曲装配示意图

确），从 ABAQUS/Explicit 向 ABAQUS/Standard 传递数据，称为 Model Change。具体操作步骤参考理论课相关知识及资料。

五、实验报告要求

（1）ABAQUS 软件对计算机硬件系统的要求及安装方法。

（2）ABAQUS 软件的基本模块和操作方法。

（3）ABAQUS/Explicit 分析板料 V 形弯曲过程的有限元分析。

（4）ABAQUS/Standard 分析板料 V 形弯曲后回弹过程的有限元分析。

第2章 金属材料组织性能检测实验

第1节 金属材料组织检测实验

实验1 金相显微镜的结构与使用

一、实验目的

（1）了解金相显微镜的成像原理及基本结构。

（2）学习和初步掌握金相显微镜的使用方法。

二、实验原理

金相分析是人们通过金相显微镜来研究金属和合金显微组织大小、形态、分布、数量和性质的一种方法。显微组织是指如晶粒、包含物、夹杂物以及相变产物等特征组织。利用这种方法来考察如合金元素、成分变化及其与显微组织变化的关系；冷热加工过程对组织引入的变化规律；应用金相检验还可对产品进行质量控制和产品检验以及失效分析等。

（一）金相显微镜的成像原理

人眼对客观物体细节的鉴别能力是很低的，一般为 0.15 ~ 0.30mm。因此，观察认识客观物体的显微形貌，必须借助显微镜。

显微镜放大的光学系统由两级组成：第一级是物镜，细节 AB 通过物镜得到放大的倒立实像 A_1B_1。A_1B_1 的细节虽已为被区分开，但其尺度仍很小，仍不能为人眼所鉴别，因此，还需第二次放大。第二级放大是通过目镜来完成。当经第一级放大的倒立实像处于目镜的主焦点以内时，人眼可通过目镜观察到二次放大的 AB 的正立虚像。

1. 物镜的成像

根据几何光学可知，当被观察的物体处于该透镜的1倍焦距与2倍焦距之间时，物体的反射光通过物镜经折射后在透镜的另一侧可以得到一个放大的倒立实像。为了充分发挥物镜的能力，一般设计时是让被观察物体处于很接近焦点处，因此计算其放大倍数时可以用物镜的焦距 f，见图 2-1-1-1。

$$M_{物} = \frac{A_1'B_1'}{AB} \approx \frac{L}{f_{物}}$$

式中　$f_{物}$——接物镜焦距；

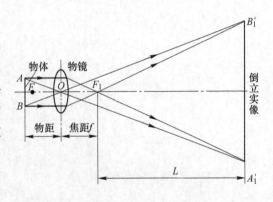

图 2-1-1-1　物镜放大成像原理

L——F 到实像间的距离；

$M_物$——物镜放大倍数。

2. 目镜的成像

同样，由几何光学成像规律可知，当被观察物体处于该透镜的 1 倍焦距以内时，人眼通过透镜观察，可以在 $S = 250\text{mm}$ 远处看到一个放大了的正立虚像（250mm 在这里称为明视距离），见图 2-1-1-2。

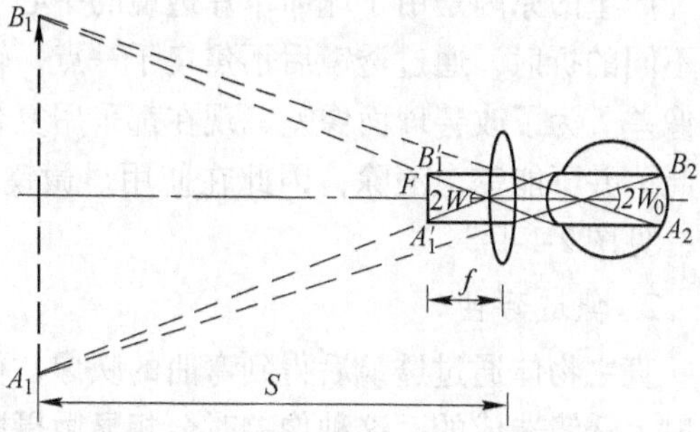

目镜的放大倍数

$$M_目 = \frac{250}{f_目}$$

式中 $f_目$——目镜的焦距；

250——人眼的明视距离，mm；

$M_目$——目镜的放大倍数。

图 2-1-1-2 目镜放大成像原理

3. 显微镜的成像

被观察物体的细节经物镜放大后的实像落到目镜主焦点以内后，人眼观察可看到经两次放大后的虚像。A_2B_2 虚像就是经物镜和目镜两次放大后的组合物像，见图 2-1-1-3。

$$M_总 = M_物 \times M_目 = \frac{L}{f_物} \times \frac{250}{f_目}$$

（二）透镜的像差

物镜是显微镜中最重要的光学器件。现代物镜多是由多块透镜组合成的复合透镜构成。物镜的放大倍数主要取决于物镜前透镜的尺寸及曲率。前透镜以后的一系列透镜称为"后透镜"后透镜主要是为了校正透镜像差，以达到提高成像质量的目的。

透镜的像差一般按其产生的原因分类（如图 2-1-1-4 所示）。

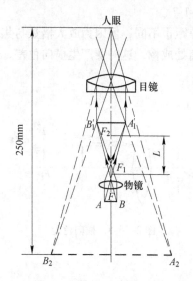

图 2-1-1-3 显微镜成像原理

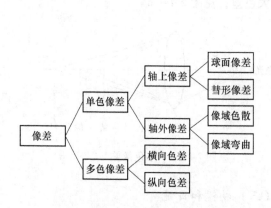

图 2-1-1-4 透镜的像差分类

以上的像差对显微镜成像影响最大的是球面像差、像域弯曲和多色像差。

1. 球面像差

产生的原因是由于球面单片透镜的中心与边缘厚薄不同，即使是单色光通过时也将产生不同的折射，通过透镜后不焦集于一点，轴上像点被一个弥散的光斑所代替，这就是球面像差。为了改善球面像差，现在都采用复合透镜，即在主透镜前加一发散凹透镜。尽管如此，并不能完全消除，因此在使用显微镜时，可通过适当调节孔径光阑的大小加以改善，见图 2-1-1-5。

2. 像域弯曲

直立物体通过透镜后得到弯曲的映像，称为像域弯曲。其形成原因是由远轴细光束倾斜射入透镜造成的。这种像差对金相显微摄影尤为不利，所以在金相摄影时，应选用平面消色差和平面复消色差物镜，因为它们对视场边缘进行了色差校正，见图 2-1-1-6。

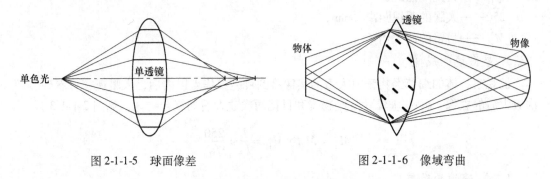

图 2-1-1-5　球面像差　　　　　　　　图 2-1-1-6　像域弯曲

3. 多色像差

多色像差是指白色光通过透镜后，由于折射引起光的分解（色散）所造成的一系列彩色群像现象。其中又分为纵向色差和横向色差。纵向色差是指从轴上某一点发出的非单色光的光束，由于组成中包括有不同（λ）的光波，将会发生色散，致使这些光线交于轴上不同的点，形成一系列群像的色差现象，见图 2-1-1-7。

横向色差，由于各种颜色光线折射率不同，故焦距也不同，但因为放大倍数与焦距有关，所以目的物上不在轴上的点而在离轴不同的距离处成像，这时便产生横向色差，也称为放大色差，见图 2-1-1-8。

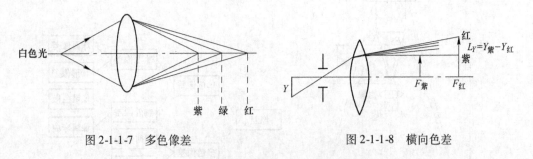

图 2-1-1-7　多色像差　　　　　　　　图 2-1-1-8　横向色差

（三）物镜和目镜

显微镜的主要光学器件是物镜和目镜。显微镜的成像质量、鉴别能力、有效放大倍数主要取决于物镜。

1. 物镜的类型

物镜的类型是根据透镜的像差、色差校正程度来分类的。其分类和矫正情况见表2-1-1-1。

表 2-1-1-1　物镜的几种类型

物镜种类	对像域中心的矫正		对视场边缘的校正
	色　差	球　差	
消色差物镜	矫正红、绿两波区	矫正黄、绿两波区	未矫正
平面消色差物镜	矫正红、绿两波区	矫正黄、绿两波区	已矫正
复消色差物镜	矫正红、绿、紫三波区	矫正绿、紫两波区	未矫正
平面复消色差物镜	矫正全波区	矫正绿、紫两波区	已矫正

2. 物镜的性质

（1）放大倍数：物镜的放大倍数，是指物镜在线长度上放大实物倍数的能力指标。有两种表示方法：一种是直接在物镜上刻度出如 $8X$、$10X$、$45X$ 等，另一种则是在物镜上刻度出该物镜的焦距 f，焦距越短，放大倍数越高。前一种物镜放大倍数公式为 $M_{物} = L/f_{物}$，L 为光学镜筒长度，L 值在设计时是很准确的，但在实际应用时，因不好量度，常用机械镜筒长。机械镜筒长度是指从显微镜目镜接口处到显微镜上物镜接口处的直线距离。每一物镜上都用数字标明了机械镜筒长度，在使用中如选用另一台显微镜的物镜时，其机械镜筒长度必须相同，这时倍数才有效。否则，显微镜的放大倍数应予修正：

$$M = M_{物} \times M_{目} \times C$$

式中，C 为修正系数。修正系数可用物镜测微尺和目镜测微尺定度出来。

（2）数值孔径：数值孔径是反映物镜的集光能力。集光能力与进入物镜的光线锥所张开的角度——孔径角有重要关系。根据理论的推算和试验证明：显微镜对于试样上细微部分的鉴别能力，主要取决于孔径角的大小。孔径角越大，从试样上反射进入物镜的光线就越多，鉴别能力就越高，呈像鲜明。在物镜上可以看到标有 0.30 或 0.65 或 0.95 等数值，这就是"数值孔径"的数值。数值孔径通常以符号"$N \cdot A$"或"A"表示，见图 2-1-1-9。

$$N \cdot A = y \cdot \sin\phi$$

式中，y 为物镜与观察物之间的介质折射率；ϕ 为物镜孔径角的半角，ϕ 亦可称角孔径。

从上式中可以看出，y 和 ϕ 越大，$N \cdot A$ 值也越大。增大物镜孔径角，使 $N \cdot A$ 值增大有几种办法：一是增大透镜直径（见图 2-1-1-10），但物镜直径的增大会使球面像差和色像差增大，因此，在显微物镜中一般不采用。二是通常采用的缩短焦距的办法（见图 2-1-1-11）。三是增大介质折光率（见图 2-1-1-12）。一般物镜与物体间的介质是空气，光线在空气中的折射率 $y = 1$，若在物镜与试样之间滴入一种折射率大又能透光的介质油，最常用的介质是松柏油（$y = 1.515$），其数值孔径会大大提高。从图 2-1-1-12 可以看出，同样直径、焦距的物镜，因为改变了介质，就会明显提高物镜的数值孔径值。物镜在设计和使用中指定以空气为介质的，称干系物镜。指定需加油作为介质使用的，称油浸物镜。

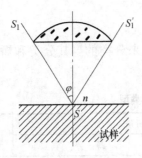

图 2-1-1-9　物镜聚光

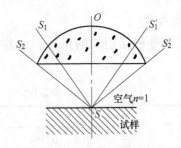

图 2-1-1-10　增大透镜直径

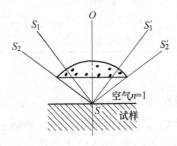

图 2-1-1-11　缩短物镜焦距

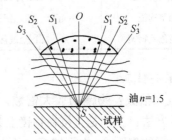

图 2-1-1-12　增大介质折光率

物镜的孔径角一般不超过 $140°$，因此，$\sin\phi = 0.94$，对于干系物镜，最大数值孔径 $N \cdot A = 0.94$；而对于油镜，因为介质用松柏油（$y = 1.515$），则其最大数值孔径 $N \cdot A = 1.42$。当用 α-壹代溴茶作为介质时，$y = 1.658$，最高数值孔径可达 1.60。

（3）物镜的标记，如表 2-1-1-2 所示。

表 2-1-1-2　国内外显微镜物镜常用标记

物 镜 类 型	国内用标记	国外用标记
消色差物镜	—	Achromatic
复消色差	FS	Apochromatic
半复消色差	BF	
平场消色差	PC	Planachromatic
平场复消色差	PF	Planpoachromatic
偏光	PG	pol
相	XC	phaco
长焦距	CJ	
油浸系	Y 或油	Oil 或 Oel、Hl、Ol

倍率色环见表 2-1-1-3。

表 2-1-1-3　倍率色环（物镜外壳有 1mm 宽的槽，槽内涂漆）

倍率	4	10	25	40	63	100
颜色	蓝	紫	绿	黄	红	白

数字符号识别，见图 2-1-1-13。

例如：40/0.65，表示放大 $40\times$，$N\cdot A=0.65$；

160/0，表示机械镜筒长为 160mm，不用盖玻片；

或 $\infty/0$，表示机械镜筒长为 c，不用盖玻片。

（4）物镜的鉴别能力：显微镜的鉴别能力主要取决于物镜。物镜的鉴别能力可分为平面和垂直鉴别能力。

平面鉴别能力是指物镜对显微组织所能获得清晰可分映像的能力。分辨率一般用能分辨两点间最小距离 d 的倒数 $\left(\dfrac{1}{\alpha}\right)$ 表示。一般来说，从实用的角度，分辨率只是一个比较数。而两点间最小距离 d 对于实用有重要意义。

由于光的衍射现象，试样上的一点经过物镜造像后，它在成像平面上会得到一个比原来的点大一些的圆形光斑（图 2-1-1-14）。如果试样上有两个相邻的点，像平面上就会有两个相邻的光斑，如果两物点间的距离过小，物镜不能分辨时，对应的光斑重叠，这时就不能分辨两物点的映像（见图 2-1-1-15）。

图 2-1-1-13　物镜性能标志　　　　图 2-1-1-14　发光点衍射斑

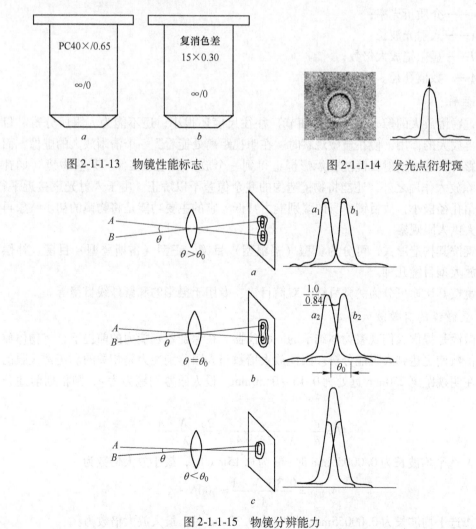

图 2-1-1-15　物镜分辨能力

显微镜的平面鉴别能力可由下式求得：

$$d = \frac{\lambda}{2N \cdot A}$$

式中　λ——入射光源的波长；

　　　$N \cdot A$——物镜的数值孔径。

从上式中可以看出，当 λ 为定值时，$N \cdot A$ 值越大，d 值越小，说明显微镜能分辨的最小间距值越小，物镜的 d 鉴别能力越高。λ 值小，d 值也会小。取白色光的平均波长为 0.00055mm；如前述一般物镜孔径角不会超过 140°，使用松柏油作介质和油浸物镜，经上式计算 $d \approx 0.0002$mm。这就是一般显微镜的极限分辨能力。

垂直鉴别能力又称为景深，是物镜对高低不平的物体清晰造像的能力。这时的深度是指在平面获得清晰造像时，在聚焦平面前、后之间高低不平的物体能较清晰成像时的距离。垂直鉴别能力 h 可由下式求得：

$$h = \frac{n}{7 \cdot N \cdot A \cdot M} + \frac{\lambda}{2(N \cdot A)^2}$$

式中　n——介质折光率；

　　　λ——入射光波长；

　　　M——显微镜放大倍数；

　　$N \cdot A$——数值孔径。

3. 目镜

经过物镜放大的像（区分开的细节）往往尺度还很小，还不能为人眼所分辨。目镜能起到再放大的作用，使在显微观察时，在明视距离处能看到一个清晰放大的虚像，而在显微摄影时，通过投射目镜能在承影屏上得到一个放大倒立的实像。某些物镜（如补偿目镜）除放大作用之外，还能将物镜造像的残余像差予以矫正。由于入射光束接近平行，目镜的角孔径极小，故目镜本身的鉴别能力甚低。它的主要功能是将物镜的初步映象再次进行放大供人眼观察。

目镜按其构造形式，可分为负型（福根型）目镜、正型（雷斯登型）目镜、补偿型目镜和放大型目镜几种。

目镜按其用途可分为测微目镜、双筒目镜、专用于摄影的和紫外线目镜等。

4. 显微镜的有效放大倍数

显微镜是提供人们观察物体细节的一种仪器。在保证鉴别能力的前提下，将物体放大一定的倍数使之达到人眼能分辨。因此放大倍数与人眼鉴别能力是相关的。正常人眼的鉴别能力在明视距离 250mm 远处为 0.15 ~ 0.30mm。设人眼鉴别能力为 e，则根据前述公式可导出：

$$M = \frac{e}{d} = \frac{e}{\lambda/(2N \cdot A)} = \frac{2e \cdot N \cdot A}{\lambda}$$

当 λ 选平均波长为 0.00055mm 时，e 为 0.15mm 时，最小放大倍数为：

$$M_{最小} = \frac{0.3 \times N \cdot A}{\lambda} \approx 500 N \cdot A$$

当 A 选平均波长为 0.00055mm 时，e 为 0.30mm 时，最大放大倍数为：

$$M_{最大} = \frac{0.6 \times N \cdot A}{\lambda} \approx 1000 N \cdot A$$

$M_{最小}$ 和 $M_{最大}$ 之间的范围，称为"有效放大倍数"。

$$M_{观察} = 500 \sim 1000 N \cdot A$$

在选择物镜和目镜配合时，如果放大倍数不足 $500 N \cdot A$，则表示选用不当，即孔径为 $N \cdot A$ 的物镜所能区分的细节，因目镜选用较低而不能被人眼识别；反之，如超过 $1000 N \cdot A$，称为"虚伪放大"，在这种情况下，并不能看到在有效放大倍数内所不能分辨的细节。

（四）金相显微镜的构造与使用

金相显微镜的种类、型号很多，按功能可分为教学型、生产型、科研型。按结构形式分为台式、立式、卧式。此外，还有紫外、红外、高（低）温、偏光、相衬、干涉等各种特殊用途的金相显微镜。任何一种金相显微镜均主要由光学系统、照明系统、机械系统、附件装置（包括摄影或其他如显微硬变装置）等组成。

1. 光学系统

物镜和目镜是光学系统中最重要的光学器件，在前述内容中已专门进行了介绍。以下结合整体构造和本实验的需要，将教学实验中常用的国产台式和立式金相显微镜的光学系统作简要介绍。

（1）台式金相显微镜（以国产 4X 为例）：4X 型金相显微镜的光学系统按倒置式光程设计，它的照明系统属于科勒照明（图 2-1-1-16、图 2-1-1-17）。由灯泡发出的一束光线，经过透镜组、反光镜会聚于孔径光阑，随后经过聚光镜，再将光线聚焦在物镜后焦面，最后光线投射到试样上。从试样磨面反射回来的光线复经物镜、辅助透镜、半反射镜及棱镜造成一个放大倒立的实像，由目镜再次放大在明视距离处形成虚像。

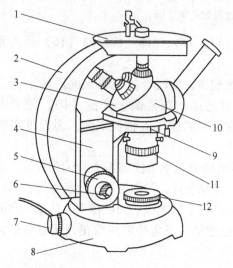

图 2-1-1-16　4X 型金相显微镜的机械结构

1—载物台；2—镜臂；3—物镜转换器；4—微动座；
5—粗动调焦手轮；6—微动调焦手轮；7—照明装置；
8—底座；9—平台托架；10—碗头组；
11—视场光阑；12—孔径光阑

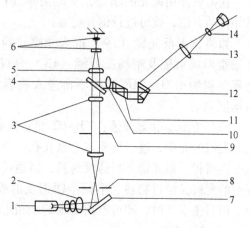

图 2-1-1-17　4X 型金相显微镜的光学系统

1—灯泡；2—聚光镜组（一）；3—聚光镜组（二）；
4—半反射镜；5—辅助透镜（一）；6—物镜组；
7—反光镜；8—孔径光阑；9—视场光阑；
10—辅助透镜（二）；11—棱镜；12—棱镜；
13—场镜；14—接目镜

　　如图 2-1-1-18 所示，光源 1 经聚光镜前组 2，滤色片 3 后在孔径光阑 4 处成像。聚光镜 5 及 8 将孔径光阑成像在物镜 11 的后焦面附近，经物镜后，以近似平行光线均匀照明物面（O_0）。视场光阑 6 被聚光镜 8、半透反射镜 9、辅助物镜 12、物镜 11 成像在物平面处，由物面衍射成像光线被物镜接收，经辅助物镜 12 和 15 及转向棱镜 17 将物体成一放大实像在目镜 18 的前焦面 O_1 处，以便于人眼通过目镜进行观察。当棱镜 17 移出光路时，由物面衍射的成像光线经物镜 11，辅助物镜 12 和 15 后进入 120 摄影装置。由摄影目镜 20 及半反射镜 21 将物像转成在 O_3 处，操作者可通过取景目镜 22 对所摄对像准焦和取景。快门开启时，物像便成像在摄影胶片 O_2 上。

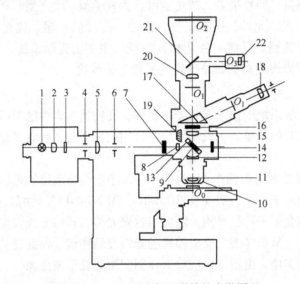

图 2-1-1-18　4X 型金相显微镜的光学原理

　　在需要使用偏光的场合，将起偏器（7）或（14）推入光路，检偏器（16）插入光路并转动方位，就可进行偏光检查。

　　如将锥形反光镜（19）推入光路，换下聚光镜 8，此时经过视场光阑后的平行光束被锥形反射镜及暗场反射镜（13）分成一环形光束，抛物面聚光镜（10）使光束会聚照明物面 O。照明光线不再进入物镜，只有衍射光线进入物镜成像，因而可实现暗场照明。

　　（2）立式金相显微镜：XJL-02 型立式金相显微镜的光学系统如图 2-1-1-19 所示。由光源发出的光束，通过聚光镜会聚在孔径光阑上，经滤色片、转向棱镜、视场光阑、明暗场变换滑板、聚光镜、半透反射镜，再通过物镜将一束平行光投射到试样上。从试样磨面反射的光线又经过物镜、平面半镀铝反射镜、补偿透镜、五角棱镜成像在目镜的焦平面上。用目镜观察时，即可看出清晰的金相组织。

　　2. 照明系统

　　照明系统一般包括光源、照明器、光阑、滤色片等。

　　（1）光源：光源应具有足够的发光强度且要求发光均匀，发热程度要低并易于对亮度装置进行调节。色温希望高和光谱连续性好。光源一般有低压钨丝灯、卤钨灯、氙灯、超高压汞灯和碳弧灯几种。

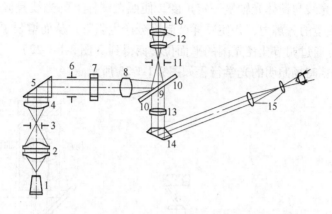

图 2-1-1-19　XJL-02 型立式金相显微镜明场照明系统

1—光源；2—聚光镜；3—孔径光阑；4—聚光镜；5—转向棱镜；6—视场光阑；7—明暗场变换滑板；

8—聚光镜；9—半反射镜；10—暗场环形反光镜；11—物镜孔径光阑；12—物镜；

13—补偿透镜；14—反光棱镜；15—目镜；16—试样

光源的照明方式有科勒照明和临界照明之分。

（2）照明器：金相显微镜采用反射光照明，光源位于镜体侧面与主光轴正交。因此，光线需转向 90°，这种转变光线的装置叫作垂直照明器。利用照明器进行照明的方式分为以下几种：

1）平面玻璃反射照明。这种照明方法的特点是光线均匀地直射在试样表面，被浸蚀后的凹凸处无阴影产生，得到清晰平坦的图像。采用这照明方式能真实地表示出各组成像，但缺乏立体感（图 2-1-1-20）。

2）棱镜反射照明。这种照明是利用三棱镜作为折光元件，光源经棱镜全反射后，通过物镜光束斜射到试样表面。这种照明方式与平面镜相比，光线损失极少，镜筒内的炫光较低，图像亮度大、衬度好。但这种照明方式棱镜占去镜筒将近一半的位置，也就是遮去了物镜孔的一半，从而使物镜的有效数值孔径减小，分辨能力会降低，这种照明方式适合在放大 100 倍以下使用（图 2-1-1-21）。

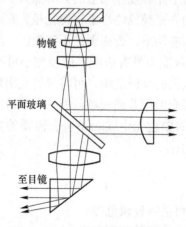

图 2-1-1-20　平面玻璃反射照明

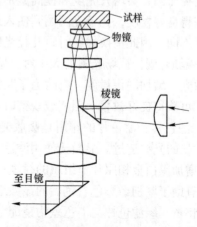

图 2-1-1-21　棱镜反射照明

3）斜照明：光线与镜体光轴呈一定角度，使照在试样上的光线是倾斜的。这种照明方式可以提高显微镜的分辨力，并使试样凸起部分产生阴影，从而增强了图像的衬度和立体感。斜射照明可通过调节孔径光阑的平面位移面得到（图 2-1-1-22）。

4）暗场照明：暗场照明的光学行程如图 2-1-1-23 所示。

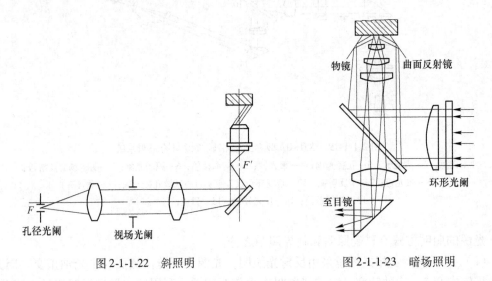

图 2-1-1-22　斜照明　　　　　　　　　　图 2-1-1-23　暗场照明

　　来自光源的平行光束，被环形光阑所阻，而形成环形光束，经过平面玻璃转向，再经过物镜外围的抛物面反射镜，以大的倾斜角投射到试样表面，这时试样上平坦的部分所反射的光将不会进入物镜而呈暗色，对于凹陷部分却能将光线反射进入物镜。这一照明方式的特点是：使有效数值孔径增加，提高衬度，特别是能观察非金属夹杂的透明度及真实色彩。

（3）光阑：光阑分为孔径光阑和视场光阑。

1）孔径光阑：孔径光阑的调节可以改变成像光束的大小和控制进入光学系统的光通亮。缩小孔径光阑，孔径角变小，这时光束只通过物镜的中心部分，有利于消除物镜的单色像差，图像清晰，能提高景深，提高衬度。但孔径角小，会降低物镜的分辨能力。适当地增大孔径光阑，会增大亮度和提高鉴别能力。为了充分发挥物镜的分辨能力，又能兼顾景深，获得良好衬度，孔径光阑调到使入射光束刚好充满或略小于物镜孔径为宜。各种物镜的孔径不同，因此更换物镜时，孔径光阑应作相应调节，否则图像不清晰。

2）视场光阑：视场光阑的大小对显微镜的分辨能力没有影响，适当缩小可减少镜管内的杂散光，增加图像衬度。有时为了观察某一范围的显微组织，可将视场光阑缩小至这个区域，可获得良好效果。照相或观察时可将视场光阑调节到视场以外一点即可。

（4）滤色片：滤色片的作用是吸收光源发出的白色光中波长不符合需要的光线，只让一定波长的光线道过。显微镜使用滤色片的目的：

1）增加黑白金相照片上组织的衬度；

2）有助于鉴别经彩色着色后的显微组织细节；

3）将黄、绿滤色片与消色差物镜配合使用，可消除残余色差；

4）使用蓝滤色片，由于其波长较短，可以提高物镜的鉴别能力；

5）在长时间显微分析观察时，使用黄滤色片，可保护观察者眼睛，并有利于提高视敏度。

（五）金相显微镜的保养与维护

金相显微镜是一种精密光学仪器，正确地使用、维护和保养，有助于保证金相分析的质量和延长仪器的使用寿命。

（1）显微镜应放置于干燥、少尘、无振动、无腐蚀气氛的工作室内。

（2）物镜、目镜在不使用时，应从仪器上取下，装入保护套内，放在玻璃干燥器中。显微镜上物镜座和目镜筒上应加盖罩。

（3）在工作时，试验样品上残留的油污、水和腐蚀剂必须清除干净。

（4）油镜头在使用后应立即用棉花擦去油滴，然后再将棉花蘸上少许二甲苯擦净，待干燥后再装入镜头盒并置入干燥器中。

（5）光学元件上有灰尘、油污时，先用专用软毛刷轻刷去除灰尘，然后用脱脂棉花或白绸布轻轻擦净，擦拭时可浸少许溶剂（溶剂为乙醚、乙醇，比例为 7:3）。

三、实验器材

BM-4×A 型倒置金相显微镜；预先准备好的金相样品。

四、实验内容和步骤

（1）结合显微镜实体，认真了解显微镜的光学成像原理。

（2）仔细了解显微镜的结构——光源、光阑、垂直照明器、暗场和偏光装置；目镜和物镜、物镜的标记等。

（3）通过观察金相样品，学会正确的操作方法。如调焦、孔径光阑和视场光阑的调节、暗场使用等。

五、实验报告要求

（1）简述物镜的标记含义（以 BM-4×A 物镜为例）。

（2）说明用 BM-4×A 物镜时，它的有效放大倍数在什么范围内为宜，相适应的目镜用多大倍数为好。

（3）简要说明金相显微镜的操作要点及必须注意的事项。

实验 2　金相样品的制备及观察

一、实验目的

初步掌握金相样品制备的一般方法。

二、实验原理及步骤

为了在金相显微镜下研究金属材料的内部组织，必须先制备金相样品，金相样品的质量是正确观察显微组织的先决条件，所以金相样品的制备是金属及热处理工作者的一项基本技能。

金相样品的制备包括以下 4 道工序，即取样、粗磨、抛光和浸蚀。

（一）取样

根据金相检验的目的，选择有代表性的部位取一小块，试样的形状和尺寸以方便制样为原则，圆形试样为 $\phi 12\text{mm} \times 12\text{mm}$ 左右、方形试样为 $12\text{mm} \times 12\text{mm} \times 12\text{mm}$ 左右，磨面应小于 2cm^2，对硬度不高的材料可用锯或车床切取。而对于高硬度的材料，则需用砂轮切割机切取，并在切割时注意冷却，以免发热使组织发生变化；对于细小的试样（如线、箔等）则需用机械、塑料、电木粉或树脂进行镶嵌。

（二）磨光

磨制的目的是为了获得平整和光洁的观察面，为显示组织准备好条件。试样的磨制分粗磨和细磨。

粗磨是用砂轮或锉刀磨平观察面。操作时应注意不使试片发热引起组织变化。因此在砂轮上磨平时须经常地放入冷水中冷却，粗磨后试片仍保留有较粗的磨痕，还须进行细磨。

手工细磨是将金相砂纸放在玻璃板上。金相砂纸规格如表 2-1-2-1 所示。磨料过程中应使整个磨面受压均匀。正确的操作姿势如图 2-1-2-1 所示。每次更换下一号细砂纸时须将试样清理干净，避免将粗砂粒带到细砂上致使试样划成较深的划痕。同时磨光的方向应转 90°（即与上一号砂纸磨痕的方向垂直）。直到上一号砂纸的磨痕完全消失，并在一些磨面上产生摩擦达到抛光前应有的表面粗糙度。

表 2-1-2-1　金相砂纸规格

粒度号	280	320	M28	M20	M14	M10	M7	M5
编号	1	0	01	02	03	04	05	06
砂粒的粒度/mm	53~42	42~28	28~20	20~14	14~10	10~7	7~5	5~3.5

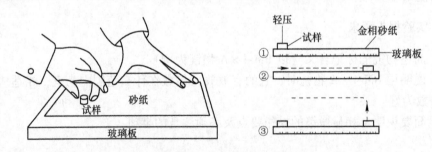

图 2-1-2-1　手工磨光操作

机械细磨是在预磨机上进行，预磨机的转速一般为 300r/min。把砂纸固紧在预磨机的转盘上，一边磨，一边用水不断冷却和冲刷试片，这种方法的优点是可以不断将磨屑冲去，且磨制速度快，效率高。同样，磨制时也必须逐次更换不同号的砂纸。

（三）抛光

磨光后的表面仍有细的砂纸磨痕，还不能有效地显示出显微组织，因此必须进行抛光，以获得光滑的镜面，并去除磨光时产生的形变扰乱层。常用的抛光方法有机械抛光、电解抛光、化学抛光或它们的综合应用。

　　机械抛光是常用的一种方法，是在专用的金相抛光机上进行。抛光机转盘上装有抛光织物，粗抛时常用帆布或尼布，细抛时常用金丝绒布。抛光时应在织物上喷洒一定量的抛光磨料，常用的抛光磨料是 Cr_2O_3 粉、Al_2O_3 粉（粒度为 $0.2 \sim 1 \mu m$）在水中的悬浮液。一般是在 1L 水中加入 5g Al_2O_3 粉或 $10 \sim 15g$ Cr_2O_3 粉。

　　在新型的抛光磨料中，人造金刚石研磨膏已广泛用于金相试片的制备中。

　　抛光时应将试片磨面均匀地、平正地压在抛光盘上，并沿盘的边缘到中心不断做径向往复移动；在抛制过程中试样表面的湿度通常以表面在空气中 $3 \sim 5s$ 将水膜蒸发的湿度为宜。

　　对于试片边沿组织没有要求的，抛光前应将试片的棱角磨圆，以保证抛光织物不被划破，防止试片甩出抛光盘外。

　　抛光时间以试片表面磨痕全部消除而呈光亮镜面为准。

（四）组织显露

　　抛光好的试片，在显微镜下只能看到孔洞、裂纹、石墨、非金属夹杂等，而无法观察到晶粒界、各类相和组织。若要显示组织，必须采用适当的显示方法。

　　通常采用的方法是化学腐蚀法。它是利用化学试剂溶液，借助化学电化学作用来显露金属的组织。化学试剂对在金相试样表面不同相间及晶界产生选择性腐蚀。结果晶界腐蚀成窄沟，而不同位向的晶粒和不同的组织也被腐蚀为高低不平的凹凸面现象和不同的色泽。

　　对于纯金属及单相合金，腐蚀是单纯的电化学溶解过程，首先将磨面表层金属扰乱层溶解掉，而后对晶界产生化学溶解作用，如图 2-1-2-2 所示。因晶界处原子排列不规则，自由能高，故易在晶界上腐蚀成窄沟。如果继续腐蚀，晶粒也将溶解，由于晶粒位向不同而溶解程度不同，显示明暗程度各异。

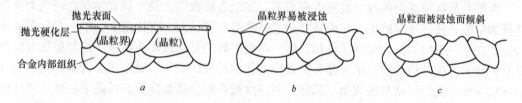

图 2-1-2-2　纯金属及单相合金的腐蚀过程
a—尚未浸蚀；b—晶界优先被浸蚀；c—晶粒被浸蚀

　　对于两相合金的腐蚀是电化学溶解过程，由于组成相的化学电位不同，高负电位的相迅速地被电化学溶解而凹陷，如图 2-1-2-3 所示。高正电位相不被溶解而成光滑平面。这样就产生了两相间的凹凸差异。在显微镜下，由于凹凸对光线的反射不一样，就看到明暗不一的现象。

　　不同的金属采用不同的浸蚀剂。浸蚀的深浅根据组织的特点和观察的放大倍数来确定。一般抛光表面微微发暗失去金属光泽即可，高倍腐蚀浅些，低倍腐蚀深些。

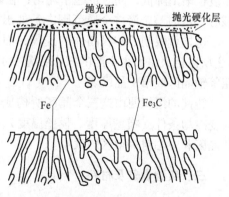

图 2-1-2-3　两相合金腐蚀过程

腐蚀后的试样要立即用水冲干净，用酒精洗去表面的水分，吹干即可做金相观察。

三、实验设备及材料

（1）实验设备：抛光机、金相显微镜。
（2）实验材料：45 号钢，规格 $\phi12mm \times 12mm$、金相砂纸、4% 硝酸酒精。

四、实验报告要求

（1）在直径为 3cm 的圆内画出所观察到的金相组织。
（2）注明试样名称、腐蚀剂、腐蚀时间，在图中标示组织。

实验 3　浇铸条件对铸锭组织的影响

一、实验目的

研究冷却速度（模壁厚度、模子温度、浇铸温度、变质剂）对铸锭组织的影响。

二、实验原理

液态金属倒入模内后，结晶最先从靠近模壁处开始。在靠近模壁处因过冷度极大，核心（晶核）产生多，这些核心长大时很快彼此接触。只能形成细小的等轴晶粒，此为细等轴晶区或第一晶区、表层细晶区。同时，熔体的对流（浇铸时的动量对流、温度引起的热对流）以及由对流引起的温度起伏，均能使模壁上形成的晶粒脱落和游离，晶核具有增值效应。

在第一晶区形成的同时，模壁温度升高，加之锭的收缩，使金属和模壁之间产生导热性低的空隙，使过冷度减小。与液体接触的某些晶粒要长大，很快地上、下、左、右彼此碰撞，在这些方向的长大受到了限制，唯一不受阻碍的是向液体内伸展。这时散热方向为垂直模壁的方向散热最快。由于晶粒一致向液体内伸展的结果，就形成了许多与模壁垂直的柱状晶区，此为柱状晶区或第二晶区。对纯度较高的金属如纯铜，结晶后柱状晶往往贯穿整个铸锭，形成"穿晶"组织。

由于模壁温度继续升高，散热速度逐渐降低，柱状晶体长大的速度也渐渐减小，心部温度也渐渐降低，同时也趋于均匀，在剩下的这部分液体的整个体积内，将同时出现许多核心（这时整个液体金属范围内各处出现晶核的概率相等）而且这时核心朝各个方向生长，这样就限制了柱状晶体的扩展，而在铸锭内部形成许多位向不同的粗大的等轴晶粒（之所以粗大是因为生产的核心数量少），而等轴则因为这时散热已无方向性，此为中心粗等轴晶区或第三晶区。

铸锭的组织便由这三个晶区所构成（第一晶区薄，晶粒又很细小，一般难以看到）。改变冷却条件（模壁厚度、模壁温度）、浇铸温度和形核条件，将改变三个晶区特别是柱状晶区和中心粗等轴晶的大小。

三、实验设备及材料

（1）设备工具：坩埚炉、石墨坩埚、坩埚钳、浇铸模、弓锯、台钳。

（2）材料：工业纯铝（含铝 99.7% 的铝锭）。

四、实验内容及步骤

（一）内容

本实验通过不同的模壁厚度，不同的模子预热温度以及不同的浇铸温度和形核方式，来研究冷却速度、浇铸温度和形核方式对铸锭组织的影响。

（二）步骤

（1）将熔融的液态金属（铝）注入模内。

（2）冷却后将铝锭取出，分别在两端打上同样记号，以便识别。

（3）将铝锭用台钳夹住，垂直侧面对中锯开。

（4）锯开后按步骤把样品磨好，将锯断面用锉刀锉平，然后用砂纸打磨平，不必抛光，用水冲去麻屑，用酒精洗净吹干。

（5）将磨面浸入 15：5：1 的硝酸、盐酸和氢氟酸混合腐蚀液中来回移动，放 1～2min，取出洗净吹干，观察铸锭组织。

实验分组条件见表 2-1-3-1。

表 2-1-3-1　实验分组条件

编号	模具材料	壁厚/mm	浇铸温度	模具温度/℃	加细化剂
1	砂	10	720	室温	否
2	钢	10	720	室温	否
3	钢	3	720	室温	否
4	钢	10	720	400	否
5	钢	10	920	室温	否
6	钢	10	720	室温	是

五、实验报告要求

（1）画出不同浇铸条件下的铸锭组织示意图。

（2）比较在不同条件下柱状晶和粗等轴晶区大小不同：

1）模壁厚度的影响；

2）模子温度的影响；

3）浇铸温度的影响；

4）细化剂的影响。

实验 4　钢材断口分析

一、实验目的

（1）掌握断口宏观分析的方法，了解断口宏观分析的意义及典型宏观断口的形貌特征。

（2）了解扫描电镜在断口分析中的应用，识别几种常见的断口微观形貌。

二、实验原理

钢材或金属构件断裂后，破坏部分的外观形貌称为断口。断裂是金属材料在不同情况下，当局部破断发展到临界裂纹尺寸，剩余截面不能承受外界载荷时发生的完全破断现象。由于金属材料中的裂纹扩展方向总是遵循最小阻力路线，因此断口一半也是材料中性能最弱或零件中应力最大的部位。断口形貌十分真实地记录了裂纹的起因、扩展和断裂过程，因此它不仅是研究断裂过程微观机制的基础，同时也是分析断裂原因的可靠依据。断口分析中分宏观分析和微观分析两类，它们各有特点，相互补充，是整个断口分析中相互关联的两个阶段。

三、实验设备及材料

（1）实验设备：低倍显微镜、扫描电镜。

（2）试样：HT200、20 号钢、Q235 钢拉伸、压缩断口、6061 铝、65Mn 拉伸断口、疲劳断口、冲击断口等。

四、实验内容

（一）宏观断口分析

宏观断口分析：用肉眼、放大镜、低倍实体显微镜来观察断口形貌特征，断口裂源的位置、裂纹扩展方向以及各种因素对断口形貌特征的影响，称为断口宏观分析。从断裂机理可知，任何断裂过程总是包括裂纹形成、缓慢扩展、快速扩展至瞬时断裂几个阶段。通过宏观断口分析，人们可以看到，由于材质不同，受载情况不同，上述各断裂阶段在断口留下的痕迹也不同。因此掌握了常见的宏观断口特征以后，就可以在事故分析中根据宏观断口特征来推测断裂过程和断裂原因。本实验主要观察下列几种断口。

1. 拉伸试样断口

断口特征：低碳钢拉伸断口外形呈杯锥状，整个断口可分为三个区，中心部位为灰色纤维区，纤维区四周为辐射状裂纹扩展区，边缘为剪切唇，剪切唇与拉伸应力轴交角为 $45°$。铸铁试样断口为结晶状断口，呈光亮的金属光泽，断口平齐。

2. 疲劳断口

轴类零件多在交变应力下工作，发生疲劳断裂后宏观断口上常可看到光滑区和粗糙区两部分。前者为疲劳裂纹形成和扩展区，有时可见贝纹线、蛤壳或海滩波纹状花样，这种特征线是机器开始和停止时，或应力幅发生突变时，疲劳裂纹扩展过程中留下的痕迹，是疲劳宏观断口的重要特征。断口中粗糙区为裂纹达到临界尺寸后失稳破断区，它的特征与静载拉伸断口中的放射区及剪切唇相同，对于脆性材料此区为结晶状脆性断口。

3. 冲击断口

系列冲击试验后的断口（保存在干燥器皿中）。冲击断口上一般可以观察到三个区，缺口附近为裂纹源，然后是纤维区、放射区、二次纤维区及剪切唇，剪切唇沿缺口的其他三侧分布。温度降低时冲击试样断口上各区的比例将发生变化，纤维区减少，放射区增加。

（二）微观断口分析

在宏观断口分析基础上，必要时可选好重点区域做断口微观分析。断口微观分析是指用透射电镜、扫描电镜来观察断口形貌。透射电镜研究断口通常采用二次复型法，它能清楚地观察断口细节，而不破坏断口；扫描电镜是一种电子光学仪器，成像立体感强，放大倍数变化范围广，能从低倍到高倍连续观察，便于分析，而且可直接观察断口。它是断口微观分析的主要工具。

1. 韧窝断口

从 20 号钢拉伸断口截取 6～8mm 高的一段试样，在扫描电镜下可以观察到大量的微坑（韧窝）。它是由于材料承载超过了 σ_b 后，由于局部高应变区位错在夹杂物前塞积而导致微裂纹的形成、长大，最后微孔聚合连结而断裂。微孔内可见第二相夹杂物。由于材料的塑性不同，第二相粒子形状和尺寸不同，微坑大小、深浅和形状均不同（图 2-1-4-1）。

2. 解理断口

从低温冷脆试样上截取一段断口，在扫描电镜下可观察到解理断口的特征形貌。解理断口是在正应力作用下裂纹沿低指数面快速扩展的低能量脆性断裂。解理断口上可观察到"河流花样"（图 2-1-4-2）是裂纹沿许多平行的解理面扩展所形成的解理台阶汇合的结果。"河流"的流向是裂纹扩展的方向，"河流"的上游则是裂纹的起源处。"河流"不穿过大角度晶界。对于铁素体组织的钢材，其低温冲击的脆性断口沿 ｛100｝ 面解理断口，除可见上述"河流花样"外，有时还可见到解理断口的另一种特征——解理舌。

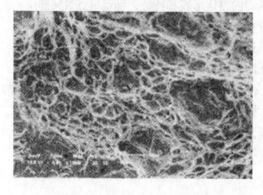 

图 2-1-4-1　韧窝断口上的韧窝花样　　　　　图 2-1-4-2　解理断口中的"河流花样"

3. 疲劳断口

从铝合金疲劳断口（图 2-1-4-3）上的裂纹源附近切取试样，在扫描电镜下可观察到疲劳裂纹扩展区上存在的疲劳裂纹，它是一些彼此平行、间距相等而略呈弯曲的条纹，且总是与主裂纹扩展方向垂直，每一条裂纹代表一次载荷循环，每条裂纹表示该应力循环时裂纹前沿的位置。

4. 沿晶断口

从过热冲击试样断口上切取试样，或从应力腐蚀及氢脆断口上切取试样，在扫描电镜下观察可见沿晶断口（图 2-1-4-4）。它是由于晶界弱化而使裂纹沿晶界扩展所致，具体形貌与晶粒形状及沿晶有无析出有关，当材料是等轴晶粒构成时，沿晶断裂形态清晰可见。

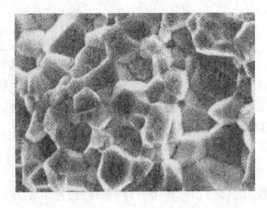

图 2-1-4-3　疲劳断口形貌　　　　　图 2-1-4-4　晶间断裂的"冰糖状"花样

五、实验步骤

(一) 试样准备

要求断口保存得尽量完整、特征原始。尽量不产生二次损伤。对断口上附着的腐蚀介质或污染物，还需进行适当清理。当失效件体积太大时，还需分解或切割。

(二) 断口形貌观察

将备好的样品用导电胶粘在样品座上，抽真空。进行断口形貌观察。断口形貌观察一般遵循以下基本技术原则：

(1) 对断口做低倍观察，全面了解和掌握断口的整体形貌和特征，确定重点观察部位。

(2) 找出断裂起始区，并对断裂源区进行重点分析。

(3) 对断裂过程不同阶段的形貌特征逐一进行观察，找出它们的共性与个性。

(4) 断裂特征的识别。发现、识别和表征断裂形貌特征是断口分析的关键。

(5) 扫描电子显微镜断口照片的获得。一个断口的观察结果一般要用以下几部分的照片来表述：断口的全貌照片及断裂源区照片和扩展区、瞬断区的照片。

(6) 结合断口的宏观分析确定断裂起源和扩展方向，最终确定断裂机理。

六、实验注意事项

(1) 注意扫描电子显微镜的安全操作。

(2) 注意保护试样断口以及实验数据。

七、实验报告要求

(1) 给出某个断口形貌从低倍到高倍的系列图像。

(2) 给出不同断裂机理断口形貌的图像，并对它们进行比较分析。

(3) 分析不同断口形貌所对应的断裂机理。

八、思考题

(1) 扫描电子显微镜在观察拉伸/冲击断口形貌时有哪些优势？

(2) 断口形貌的宏观分析与微观分析各有什么作用？

(3) 思考断口形貌分析在材料研究中的作用是什么？

实验 5　Fe-C 合金平衡组织观察

一、实验目的

熟悉铁碳合金在平衡状态下的显微组织以及它与铁碳平衡状态图之间的关系。

二、实验原理

含碳量小于 2% 的 Fe-C 合金称为钢。钢在缓慢冷却之后，其组织与 Fe-C 状态图左端（含碳量小于 2%）相对应，因此 Fe-C 状态图是研究碳钢平衡组织的基础，碳钢的组织取决于含碳量。

碳钢按其组织可分为亚共析钢、共析钢、过共析钢三大类。含碳量小于 0.02%，称工业纯铁，就成分来说也属于钢。退火碳钢在 4% 硝酸酒精溶液浸蚀后，其组织如下。

（一）工业纯铁

含碳量 0~0.01% 的工业纯铁具有单相铁素体组织，在大于 0.01% 的工业纯铁中，则组织中出现三次渗碳体，由于含量很少，所以光学显微镜不易观察到它的存在。

（二）亚共析钢

亚共析钢含碳量小于 0.8%，组织中含有铁素体和珠光体，白色部分为铁素体，呈暗色部分的为珠光体，随含碳量的增加，铁素体减少而珠光体增加。当含碳量增加到 0.8% 时，整个组织为 100% 的珠光体。

根据 Fe-C 状态图在一定含碳量下可确定铁素体与珠光体的百分比。因此显微组织可近似估计亚共析钢在退火状态下的含碳量。如果对铁素体的含碳量忽略不计，则亚共析钢的含碳量为：

$$C\% = \frac{Q \times 0.8}{100}$$

式中，Q 为珠光体所占面积的百分比。

（三）共析钢

含碳量 0.8% 的钢，称共析钢，全部为珠光体组织。在一般情况下，珠光体为片状组织，即由片状铁素体与片状渗碳体构成。若经适当处理即在冷却过程中，在低于 A_{c_1} 温度附近停留较长时间，然后冷却（所谓球化处理）渗碳体呈粒状分布，前者称片状珠光体，后者称粒状珠光体。

（四）过共析钢

过共析钢含碳量大于 0.8% 小于 2%，其组织为二次渗碳体和珠光体。渗碳体可能为网状、粒状或针状，含碳量越高，二次渗碳体越多，在 4% 硝酸酒精溶液浸蚀下，暗色部分为珠光体，白色部分为渗碳体，与铁素体相同，为区分渗碳体与铁素体，可用苦味酸钠溶液浸蚀，渗碳体为暗色，铁珠体仍为白色。

与珠光体比较，渗碳体占面积很小，难以测定渗碳体所占面积，所以基本不采用显微组织测定过共析钢的含碳量。

（五）亚共晶白口铸铁

在 1148~727℃ 时，由初生奥氏体和莱氏体共晶组成。在室温下则奥氏体转变为珠光体，其组织由珠光体和二次渗碳体以及变态莱氏体组成。

（六）共晶白口铸铁

在 1148～727℃ 全部为莱氏体共晶组成，室温下则为变态莱氏体组成。

（七）过共晶白口铸铁

在 1148～727℃ 时，由一次渗碳体和莱氏体共晶组成，在室温下则由一次渗碳体和变态莱氏体组成。观察试样见表 2-1-5-1。

表 2-1-5-1　铁碳平衡组织观察试样

编号	钢　种	状态	组　　织	特　　征
1	工业纯铁	退火	铁素体	白色等轴多边形晶粒为铁素体，深色线条为晶界
2	20 号钢	退火	低碳钢平衡组织	白色晶粒为铁素体，深色块状为珠光体，高倍下可见珠光体中的层状结构
3	45 号钢	退火	中碳钢平衡组织	白色晶粒为铁素体，深色块状为珠光体，高倍下可见珠光体中的层状结构，但珠光体增多
4	65 号钢	退火	高碳钢平衡组织	占大部分的深色组织为珠光体，白色为铁素体，部分试样为 70 号钢
5	T8 钢	退火	共析钢平衡组织	组织全部为层状珠光体，它是铁素体和渗碳体的共析组织
6	T12 钢	退火	过共析钢平衡组织	基体为层状珠光体，晶界上的白色网络为二次渗碳体
7	亚共晶白口铁	铸态	莱氏体 + 珠光体	基体为黑白相间分布的变态莱氏体，黑色树枝状为初晶奥氏体转变成的珠光体
8	共晶白口铁	铸态	莱氏体	白色为渗碳体（包括共晶渗碳体和二次渗碳体），黑色圆粒及条状为珠光体
9	过共晶白口铁	铸态	莱氏体 + 渗碳体	基体为黑白相间分布的变态莱氏体，白色板条状为一次渗碳体

三、实验内容和步骤

（1）结合 Fe-C 状态图研究试样的显微组织并将其组织画下来。

（2）根据显微组织估算 1～2 个样品的含碳量。

四、实验报告要求

（1）绘制样品组织（画在 ϕ30mm 的圆内）并注明牌号、热处理方法、组织、浸蚀剂、放大倍数。

（2）用箭头标出相组成物和组织组成物于所绘图外。

（3）给出需要测定含碳量的试样结果。

实验 6　原始奥氏体组织观察

一、实验目的

（1）掌握钢原始奥氏体组织观察的热处理方法。

（2）掌握原始奥氏体组织腐蚀方法。

二、实验原理

钢加热到临界点以上，奥氏体化（此时的奥氏体称原始奥氏体，其晶界为原始奥氏体晶界）虽以不同的速度冷却，得到不同的组织，但原始奥氏体晶界并没有消失；且原始奥氏体晶粒的大小对金属材料的力学性能和工艺性能有很大的影响。由此可显示钢的奥氏体晶粒的必要性。但对金相实验人员来说，不失真地显示钢的原始奥氏体晶界又是一个难点。虽然一些资料介绍过几种方法，但这些方法都要对试样进行预先处理，测出来的是钢的本质晶粒度，显然其结果不是实际经过热处理后钢的奥氏体晶粒的大小。利用过饱和苦味酸水溶液对淬火试样进行水浴，首先腐蚀出原始奥氏体晶界，室温组织并未显现，可以很好地观察原始奥氏体晶粒大小，为制定合理的加热制度和变形制度提供参考。

三、实验设备及材料

（1）低碳微合金钢。
（2）水浴炉。
（3）苦味酸、蒸馏水。
（4）显微镜。

四、实验步骤

（1）将钢加热到奥氏体化不同温度，保温不同时间后淬火。
（2）对热处理的试样进行磨样、抛光到无明显划痕。
（3）将抛光好的试样浸蚀液选用过饱和苦味酸水溶液 + 海鸥牌洗发膏，在恒温水浴炉上加热到 75℃ 左右，浸蚀时间均控制在 2 ~ 5min，在 ZEISS AX10 金相显微镜下观察原始奥氏体形貌，直到完全显现奥氏体晶粒。
（4）利用 Image pro plus 软件和截线法统计不同条件下的奥氏体晶粒尺寸。

五、实验报告要求

（1）简述钢原始奥氏体组织的热处理方法。
（2）简述原始奥氏体组织的腐蚀方法。

实验 7　二元合金组织的观察

一、实验目的

（1）熟悉典型二元合金凝固后的显微组织，了解实际组织与组织示意图的关系。
（2）结合相图了解几种类型二元合金和通过实验加深对理论教学课程中"凝固"、"相图"的认识。

二、实验原理

（一）固溶体合金的显微组织

凡是自液态凝固后能得到单相固溶体的合金都可称为固溶体合金，镍铜二元相图是一个典型的匀晶系相图。该二元系两组元在液态和固态均能无限互溶，任一成分的合金自液态进行平衡凝固后，都能得到均匀的单相固溶体。在实际铸造条件下，由于冷却速率不可能无限缓慢，固相中原子的扩散基本上不能进行，凝结后的组织中每个晶粒内的成分都是不均匀的，先结晶的部分含高熔点组元（镍）多，后结晶的部分含低熔点组元（铜）多。这种在一个晶粒范围内的成分不均匀现象，称为晶内偏析。

镍和铜都是典型的金属，由它们形成的固溶体也具有典型金属的性质。这种固溶体在凝固过程中，从微观看，具有粗糙的固 – 液界面，由非平衡凝固产生的成分过冷使得固 – 液界面变得极不稳定，从而以枝晶形态进行长大。先结晶的部分（枝晶主干及二次轴）含镍多，不容易受腐蚀，表面比较光洁，反光能力强，在显微镜下呈白色；后结晶的部分（各枝晶之间的孔隙处）含铜多，受腐蚀较深，表面比较粗糙，反光能力弱，在显微镜下呈暗黑色。这样就清楚地看到固溶体的枝晶形态。这种在一个枝晶范围内的成分不均匀现象，称为枝晶偏析。图 2-1-7-1 所示为 Ni-70% Cu 合金的枝晶组织。组织中明亮部分和暗黑部分只是成分不同，若将具有枝晶偏析的组织在高温（不允许使合金发生局部熔化）下进行长时间加热，则通过原子的扩散可使各处的成分趋于均匀。这种热处理称为扩散退火或均匀化。图 2-1-7-2 所示为 Ni-70% Cu 合金经均匀化后的显微组织。

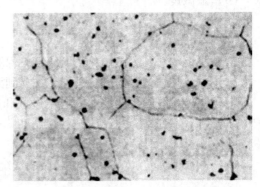

图 2-1-7-1　枝晶组织　　　　　　　　　图 2-1-7-2　均匀化后的显微组织

（二）共晶体的显微组织

图 2-1-7-3 所示为 Al-Cu 系相图的一部分，图 2-1-7-4 所示为该合金系中三个典型合金的显微组织。

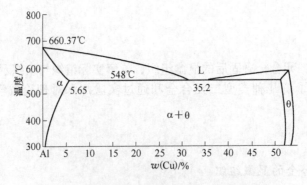

图 2-1-7-3　Al-Cu 系相图的一部分

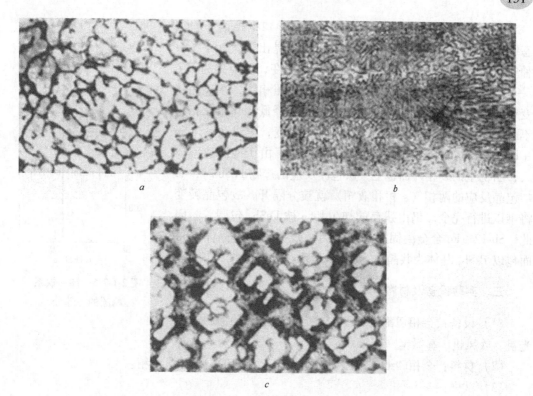

图 2-1-7-4　铝 – 铜系三个典型合金的显微组织（砂模铸造）

a—Al-15% Cu 合金，300×；*b*—Al-33% Cu 合金，640×；*c*—Al40% Cu 合金，300×

Al-33% Cu 合金为共晶合金，自液相缓冷到 550℃ 时，将发生共晶转变，反应式为 L→α + θ，转变产物为共晶体 α + θ。这种共晶体属于金属-金属型共晶。图 2-1-7-4*b* 所示为其显微组织照片。

Al-15% Cu 合金为亚共晶合金。自液态缓冷到与液相相遇的温度时开始结晶出初生晶体 α，当温度降到 550℃ 时，剩余液相的成分到达共晶成分（含铜 33%），此时将发生共晶转变，生成共晶体 α + θ。该合金凝固后的组织组成物为初生晶体 α 和共晶体 α + θ，其中初生晶体为基体。图 2-1-7-4*a* 所示为其显微组织照片。由于初生晶体 α 为以铝为溶剂的固溶体，具有典型的金属性质，结晶时具有粗糙型的微观固-液面，因产生成分过冷而使固-液面变得极不稳定，因而初生晶体 α 以枝晶形态生长。凝固后，通过共晶体的衬托，其枝晶十分清楚。Al-40% Cu 合金为过共晶合金，其凝固过程同亚共晶合金。凝固后的组织组成为初生晶体 θ 和共晶体 α + θ。图 2-1-7-4*c* 所示为其显微组织照片，其中初生晶体 θ 为中间相，呈外形规则的粗大块状，共晶体 α + θ 为基体。

（三）包晶组织

由液相和一个固相共同作用生成另一个固相的恒温转变，称为包晶转变。包晶转变时，新相多在液相和原固相的界面处形成，当新相完全包围住原固相时，包晶转变就迟缓下来，甚至停顿。在通常的冷凝速率下，包晶转变常常不能进行完全，因此在合金的显微组织中可以看到剩余的原始初生固相，外面包以新相。"包晶"这一名称即由这一特点而来。

图 2-1-7-5 为锑-铁系相图的一部分。Sb-12%Fe 合金自液态缓冷到与液相线相遇的温度时，首先结晶出初生相 ε（一种中间相），温度降至 728℃时发生包晶转变，反应式为 L + ε→FeSb₂。假如合金进行平衡凝固，则按照相图，在包晶转变后初生的 ε 相应全部耗尽，随着温度的降低，剩余液相将不断结晶出 $FeSb_2$，并在 628℃发生共晶转变，生成共晶体 Sb + $FeSb_2$，但在通常条件下（如砂模铸造），由于冷凝速率较大，当初生的 ε 相外面包上一层包晶反应的产物 FeSb 时，参加包晶反应的两相（ε 相和液相）就被分隔开，故包晶转变将难以进行完全，仍由残存的初生相 ε 被 $FeSb_2$ 包围着。因此，Sb-12%Fe 合金凝固后的组织为：残存的初生晶体 ε 外面包以 $FeSb_2$ 基体为共晶体 Sb + $FeSb_2$。

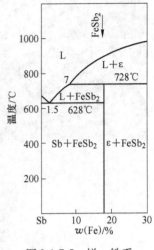

图 2-1-7-5　锑 – 铁系
相图的一部分

三、实验设备及材料

（1）设备：金相切割机、砂轮机、镶嵌机、预磨机、抛光机、吹风机、显微镜。

（2）材料：金相砂纸、抛光粉、抛光布、浸蚀剂、棉球、酒精。

（3）试样：

1）固溶体合金：具有枝晶偏析的铸态组织，均匀化后的组织。

2）共晶系合金：共晶、亚共晶及过共晶合金的铸态组织。共晶体应包括金属 – 金属型和金属 – 非金属型两类。

3）包晶组织。

表 2-1-7-1 所列合金的显微组织金相试样可供本实验使用。根据具体条件，可以挑选其中的一部分进行观察与分析，也可另外选择一些合金系或不同成分的合金。

表 2-1-7-1　二元合金的显微组织金相试样

合金系	合金类型	合金成分（质量分数）	合金状态
Ni-Cu	固溶体	Ni-70% Cu Ni-70% Cu	砂型铸造 均匀化后
Cu	亚共晶 共晶 过共晶	Al-15% Cu Al-33% Cu Al-40% Cu	砂模铸造 砂模铸造 砂模铸造
Zn-Mg	共晶	Zn-3% Mg	砂模铸造
Al-Si	共晶	Al-11.6% Si	砂模铸造
Sb-Fe	包晶	Sb-12% Fe	砂模铸造

四、实验内容和步骤

（1）学生实验前应认真阅读实验指导书，明确实验目的、任务。

（2）认真了解所使用的仪器型号、操作方法及注意事项。

（3）按实验内容制备一个合格的金相试样。

（4）二元合金的显微组织观察：

1）匀晶类型（Ni-Cu 系）：退火和铸造样品为 25% Ni + 75% Cu。

2）共晶类型（m-cu 系）：铸造样品为 Al-15% Cu、Al-33% Cu、Al-40% Cu。

3）包晶类型（Sb-Fe 系）：样品为 88% Sb + 12% Fe。

（5）分析已知成分各合金（本实验中使用的金相试样）的平衡凝固过程，预计凝固后所得到的显微组织。

（6）观察和分析给定金相试样的显微组织，并画出组织示意图。

五、实验报告要求

（1）绘出样品的组织示意图（在 $\phi = 30\text{mm}$ 的圆中），应注明合金成分、状态、放大倍数及各组织组成物的名称等。

（2）从标准样品的显微组织中分清组织组成物及组织特征，说明确定某相/组织的根据。

（3）结合相图讨论不同类型二元合金及三元合金的结晶过程和缓慢冷却时所获得组织的一般规律。

（4）选择 1 ~ 2 个合金计算其平衡组织中各相的相对含量，并测出对应试样金相面上各项的面积分数。

（5）在实验报告中，尽量做到准确、简炼地讨论各类组织。

六、实验注意事项

（1）熔炼合金和铸造样品时应尽量避免熔体飞溅。

（2）铸模应先经烘干，并保持干燥。

七、思考题

（1）通过本实验学到些什么，一个具体合金系的组织是怎样的，怎样分析典型凝固组织的基本特征及基本方法？

（2）二元合金相图大致有哪些类型，举例说明先析出相、共晶产物、包晶产物的组织特征。共晶体哪些属于金属 – 金属型，哪些属于金属 – 非金属型？

（3）枝晶偏析是如何形成的，生产中通常采用什么措施减少或消除这种偏析？

（4）包晶转变为什么常常不能进行完全？

实验 8 三元合金的显微组织观察

一、实验目的

熟悉三元合金相图并根据相图分析典型合金的结晶过程及组织特点。

二、实验原理

工业用合金大部分是三元或多元合金，熟悉典型三元合金组织，学习其分析方法是十分必要的。本实验是通过 Pb-Bi-Sn 三元合金投影图（图 2-1-8-1），掌握各种典型的 Pb-Bi-Sn 三元合金的凝固过程，观察其室温平衡组织。

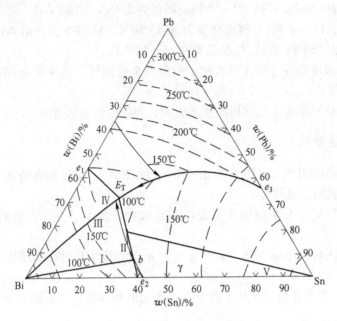

图 2-1-8-1　Pb-Bi-Sn 三元合金投影图

现以图中Ⅰ成分合金分析合金的凝固过程和所得室温平衡组织。

图中Ⅰ成分合金 $Bie_2bE_Te_1Bi$ 区域内，当合金冷到液相面开始凝固出初晶 Bi，根据直线定则，与固态 Bi 相平衡的液相成分沿 Bi Ⅰ 连线的延长线变化，当液相成分改变到 e_2E_T 线上的 b 点时，初晶 Bi 析出终止，开始发生共晶转变。此后当温度继续下降时，不断凝固出二相共晶相（Bi + Sn），液相成分沿 bE_T 变化。直到 E_T 点发生平衡共晶转变，在略低于 E_T 点温度凝固完毕，其室温组织是初晶 Bi + 二相共晶（Bi + Sn）＋三相共晶（Bi + Sn + Pb），在显微镜下观察到的特征是：发亮的块状初晶 Bi，在其周围为黑白相间的（Bi + Sn）的二相共晶组织，三相共晶是最后凝固的，由于过冷度大，形核率高，比二相共晶组织更细，颜色更暗些。

其他成分合金凝固过程及室温组织都可以通过相图分析出来。

应用直线法则和重心法则可以计算室温组织中各组织组成物的相对量，以合金Ⅰ为例：

合金Ⅰ：

凝固过程：L→初晶 Bi→二相共晶（Bi + Sn）→三相共晶（Bi + Sn + Pb）

最终组织组成：初晶 Bi + 二相共晶（Bi + Sn）＋三相共晶（Bi + Sn + Pb）

初晶 Bi 的量：$w(\mathrm{Bi}) = \dfrac{b\,\mathrm{I}}{\mathrm{Bi}b} \times 100\%$

二相共晶（Bi + Sn）的量：$w(\mathrm{Bi}) = \left[\dfrac{B_T b}{E_T \alpha} \times 100\% - w(\mathrm{Bi}) \times 100\%\right]$

三相共晶（Bi + Sn + Pb）的量：$w(\mathrm{Bi}) = \left[\dfrac{\alpha b}{E_T \alpha} \times 100\% - w(\mathrm{Bi}) \times 100\%\right]$

三、实验内容和步骤

（1）金相样品成分如表 2-1-8-1 所示。

（2）根据 Pb-Bi-Sn 三元相图和试样给定成分，定出浓度三角形中的合金成分点，讨论合金结晶过程及室温组织。

表 2-1-8-1　金相样品成分

编号	成分/%			状态	浸蚀剂
	Pb	Bi	Sn		
I	5	66	29	铸态	5% HNO$_3$ 酒精溶液
II	25	60	15	铸态	5% HNO$_3$ 酒精溶液
III	16	58	26	铸态	5% HNO$_3$ 酒精溶液
IV	32	51	17	铸态	5% HNO$_3$ 酒精溶液
V	15	45	40	铸态	5% HNO$_3$ 酒精溶液

四、实验报告要求

（1）绘出 Pb-Bi-Sn 三元相图投影图。

（2）用冷却曲线说明各个合金的结晶过程。

（3）画出显微组织图并标出组织组成物。

（4）用杠杆法则计算各组织组成物含量。

实验 9　晶粒度的测定与评级方法

一、实验目的

（1）学习晶粒尺寸及其他组织单元长度的基本测量方法。

（2）了解钢和单相铜合金晶粒度测定方法标准。

二、实验原理

金属及合金的晶粒大小与金属材料的力学性能、工艺性能及物理性能有密切的关系。细晶粒金属材料的力学性能和工艺性能均比较好，它的冲击韧性和强度都较高，在热处理和淬火时不易变形和开裂。粗晶粒金属材料的力学性能和工艺性能都比较差，然而粗晶粒金属材料在某些特殊需要的情况下也加以使用，如永磁合金铸件和燃汽轮机叶片，希望得到按一定方向生长的粗大柱状晶，以改善其磁性能和耐热性能。硅钢片也希望具有一定位向的粗晶，以便在某一方向获得高的磁导率。金属材料的晶粒大小与浇铸工艺、冷热加工变形程度和退火温度等有关。

晶粒尺寸的测定可用直测计算法。掌握这种方法也可对其他组织单元长度进行测定，如铸铁中石墨颗粒的直径、脱碳层深度的测定等。某些具有晶粒度评定标准的材料，可通过与标准图片对比进行评定。这种方法称为比较法。

（一）直测计算法

（1）利用物镜测微尺求出目镜测微尺（或毛玻璃投影屏上的刻尺）每一刻度的实际值。选定物镜，并选用带有目镜测微尺的目镜。将物镜测微尺置于样品台上，调焦、调节样品台，使物镜测微尺的刻度与目镜测微尺（或投影屏上的刻度尺）良好吻合（如图 2-1-9-1 所示）。

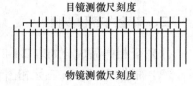

图 2-1-9-1　目镜和物镜测微尺的校正

已知物镜测微尺的满刻度为 1mm，共分为 100 格，则最小格为 0.01mm。在这一物镜的放大倍数下，物镜测微尺的 y 格与目镜测微尺的 x 格（或投影屏上的刻度）相重合，则目镜测微尺（或投影屏上）上的每一刻度格值即可求得：

$$格值 = \frac{y \times 0.01}{x} mm$$

例 1：物镜测微尺上的 10 格和目镜测微尺上的 20 格重合，则：

$$目镜测微尺的每一刻度格值 = \frac{10 \times 0.01}{20} = 0.005mm$$

例 2：物镜测微尺上的 30 格和投影屏刻尺上的 30 格重合，则：

$$投影屏刻尺上的每一刻度格值 = \frac{30 \times 0.01}{30} = 0.01mm$$

（2）利用已知目镜测微尺的格值（或投影屏格值）进行晶粒尺寸或其他组织单元长度的测定。

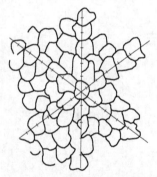

图 2-1-9-2　目镜测微尺的测量示意图

在得知格值后，可取下物镜测微尺，放上被测样品，利用带有测微尺的目镜（或将显微图像投影到毛玻璃屏上）进行测量。为了使测量结果更具代表性，在数出测微尺刻尺线段上所交截的晶粒数后，可旋转目镜，测定几个不同方向上的交截晶粒数，最后求出晶粒的平均直径（图 2-1-9-2）。

$$d = \frac{x \times 格值}{n} mm$$

式中　　d——晶粒平均直径；

　　　　x——目镜测微尺上所占格数；

　　　　n——刻尺线段交截的晶粒数。

例 3：已知使用某一物镜时，目镜测微尺格值为 0.01mm，在目镜测微尺上 60 格内占有的晶粒数为 10 个。

$$d = \frac{60 \times 0.01}{10} = 0.06mm$$

（二）钢的晶粒度测定

（1）起始晶粒度：当钢加热到临界点 Ac_1 时，晶粒的尺寸急剧减小，珠光体向奥氏体转变刚一结束时的细小奥氏体晶粒，称为起始晶粒度。

（2）奥氏体本质晶粒度：钢加热至 930℃ 和保温足够的时间所具有的奥氏体晶粒大小。它表示钢的奥氏体晶粒在规定温度下长大的倾向。

（3）实际晶粒度：在交货状态下钢的实际晶粒大小，及经不同热处理后，钢和零件所得到的实际晶粒大小。

1. 用比较法测定钢的奥氏体（本质）晶粒度

目前生产中,一般都采用比较法测定晶粒度,在用比较法测定时,应遵循以下评定原则:

（1）试样制好后,在 100 倍的显微镜下测定。其视场直径为 0.80mm。

（2）测定时,首先在显微镜上做全面观察,然后选择晶粒度具有代表性的视场与标准中的 1~8 级级别图相比较,确定试样晶粒度的级别。

（3）如果显微镜的放大倍数不是 100 倍时,仍可按标准晶粒度级别图测定其晶粒度,随后根据所选用的倍数按表 2-1-9-1 中的规定换算成 100 倍时的标准晶粒度级别。

（4）标准图以带 8 级晶粒度刻度的毛玻璃屏为准。

表 2-1-9-1　粒度级数

放大倍数	粒 度 级 数												
100	-1	0	1	2	3	4	5	6	7	8	9	10	11	12
50	1	2	3	4	5	6	—	—	—	—	—	—	—
200	—	—	—	1	2	3	4	5	6	7	8	—	—
300	—	—	—	1	2	3	4	5	6	7	8	—
400	—	—	—	—	1	2	3	4	5	6	7	8

2. 用弦计算法测定钢的晶粒度

当测量精度要求较高或当晶粒为椭圆形时,可采用弦计算法测定。应遵守以下原则:

（1）先进行初步观察,以选择具有代表性的部位和适合的倍数,选择倍数时,先用 100 倍,当晶粒过大或过小时,可适当调定显微镜的倍数,以在 80mm 直径的视场内不少于 50 个晶粒号为宜。

（2）将显微图像投影到毛玻璃屏 L,计算被一条直线相交的晶粒数目,直线要有足够的长度,以便使被一条直线相交截的晶粒数不少于 10 个。

（3）计算时,直线端部未被完全交截的晶粒应以一个晶粒计算。

（4）最少应选择三个不同部位的三条直线来计算相截的晶粒数。用相截的晶粒总数除以选用直线的总长度（实际长度以毫米计）,得出弦的平均长度（mm）。

（5）用弦的平均长度查表 2-1-9-2,确定钢的晶粒度。

表 2-1-9-2　钢的晶粒度

粒度号	计算的晶粒平均直径 /mm	弦的平均长度 /mm	一个晶粒的平均面积 /mm²	在 1mm² 内晶粒的平均数量 /个
-3	1.000	0.875	1	1
-2	0.713	0.650	0.5	2.8
-1	0.500	0.444	0.25	8
0	0.353	0.313	0.125	22.6
1	0.250	0.222	0.0625	64
2	0.177	0.157	0.0312	181
3	0.125	0.111	0.0156	512
4	0.088	0.0783	0.00781	1448
5	0.062	0.0553	0.00390	4096

粒度号	计算的晶粒平均直径 /mm	弦的平均长度 /mm	一个晶粒的平均面积 /mm²	在 1mm² 内晶粒的平均数量 /个
6	0.044	0.391	0.00195	11585
7	0.030	0.0267	0.00098	32381
8	0.022	0.0196	0.00049	92681
9	0.0156	0.0138	0.00024	262144
10	0.011	0.0098	0.000122	741458
11	0.0078	0.0068	0.000061	2107263
12	0.0055	0.0048	0.000131	6010518

（6）计算也可以在带有刻度的目镜上直接进行。

3. 测定非等轴晶粒（扁圆或伸长的）

沿试样的三轴线分别计算出各轴线方向每 1mm 长度的平均晶粒数目。每一轴线方向的平均晶粒数，必须在不少于三条直线上求得。由试样三个轴线方向得出的每 1mm 长度的平均晶粒数量值之积乘以晶粒扁圆系数 0.7，即可求出每 1mm³ 内的平均晶粒数。再查表 2-1-9-2 确定其晶粒度。

$$n = 0.7 \cdot n_1 n_2 n_3$$

式中 n——每 1mm³ 内平均晶粒数；

n_1——a 轴方向每 1mm 长度平均晶粒数；

n_2——b 轴方向每 1mm 长度平均晶粒数；

n_3——c 轴方向每 1mm 长度平均晶粒数；

0.7——晶粒扁圆度系数。

（三）单相铜合金晶粒度测定

单相铜合金晶粒度的测定（参考 YB 797—1971），通常用比较法，在有疑义时，可用直测计算法或面积计算法校准。

1. 比较法

（1）试样制备好后，在放大 100 倍显微镜下进行全面观察，选好有代表性的视场与标准级别图比较，确定晶粒度，并用晶粒平均直径（mm）表示。

（2）若晶粒度超过标准级别范围时，可在适当倍数下进行观察，再与标准级别图比较，然后再根据表 2-1-9-3 换算成标准晶粒度。

表 2-1-9-3   标准晶粒度

编号 放大倍数	晶粒度数值（晶粒平均直径）/mm														
	1	2	3	4	5	6	7	8	9	10	11	12	13	14	15
200	0.005	0.008	0.01	0.013	0.015	0.020	0.025	0.030	0.035	0.04	0.045	0.055	0.065	0.075	0.09
100（标准）	0.01	0.015	0.02	0.025	0.03	0.035	0.045	0.055	0.065	0.075	0.09	0.11	0.13	0.15	0.16
50	0.02	0.03	0.04	0.05	0.06	0.07	0.09	0.11	0.33	0.15	0.18	0.22	0.26	0.3	0.36

（3）若晶粒不均匀，如有一种晶粒在视场内约占90%以上面积，则仅指出此种晶粒的晶粒度即可。否则，应计算不同大小晶粒各占的面积百分比。

2. 直接计算法

将制备好的试样，在适当放大倍数下，进行全面观察，选好具有代表性的视场，投影到毛玻璃上或摄成照片。在其上沿三轴方向划三条线段，并量出此线段总长 L（实际长度，mm），再仔细数出被此线段所交截的晶粒（若线段两端有未被完全截取的晶粒，则应以1个晶粒计算）的总数目 N（不应少于100个）。则得晶粒平均直径：

$$d = \frac{L}{NV} \quad (\text{mm})$$

式中　V——放大倍数。

3. 面积计算法

在保证计算面积内不少于50个晶粒的条件下，选好有代表性的视场，投影到毛玻璃上或摄成照片，在其上划5000mm² 的圆（也可小些），然后数出在此圆内晶粒数 z，再数出被圆周所交截的晶粒数 n。按下式计算出一个晶粒的平均面积 a。

$$a = \frac{F_K}{(z + 0.67n)V^2}$$

式中　F_K——圆的面积；

V——放大倍数。

根据 a 值查表2-1-9-4，确定晶粒度。

表 2-1-9-4　晶粒度

编号	晶粒平均直径 d /mm	一个晶粒的平均面积 a/mm²	编号	晶粒平均直径 d /mm	一个晶粒的平均面积 a/mm²
1	0.01	0.00007854	9	0.065	0.003318
2	0.015	0.0001767	10	0.075	0.004418
3	0.02	0.0003142	11	0.09	0.006362
4	0.025	0.0004909	12	0.11	0.009503
5	0.03	0.0007069	13	0.13	0.01327
6	0.035	0.0009621	14	0.15	0.01767
7	0.045	0.00159	15	0.18	0.02545
8	0.055	0.002376			

三、实验设备及材料

带毛玻璃投影屏的金相显微镜；物镜测微尺，目镜测微尺；供测量晶粒度的单相钢合金和钢样品；供比较法评定用的单相铜合金和钢的奥氏体晶粒度评定标准图片。

四、实验内容和步骤

（1）学习使用物镜测微尺测定目镜测微尺和毛玻璃投影屏刻度格值。通过它们间的关系确定显微镜物镜和显微镜的放大倍数。

（2）用直接计算法和弦计算法测量晶粒大小。

（3）用比较法评定晶粒度级别。

五、实验报告要求

（1）简述测定晶粒大小的方法。

（2）用 25×物镜和带测微尺的 10×目镜测定出目镜测微尺的格值关系。

（3）用实验室提供的单相铜合金样品评定其晶粒平均直径。

实验 10　CCT 曲线测定

一、实验目的

（1）了解钢的连续冷却转变图的概念及其应用。

（2）了解钢的连续冷却转变图的测量方法特别是热膨胀法的原理与步骤。

（3）利用热模拟机观察钢在加热及冷却中的相变并测量临界点。

（4）建立钢的连续冷却转变图（CCT 曲线）。

二、实验原理

当材料在加热或冷却过程中发生相变时，若高温组织及其转变产物具有不同的质量热容和膨胀系数，则由于相变引起的体积效应叠加在膨胀曲线上，破坏了膨胀量与温度间的线性关系，从而可以根据热膨胀曲线上所显示的变化点来确定相变温度。这种根据试样长度的变化研究材料内部组织的变化规律，称为热膨胀法（膨胀分析）。长期以来，热膨胀法已成为材料研究中常用的方法之一。通过膨胀曲线分析，可以测定相变温度和相变动力学曲线。

钢的密度与热处理所得到的显微组织有关。

钢中膨胀系数由大到小的顺序为：奥氏体＞铁素体＞珠光体＞上、下贝氏体＞马氏体；质量热容则相反，其顺序为：马氏体＞铁素体＞珠光体＞奥氏体＞碳化物，但铬和钒的碳化物质量热容大于奥氏体。从钢的热膨胀特性可知，当碳钢加热或冷却过程中发生一级相变时，钢的体积将发生突变。过冷奥氏体转变为铁素体、珠光体或马氏体时，钢的体积将膨胀；反之，钢的体积将收缩。冷却速度不同，相变温度不同。图 2-1-10-1 所示为 40CrMoA 钢冷却时的膨胀曲线。不同的钢有不同的热膨胀曲线。

钢连续冷却转变（continuous cooling trans-

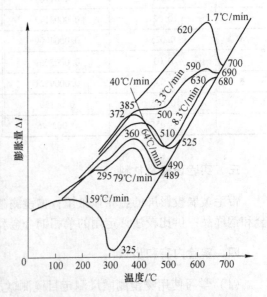

图 2-1-10-1　40CrMoA 钢冷却时的膨胀曲线

formation）曲线图，简称 CCT 曲线。它系统地表示冷却速度对钢的相变开始点、相变进行速度和对组织的影响情况。钢的一般热处理、形变热处理、热轧以及焊接等生产工艺，均是在连续冷却的状态下发生相变的。因此 CCT 曲线与实际生产条件相当近似，它是制定工艺时可用的参考资料。根据连续冷却转变曲线，可以选择最适当的工艺规范，从而得到恰好的组织，提高强度和塑性以及防止焊接裂纹的产生等。连续冷却转变曲线测定方法有多种，有金相法、膨胀法、磁性法、热分析法、末端淬火法等。除了最基本的金相法外，其他方法均需要用金相法进行验证。

　　用热模拟机可以测出不同冷速下试样的膨胀曲线。发生组织转变时，冷却曲线偏离纯冷线性收缩，曲线出现拐折，拐折的起点和终点所对应转变的温度分别是相变开始点及终止点。将各个冷速下的开始温度、结束温度和相转变量等数据综合绘在"温度 – 时间对数"的坐标中，即得到钢的连续冷却曲线图（图 2-1-10-2）。

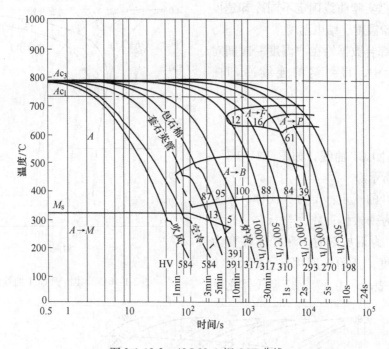

图 2-1-10-2　40CrMoA 钢 CCT 曲线

　　动态热 – 力学模拟试验机测定材料高温性能的原理如下：用主机中的变压器对被测定试样通电流，通过试样本身的电阻热加热试样，使其按设定的加热速度加热到测试温度，保温一定时间后，以一定的冷却速度进行冷却。在加热、保温和冷却过程中用径向膨胀仪测量均温区的径向位移量（即膨胀量），绘制膨胀量 – 温度曲线，如图 2-1-10-1 所示。测试不同冷却速度下试样的膨胀量 – 温度曲线。根据膨胀量 – 温度曲线确定不同冷却速度下的相转变开始点和结束点，即可绘制 CCT 曲线。

三、实验设备及材料

（1）热模拟机。

（2）各类钢材。

（3）热模拟标准试样。

四、实验过程

（1）将热电偶焊到试样上。

（2）将试样装到仪器上，安装膨胀仪。

（3）关闭样品室，关闭真空释放阀门，启动真空阀。

（4）按试验要求选择升温速率、最高温度、保温时间、冷却速率等参数，进行编程。

（5）按下开始按钮，开始实验。

（6）试验结束后，打开真空释放阀门。

五、实验报告要求

（1）根据实验曲线确定不同冷却速度下的相变开始温度、结束温度。

（2）将综合数据绘在"温度－时间对数"的坐标中，得到钢的连续冷却曲线图。

附录

典型钢种 CCT 曲线，如图 2-1-10-3 ~ 图 2-1-10-5 所示。

图中符号的规定：A 为奥氏体；B 为贝氏体；F 为铁素体；M 为马氏体；P 为珠光体；Ac_1 为钢加热时，珠光体转变为奥氏体的温度，开始温度用 A_{cls} 表示，结束温度用 A_{clf} 表示。Ar_1 为钢经奥氏体化冷

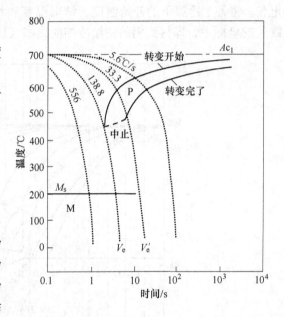

图 2-1-10-3　共析钢 CCT 曲线图

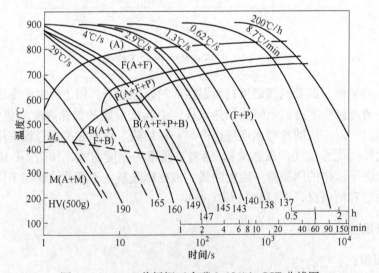

图 2-1-10-4　亚共析钢（含碳 0.19%）CCT 曲线图

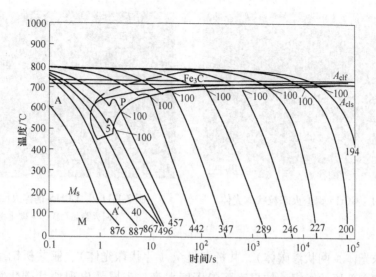

图 2-1-10-5 过共析钢 (含碳 1.03%) CCT 曲线图

却时,奥氏体向珠光体转变的温度;Ac_3 为亚共析钢加热时,所有铁素体转变为奥氏体的温度;Ac_{cm} 为过共析钢加热时,所有渗碳体和碳化物完全溶入奥氏体的温度。

实验 11 合金钢的显微组织观察和分析

一、实验目的

(1) 观察合金钢的显微组织,了解其组织缺陷。
(2) 分析合金钢的组织和性能的关系。

二、实验原理

合金钢是在碳钢中加入一定的合金元素而得到的。当合金元素含量较多时,其显微组织比碳钢要复杂些,组织中除了有合金铁素体、合金奥氏体、合金渗碳体外,还有金属间化合物等。一般将合金钢分为:合金结构钢、合金工具钢及特殊性能钢三大类。

(一) 合金结构钢

1. 轴承钢

GCr15 钢是生产中应用最广泛的轴承钢,其热处理工艺主要为球化退火,如图 2-1-11-1 所示;淬火及低温回火,显微组织是回火隐晶马氏体 (黑色) 和碳化物 (白亮色颗粒),如图 2-1-11-2 所示。碳化物有网状、带状和液析三种。

2. 渗碳钢

20CrMnTi 是常用的合金渗碳钢。主要用于制造汽车和拖拉机的渗碳件。根据渗碳的温度、渗碳的时间及渗碳介质活性的不同,钢的渗碳层厚度与含碳量的分布也不同。一般渗碳层的厚度约 0.5~1.7mm。渗碳层的含碳量,从表层向中心,含碳量逐渐下降。渗碳后钢的表面含碳量为 0.85%~1.05%。经渗碳后的退火态组织:由表面到心部依次是过共

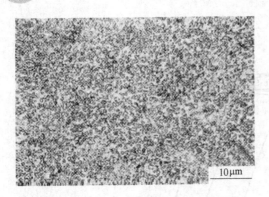

10μm

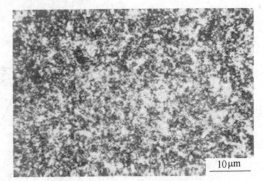

10μm

图 2-1-11-1　GCr15 钢退火态粒状珠光体　　图 2-1-11-2　GCr15 钢淬火回火状态
（回火隐晶马氏体 + 碳化物）

析钢组织（珠光体 + 网状渗碳体）、共析钢组织（片状珠光体）、亚共析钢组织（铁素体 + 珠光体）和心部原始组织。如果表面渗碳度太高，表层就出现块状碳化物。渗碳后直接淬火的组织：由表面到心部依次是高碳片状、针状马氏体和残余奥氏体 + 少量碳化物、混合马氏体、低碳马氏体 + 少量铁素体和心部原始组织。

（二）合金工具钢

为了获得高的强度、热抗振性和耐磨性以及足够的强度和韧性，在化学成分上应具有高的碳含量（通常 0.6% ~ 1.3% C），以保证淬火后获得高碳马氏体；加入合金元素 Cr、W、Mo、V 等与碳形成合金碳化物，使钢具有高强度和高耐磨性，并增加淬透性和回火稳定性。

1. 高速钢

W18Cr4V 是一种常用的高合金工具钢，因为它含有大量合金元素，使铁碳相图中的 E 点左移较多，它虽然含碳量只有 0.7% ~ 0.8%，但已含有莱氏体组织，所以称为莱氏体钢。

（1）铸态的高速钢的显微组织。铸态的高速钢的显微组织为共晶莱氏体、黑色组织、马氏体和残余奥氏体。其中鱼骨状组织是共晶莱氏体分布在晶界附近，黑色的心部组织为 δ 共析相（片状的 γ 相和 M6C 相间组成组织），晶粒外层为马氏体和残余奥氏体，见图 2-1-11-3。

（2）锻造退火的显微组织。由于铸造组织中碳化物的分布极不均匀，且有鱼骨状，因此必须采用反复锻造、多次锻拔的方法将碳化物击碎使其分布均匀。然后进行去除锻造内应力退火，得到的组织为索氏体和碳化物，见图 2-1-11-4。

（3）淬火与回火后的组织。高速钢只有经过淬火和回火，才能获得所要求的高硬度与高的红硬性。W18Cr4V 通常采用的淬火温度较高，为 1270 ~ 1280℃，可以使奥氏体充分合金化，以保证最终有较高的红硬性，淬火时可在油中或空气中冷却。淬火组织由 60% ~ 70% 马氏体和 25% ~ 30% 残余奥氏体及接近 10% 的加热时未溶的碳化物组成，见图 2-1-11-5。由于淬火组织中有在较多的残余奥氏体，一般都在 560℃ 进行 3 次回火。经淬火和 3 次回火后得到的组织为回火马氏体 + 碳化物 + 少量残余奥氏体（2% ~ 3%），见图 2-1-11-6。

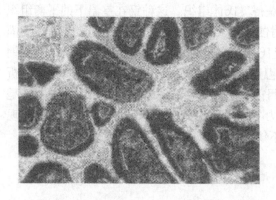

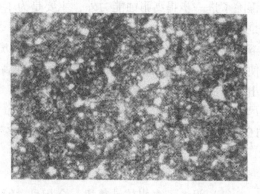

图 2-1-11-3　W18Cr4V 铸态，500×
（共晶莱氏体＋黑色组织＋马氏体＋残余奥氏体）

图 2-1-11-4　W18Cr4V 退火态，500×
（索氏体＋碳化物）

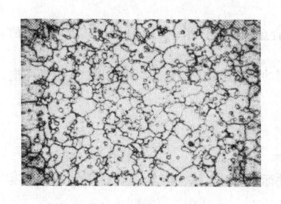

图 2-1-11-5　W18Cr4V 淬火态，500×
（60%～70% 马氏体＋25%～30% 残余奥氏体
＋未溶碳化物）

图 2-1-11-6　W18Cr4V 淬火回火态，500×
（回火马氏体＋碳化物＋少量残余奥氏体
（2%～3%））

（4）热处理缺陷。由于淬火温度过高等原因，造成晶粒过大，碳化物数量减少，并向晶界聚集，以块状、角状沿晶界网状分布，这是过热现象。如温度超过 1320℃，晶界熔化，出现莱氏体及黑色组织，称为过烧。如当两次淬火之间未经充分退火，易产生碴状断口，断口呈鱼鳞状白色闪光，如萦光，晶粒粗大或大小不匀。

2. 模具钢

Cr12MoV 是常用的冷变形模具钢。因其是高碳高铬钢，在铸造组织中有网状共晶碳化物，必须通过轧制或锻造，破碎共晶碳化物，以减少碳化物的不均匀分布。经 1000～1075℃ 淬火后，可获得较好的强、塑性结合。淬火组织为隐晶马氏体＋碳化物。淬火回火组织为回火隐晶马氏体＋碳化物。其缺陷组织有网状碳化物、带状碳化物和碳化物液析。

3. 不锈钢

不锈钢是在大气、海水及其他侵蚀性介质条件下能稳定工作的钢种，大都属于高合金钢，应用最广泛的是 1Cr18Ni9。较低的含碳量、较高的含铬量是保证耐蚀性的重要因素；

镍除了进一步提高耐蚀能力外，主要是为了获得奥氏体组织。这种钢在室温下的平衡组织是奥氏体 + 铁素体 + $(Cr,Fe)_xC$。为了提高耐蚀性以及其他性能，必须进行固溶处理。固溶处理是将钢加 1Cr18Ni9 在室温下的单一奥氏体状态是过饱和的、不稳定的组织，当钢使用温度达到 400～800℃时，或者加热到高温后缓冷，$(Cr，Fe)_xC$ 会从奥氏体晶界上析出，造成晶间腐蚀，使钢的强度大大降低。目前，防止这种晶间腐蚀的办法有两种：一是尽可能降低含碳量，二是加入与碳亲和力很强的元素，如 T、Nb 等。因此，出现 1Cr18Ni9，0Cr18Ni9Ti 等牌号的奥氏体镍铬不锈钢。

三、实验设备和材料

（1）设备：多媒体计算机、金相显微镜。

（2）试样：常用合金钢的金相试样及组织照片 1 套。

四、实验内容及步骤

（1）观看多媒体计算机所演示的常用合金钢的显微组织，并且分析其组织形态的特征。

（2）在显微镜下观察和分析常用合金钢的显微组织，画出组织示意图，并对照图谱判断材料的种类。

五、实验报告要求

（1）实验目的。

（2）画出所观察的显微组织示意图，并标明材料名称、状态、组织、放大倍数、浸蚀剂。并将组织组成物名称以箭头引出标明。

（3）分析讨论各类合金钢组织的特点，并与相应的碳钢组织做比较，同时把组织特点同性能和用途联系起来。

第 2 节　金属材料性能检测实验

实验 1　金属硬度的测定

一、实验目的

（1）了解正向挤压时各种工艺因素对金属流动规律的影响；了解不同种类硬度测定的基本原理及常用硬度试验法的应用范围。

（2）学会使用布氏、洛氏、维氏硬度计并掌握相应硬度的测试方法。

二、实验原理

金属的硬度可以认为是金属材料表面在接触应力作用下抵抗塑性变形的一种能力。硬度测量能够给出金属材料软硬程度的数量概念。由于在金属表面以下不同深处材料所承受的应力和所发生的变形程度不同，因而硬度值可以综合地反映压痕附近局部体积内金属的弹性、微量塑性变形抗力、塑性变形强化能力以及大量变形抗力。硬度值越高，表明金属抵抗塑性变形的能力越大，材料产生塑性变形就越困难。另外，硬度与其他力学性能（如强度、塑性）之间有着一定的内在联系，所以从某种意义上说，硬度的大小对于材料的使用寿命具有决定性的作用。

常用的硬度试验方法有：

（1）布氏硬度试验。主要用于测量铸铁、非铁金属及经过退火、正火和调质处理的钢材。

（2）洛氏硬度试验。主要用于测量成品零件。

（3）维氏硬度试验。主要用于测定较薄材料和硬材料。

（4）显微硬度试验。主要用于测定显微组织组分或相组分的硬度。

（一）布氏硬度

布氏硬度实验是施加一定大小的载荷 F，将直径为 D 的钢球压入被测金属表面（如图 2-2-1-1 所示）保持一定时间，然后卸除载荷，根据钢球在金属表面上所压出的凹痕面积 $A_凹$ 求出平均应力值，以此作为硬度值的计量指标，并用符号 HB 表示。

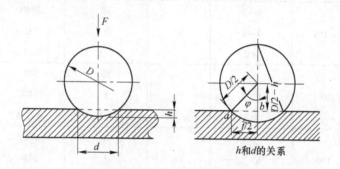

图 2-2-1-1　布氏硬度的实验原理

其计算公式如下：

$$HB = F/A_凹 \qquad (2\text{-}2\text{-}1\text{-}1)$$

式中　HB——布氏硬度；

　　　F——施加外力，N；

　　　$A_凹$——压痕面积，mm²。

根据压痕面积和球面面积之比等于压痕深度 h 和钢球直径之比的几何关系，可求压痕部分的球面面积为：

$$A_凹 = \pi D h \qquad (2\text{-}2\text{-}1\text{-}2)$$

式中　D——钢球直径，mm；

　　　h——压痕深度，mm。

由于测量压痕直径 d 要比测定压痕深度 h 容易，故可将式（2-2-1-2）中的 h 换成 d 来表示，这样可以根据集合关系求出：

$$(D/2) - h = \left[(D/2)^2 - (d/2) \right]^{1/2}$$

$$h = \left[D - (D^2 - d^2)^{1/2} \right] / 2 \qquad (2\text{-}2\text{-}1\text{-}3)$$

将式（2-2-1-2）和式（2-2-1-3）代入式（2-2-1-1），得

$$HB = \frac{F}{A_{\text{凹}}} = \frac{2F}{\pi D(D - \sqrt{D^2 - d^2})} \tag{2-2-1-4}$$

当试验力 F 的单位是 N 时

$$HB = \frac{0.102F}{A_{\text{凹}}} = \frac{0.204F}{\pi D(D - \sqrt{D^2 - d^2})} \tag{2-2-1-5}$$

式中，d 是变数，故只需测出压痕直径 d，根据已知 D 和 F 值就可以计算出 HB 值。在实际测量时，可由压痕直径 d 直接查表得到 HB 值。

需要注意的是，由于材料有硬有软，所测工件有厚有薄，若只采用同一种载荷和一个钢球直径时，则对有些试样合适，而对另一些试样可能不合适。对同一种材料而言，不论采用何种大小的载荷和钢球直径，当 $F/D^2 =$ 常数时，所得到的 HB 值都是一样的，对不同材料来说，得到的 HB 值也可以进行比较。布氏硬度试验范围见表 2-2-1-1。

表 2-2-1-1　布氏硬度试验范围

材料	硬度范围 HB	试样厚度/mm	F/D^2	钢球直径 D/mm	载荷 F/N	载荷保持时间/s
黑色金属	140 ~ 150	6 ~ 3	30	10	29400	10
		4 ~ 2		5	7350	
		<2		2.5	1837.5	
	<140	>6	10	10	9800	10
		6 ~ 3		5	2450	
		<3		2.5	612.5	
铜合金及镁合金	36 ~ 130	>6	10	10	9800	30
		6 ~ 3		5	2450	
		<3		2.5	612.5	
铝合金及轴承合金	8 ~ 35	>6	2.5	10	2450	60
		6 ~ 3		5	612.5	
		<3		2.5	152.88	

（二）洛氏硬度

洛氏硬度试验常用的圆锥角压头为 120°（图 2-2-1-2），顶部曲率半径为 0.2mm 的金刚石圆锥体或直径 $D = 1.588$ 的淬火钢球。试验时，先对试样施加初试验力 F_0，在金属表面得一压痕深度为 h_0，以此作为测量压痕深度的基线。随后再加上主试验力 F_1 后，此时压痕深度的增量为 h_1。金属在主试验力 F_1 作用下产生的总变形 h_1 中包括了弹性变形和塑性变形。将 F_1 卸除后，总变形中的弹性变形恢复，使压头回升一段距离。于是得到金属在 F_0 作用下的残余压痕深度 h（将此压

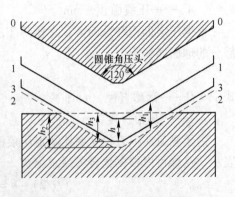

图 2-2-1-2　洛氏硬度测量原理

痕深度 h 表示成 e，其值以 0.002mm 为单位表示），e 值越大，表示金属洛氏硬度越低；反之，则表示硬度越高。为了沿用习惯上数值越大硬度越高的概念，故而用一个常数 k 减去 e 来表示洛氏硬度值，并以符号 HR 表示，即：

$$HR = k - e \qquad (2\text{-}2\text{-}1\text{-}6)$$

当使用金刚石圆锥体压头时，常数 k 定为 100；当使用淬火钢球压头时，常数 k 定为 130。

实际测定洛氏硬度时，由于在硬度计的压头上方装有百分表，可直接测出压痕深度，并按式（2-2-1-6）换算出相应的硬度值。因此，在试验过程中金属的洛氏硬度可以直接读出。

为了测定软硬不同的金属材料的硬度，在洛氏硬度计上可选配不同的压头与试验力，组合成几种不同的洛氏硬度标尺。国内常用的标尺有 A、B、C 三种，其硬度值的符号分别用 HRA、HRB、HRC 表示。洛氏硬度试验规范和适用范围见表 2-2-1-2。

表 2-2-1-2　各种洛氏硬度值的符号、试验条件和应用

标尺	压头类型	初始试验力 /kgf(N)	主试验力 /kgf(N)	硬度值 测量范围	应用实例
HRA	120°金刚石 圆锥体		50（490）	65～85	高硬度的薄件、表面处理钢件、硬质合金等
HRC			140（1372）	20～67	硬度大于 100HRB 的淬火及回火钢、钛合金等
HRB	ϕ1.588mm 淬火钢球		90（882）	25～100	铜合金、铝合金、退火钢材、可锻铸铁等
HRD	120°金刚石圆锥体		90（882）	40～47	薄钢板、中等表面硬化钢、珠光体可锻铸铁
HRE	ϕ3.175mm 钢球	10（98）	90（882）	70～100	灰铸铁、铝合金、镁合金、轴承合金
HRF	ϕ1.588mm 钢球		50（490）	60～100	退火铜合金、软质薄合金板
HRG	ϕ1.588mm 钢球		140（1372）	30～94	可锻铸铁、铜镍合金、铜镍锌合金
HRH	ϕ3.175mm 钢球		50（490）	80～100	铝、铅、锌
HRK	ϕ3.175mm 钢球		140（1372）	40～100	轴承合金、较软金属、薄材

（三）维氏硬度

维氏硬度的实验原理与布氏硬度相同，也是根据压痕单位面积所承受的试验力来表示维氏硬度值。所不同的是维氏硬度用的压头不是球体而是两对面夹角 $\alpha = 136°$ 的金刚石四棱锥体。压头在试验力 F（单位是 kgf 或 N）作用下，将试样表面压一个四棱锥形压痕，

经规定时间保持载荷之后，卸除试验力，由读数显微镜测出压痕对角线平均长度 d：

$$d = \frac{d_1 + d_2}{2} \qquad (2\text{-}2\text{-}1\text{-}7)$$

式中，d_1 和 d_2 分别为两个不同方向的对角线长度，用以计算压痕的表面积。

维氏硬度值（HV）就是试验力 F 除以压痕表面积 A 所得的商。当试验力 F 为 1kgf（9.8N）时，计算公式为：

$$\text{HV} = \frac{F}{A} = 1.8544 \frac{F}{d^2} \qquad (2\text{-}2\text{-}1\text{-}8)$$

当试验力 F 的单位为 N 时，计算公式为：

$$\text{HV} = \frac{0.102F}{A} = 1.981 \frac{F}{d^2} \qquad (2\text{-}2\text{-}1\text{-}9)$$

试验力 F 应根据试样厚度、预计硬度和硬化层深度来选择，为使结果更精确，尽可能采用相同试验力 F。厚度选择条件见表 2-2-1-3。

表 2-2-1-3　试样厚度与对角线长度的关系

金属试验层厚度 /mm	对角线长度（不大于） /mm	测定下列硬度最大允许值（不大于）		
		HV = 600	HV = 400	HV = 200
0.2	0.133	5	—	—
0.3	0.2	10	5	—
0.4	0.266	20	10	5
0.5	0.333	30	20	10
0.6	0.4	50	30	20
0.7	0.466	50	30	30
0.8	0.533	50	50	30
0.9	0.6	50	50	30
1	0.666	50	50	30

如果试件硬度 HV >500 时，不允许选用大于 50kg 的实验力 F。

（四）显微硬度

金属显微硬度实验原理与宏观维氏硬度实验法完全相同。只不过所用实验力比小负荷维氏硬度实验力实验时还要小。金属显微硬度的符号、硬度值的计算公式和表示方法与宏观维氏硬度实验法完全相同。

三、实验设备及材料

（1）硬度计。

（2）读数显微镜：最小分度值为 0.01mm。

（3）标准硬度块：不同硬度试验方法的标准硬度块。

（4）材料：20 号、45 号、T8、T12 钢退火态、正火态、淬火态及回火态试样，尺寸为 $\phi10mm \times 10mm$。

四、试验内容和步骤

（1）了解各种硬度计的构造、原理、使用方法、操作规程和安全注意事项。

（2）对各种试样选择合适的实验方法和仪器，确定实验条件。根据实验和试样条件选择压头、载荷。

（3）用标准硬度块校验硬度计。

（4）试样支撑面、工作台和压头表面应清洁；保持载荷规定的时间（对布氏、维氏硬度，卸去载荷后用读数显微镜测量压痕尺寸，计算或查表），卸去载荷，准确地记录试验数据。

五、注意事项

（1）试样两端要平行，表面应平整，若有油污或者氧化皮，可用砂纸打磨，以免影响测量。

（2）圆柱形试样应放在带有 V 形槽的工作台上操作，防止试样滚动。

（3）加载时应细心操作，以免压坏压头。

（4）测完硬度值，卸掉载荷后，必须使压头完全离开试样后再取下试样。

（5）金刚石压头为贵重物件，质硬而脆，使用时要小心谨慎，严禁与试样或其他物件碰撞。

（6）应根据硬度试验机的使用范围，按规定合理选用不同的载荷和压头。

六、实验报告要求

（1）简述布氏硬度和洛氏硬度的实验原理、优缺点及应用。

（2）设计实验表格，将实验数据填入表内，对结果进行分析并进行必要的硬度值换算。

（3）分析其过程。

（4）说明用布氏硬度实验方法能否直接测量成品或者较薄的工件。

实验 2　一次冲击实验

一、实验目的

（1）了解金属材料常温一次冲击的实验方法。

（2）测定处于简支梁受载条件下的碳钢和铸铁试样在一次冲击载荷下的冲击韧性 α_{ku}。

（3）观察比较上述两种材料抵抗冲击载荷的能力及破坏断口的特征。

二、实验原理

由于冲击过程是一个相当复杂的瞬态过程，精确测定和计算冲击过程中的冲击力和试样变形是困难的。为了避免研究冲击的复杂过程，研究冲击问题一般采用能量法。能量法只需考虑冲击过程的起始和终止两个状态的动能、位能（包括变形能），况且冲击摆锤与冲击试样两者的质量相差悬殊，冲断试样后所带走的动能可忽略不计，同时亦可忽略冲击过程中的热能变化和机械振动所耗损的能量。因此，可依据能量守恒原理，认为冲断试样所吸收的冲击功，即为冲击摆锤试验前后所处位置的位能之差。还由于冲击时试样材料变脆，材料的屈服极限 σ_s 和强度极限 σ_b 随冲击速度变化，因此工程上不用 σ_s 和 σ_b，而用韧度 α_k 衡量材料的抗冲能力。

试验时，把试样放在图 2-2-2-1 中的 B 处，将摆锤举至高度为 H 的 A 处自由落下，摆锤冲断试样后又升至高度为 h 的 C 处。其损失的位能：

$$A_{ku_2} = G(H - h)$$

式中，G 为摆锤重力，N；A_{ku_2} 为缺口深度为 2mm 的 U 形试样的冲击吸收功，J。

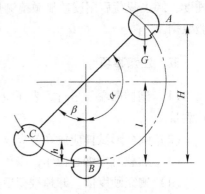

图 2-2-2-1　冲击试验原理图

三、实验设备和仪器

（1）冲击试验机。
（2）游标卡尺。

四、试样的制备

冲击试样的类型和尺寸不同，得出的试验结果不能直接换算和相互比较，GB/T 229—1994 对各种类型和尺寸的冲击试样都作了明确的规定。本次试验采用金属材料夏比（U 形缺口）试样，其尺寸及公差要求如图 2-2-2-2 所示。

在试样上制作切口的目的是为了使试样承受冲击载荷时在切口附近造成应力集中，使塑性变形局限在切口附近不大的体积范围内，并保证试样一次冲断且使断裂发生在切口处。分析表明，在缺口根部发生应力集中。图 2-2-2-3 所示为试样受冲击弯曲时缺口所在截面上的应力分布，图中缺口根部的 N 点拉应力很大，在缺口根部附近 M 点处，材料处于三向拉应力状态，某些金属在静力拉伸下表现出良好的塑性，但处于三向应力作用下却有增加其脆性的倾向，所以塑性材料的缺口试样在冲击载荷作用下，一般都呈现脆性破坏方式（断裂）。试验表明，缺口的形状、试样的绝对尺寸和材料的性质等因素都会影响断口附近参与塑性变形的体积。因此，冲击试验必须在规定的标准下进行，同时缺口的加工也十分重要，应严格控制其形状、尺寸精度及表面粗糙度，试样缺口底部光滑，没有与缺口轴线平行的明显划痕。

五、实验步骤

（1）测量试样缺口处的横截面尺寸，其偏差应在规定的范围内。
（2）根据所测试的材料，估计试样冲击吸收功的大小，从而选择合适的冲击摆锤和

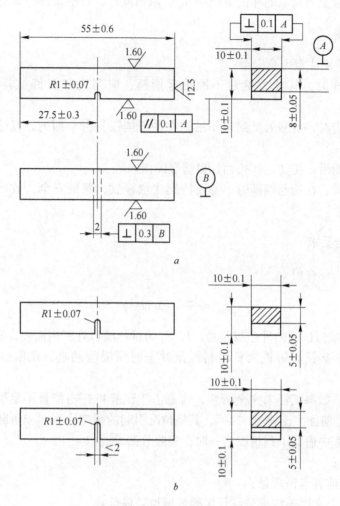

图 2-2-2-2　夏比 U 形缺口冲击试样

a—标准试样；b—深 U 形和钥匙孔形试样

相应的测试度盘，使试样折断的冲击吸收功在所用摆锤最大能量的 10% ~ 90% 范围内。

（3）进行空打实验。其方法是使被动指针紧靠主动指针并对准最大打击能量处，然后扬起摆锤空打，检查此时的被动指针是否指零，其偏离不应超过度盘最小分度值的 1/4，否则需进行零点调整。

（4）正确安装试样：将摆锤稍离支座，试样紧贴支座安放，使试样缺口的背面朝向摆锤打击方向，试

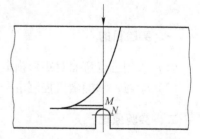

图 2-2-2-3　缺口处应力集中现象

样缺口对称面应位于两支座间的对称面上，其偏差不应大于 ±0.2mm，如图 2-2-2-2 所示。

（5）试验温度一般应控制在 10 ~ 35℃；对试验温度要求严格时，控制在 (23 ±5)℃。

（6）进行试验。将摆锤举起到高度为 H 处并锁住，然后释放摆锤，冲断试样后，待摆锤扬起到最大高度，再回落时，立即刹车，使摆锤停住。

（7）记录表盘上所指示的冲击吸收功 A_{ku}，取回试样，观察试样断口的形貌特征。

六、注意事项

冲击试验要特别注意人身安全：

（1）安装试样时，其他人绝对不准抬起摆锤，应当先安置好试样，然后再举起摆锤。

（2）开始冲击时，实验人员绝对不准站在冲击摆锤打击平面内，以防试样破坏飞出或摆锤落下伤人。

（3）试样折断后，切勿立即拾回，以防摆锤伤人。

（4）无论何时，在抬起摆锤时，都要特别注意轻放，保证安全，放下过快则会损坏试验机。

七、实验报告要求

（1）计算冲击韧性值 α_{ku}

$$\alpha_{ku} = \frac{A_{ku}}{S_0} \quad (\mathrm{J/cm^2}) \tag{2-2-2-1}$$

式中，A_{ku} 为 U 形缺口试样的冲击吸收功，J；S_0 为试样缺口处断面面积，$\mathrm{cm^2}$。

（2）比较分析碳钢和铸铁两种材料抵抗冲击时所吸收的功，观察破坏断口的形貌特征。

（3）实验时，如果试样未完全折断，若是由于试验机打击能量不足引起的，则应在实验数据 A_{ku} 或 α_{ku} 前加大于符号" > "，其他情况引起的则应注明"未折断"字样。

（4）实验过程中遇到下列情况之一时，实验数据无效：

1）错误操作；

2）试样折断前有卡锤现象；

3）试样断口上有明显淬火裂纹且实验数据显著偏低。

实验 3 弯 曲 实 验

一、实验目的

（1）采用三点弯曲对矩形横截面试件施加弯曲力，测定其弯曲力学性能。

（2）学习、掌握微机控制电子万能试验机的使用方法及工作原理。

二、实验原理

（一）三点弯曲试验装置

图 2-2-3-1 为三点弯曲试验示意图。其中，F 为所施加的弯曲力，L_s 为跨距，f 为挠度。

（二）弯曲弹性模量 E_b 的测定（图解法）

通过配套软件自动记录弯曲力 - 挠度曲线（见图 2-2-3-2）。在曲线上读取弹性直线段的弯曲力增量和相应的挠度增量，按式（2-2-3-1）计算弯曲弹性模量，其中，I 为试件截面对中性轴的惯性矩，$I = \dfrac{bh^3}{12}$。

$$E_b = \frac{L_s^2}{48I}\frac{\Delta F}{\Delta f} \tag{2-2-3-1}$$

（三）最大弯曲应力 σ_{bb} 的测定

$$\sigma_{bb} = \frac{F_{bb}L_s}{4W} \tag{2-2-3-2}$$

式中，σ_{bb} 为最大弯曲应力；F_{bb} 为最大弯曲力；W 为试件的抗弯截面系数，$W = \dfrac{bh^2}{6}$。

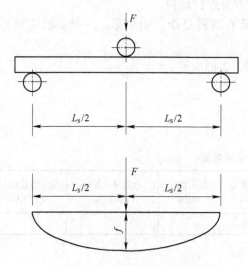 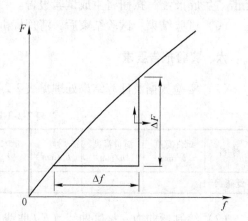

图 2-2-3-1 三点弯曲试验示意图   图 2-2-3-2 图解法测定弯曲弹性模量

三、实验设备

（1）微机控制电子万能试验机。
（2）游标卡尺。

四、实验试件

实验所用试件如图 2-2-3-3 所示，试件截面为矩形，其中，b 为试件宽度，h 为试件高度，L 为试件长度。

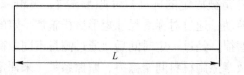 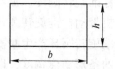

图 2-2-3-3 矩形截面试件

五、实验步骤及注意事项

（1）试件准备：矩形横截面试件应在跨距的两端和中间处分别测量其高度和宽度。取用三处宽度测量值的算术平均值和三处高度测量值的算术平均值，作为试件的宽度和高度。

（2）试验机准备：按试验机→计算机→打印机的顺序开机，开机后须预热 10min 才可使用。运行配套软件，根据计算机的提示，设定试验方案、试验参数。

（3）安装夹具，放置试件：根据试样情况选择弯曲夹具，安装到试验机上，检查夹具，设置好跨距，放置好试件。

（4）开始试验：点击试验部分中的新试验，选择相应的试验方案，输入试件的尺寸。按运行命令按钮，设备将按照软件设定的试验方案进行试验。

（5）记录数据：每个试件试验完后，屏幕右端将显示试验结果。一批试验完成后，点击"生成报告"按钮将生成试验报告。

（6）试验结束：试验结束后，清理好机器，关断电源。

六、实验报告要求

（1）实验数据及计算结果处理见表 2-2-3-1。

表 2-2-3-1　实验数据

材　料	试件宽度 b/mm	试件高度 h/mm	跨距 L_s/mm	最大弯曲力 F_{bb}/kN	最大挠度 f/mm	弯曲弹性模量 E_b/MPa	最大弯曲应力 σ_{bb}/MPa
低碳钢							

（2）绘制弯曲力 – 挠度曲线（F-f 曲线）。

实验4　磨　损　实　验

一、实验目的

（1）了解 MME-2 型磨损试验机的构造及使用方法。
（2）掌握利用 MME-2 型磨损试验机进行磨损实验。
（3）掌握对材料耐磨性的影响因素。

二、实验原理

主动件是标准旋转圆环，被动件是被固定的标准尺寸矩形试样。MME-2 型磨损试验机开机后，电机带动标准旋转圆环转动，通过对标准尺寸矩形试样施加一定的压力，使得矩形试样与标准旋转圆环产生摩擦磨损，经过一定时间后，通过测量不同载荷下，被动矩形试样上出现的条形磨痕宽度，以及摩擦副材料间摩擦力、摩擦系数，来评定润滑剂的承载能力及摩擦副材料的摩擦磨损性能；同时，通过称量标准矩形试样在实验前后的质量变化来确定磨损量，从而评定试样的耐磨损性能。

三、实验设备及材料

（1）设备：MME-2 型磨损试验机。

（2）材料：Q235 退火和淬火矩形试样若干，45 号钢正火矩形试样若干。

四、实验内容和步骤

（一）内容

本实验研究不同的材料、不同的载荷对耐磨损性能的影响。

（1）不同的材料：当其他条件一定时，分别采用不同材料的试样进行实验，研究材料对耐磨损性能的影响。

（2）不同的载荷：当其他条件一定时，分别采用不同的载荷进行实验，研究载荷对耐磨损性能的影响。

（二）步骤

（1）实验前对矩形试样进行称重。

（2）把矩形试样通过试样夹具安装好。

（3）加载，设置好压力、时间等参数。

（4）启动电动机，选择速度，进行实验。

（5）实验结束，观察试样磨损情况，进行称重，进行数据处理。

（三）注意事项

为了保证称重的精度，试样在称重前应当清洗干净并烘干。

五、实验报告要求

（1）载明实验数据。

（2）根据实验数据，绘制载荷 – 磨损量、材料 – 磨损量及时间 – 磨损量等曲线。

（3）分析材料耐磨损影响因素，撰写实验报告。

实验 5　扭 转 实 验

一、实验目的

（1）测定低碳钢的剪切屈服极限 τ_s 及低碳钢铸铁的剪切强度极限 τ_b。

（2）测定铸铁的抗扭强度极限 τ_b。

（3）观察、比较分析两种材料在扭转过程中变形和破坏形式。

二、实验原理

扭转实验是材料力学试验最基本、最典型的试验之一。进行扭转试验时，把试件两夹持端分别安装于扭转试验机的固定夹头和活动夹头中，开启试验机，试件受到了扭转荷载，试件本身也随之产生扭转变形。扭转试验机上可以直接读出扭矩 M 和扭转角 φ，同时试验机也自动绘出了 $M - \varphi$ 曲线图，一般 φ 是试验机两夹头之间的相对扭转角；同时通过计算可以得到相应的扭转力学性能指标。扭转试验的标准是 GB/T 10128—2007。

扭转曲线表现为弹性、屈服和强化三个阶段，与低碳钢的拉伸曲线不尽相同，它的屈服过程是由表面逐渐向圆心扩展，形成环形塑性区。当横截面的应力全部屈服后，试件才会全面进入塑性。在屈服阶段，扭矩基本不动或呈下降趋势的轻微波动，而扭转变形继续增加。当首次扭转角增加而扭矩不增加（或保持恒定）时的扭矩为屈服扭矩，记为 M_s；首次下降前的最大扭矩为上屈服扭矩，记为 M_{su}；屈服阶段中最小的扭矩为下屈服扭矩，记为 M_{sL}（不加说明时指下屈服扭矩）。对试件连续施加扭矩直至扭断，从试验机扭矩标识上读得最大值。考虑到整体屈服后塑性变形对应力分布的影响，低碳钢扭转屈服点和抗扭强度理论上应按下式计算：

$$\tau_b = M_b / W_\rho$$
$$\tau_s = M_s / W_\rho$$

铸铁试件扭转时，其扭转曲线不同于拉伸曲线，它有比较明显的非线性偏离。但由于变形很小就突然断裂，一般仍按弹性公式计算铸铁的抗扭强度，即

$$\tau_b = M_b / W_\rho$$

三、实验设备及材料

（1）TTM502 型微机控制电子扭转实验机。

（2）游标卡尺。

（3）低碳钢和铸铁圆形扭转试件。

四、实验内容和步骤

本实验研究低碳钢和铸铁的扭转性能，得到相应的扭转性能指标。

（1）开机：打开实验软件并联机，每次开机后，最好要预热 10min，待系统稳定后，再进行试验工作。若刚刚关机，需要再开机，至少保证 1min 的时间间隔。

（2）根据试样情况准备好夹具，若夹具已安装到试验机上，则对夹具进行检查，并根据试样的长度及夹具的间距设置好限位装置。

（3）选择相应的试验方案，输入试样的原始用户参数如尺寸等。测量试样的尺寸方法为：用游标卡尺在试样标距两端和中间三个截面上测量直径，每个截面在互相垂直方向各测量 1 次，取其平均值。用三个平均值中最小者计算 W_ρ。

（4）画线：在试件的两端和中间用彩色粉笔画三个圆周线，并沿试件表面划一母线，以便观察低碳钢扭转时的变形情况（铸铁变形较小，不用画此线）。

（5）装夹试样。

（6）将已安装卡盘的试样的一端放入从动夹头的钳口间，扳动夹头的手柄将试样夹紧。

（7）按"扭矩清零"按键或试验操作界面上的扭矩"清零"按钮。

（8）推动移动支座移动，使试样的头部进入主动夹头的钳口间。

（9）先按下"试样保护"按键，然后慢速扳动夹头的手柄，直至将试样夹紧。

（10）开始试验，观察试验过程。

（11）试验结束，在试验结果栏中，实验软件将自动计算出结果显示在其中。如果想清楚地观看结果，可双击试验结果区，试验结果区将放大到半屏，方便观看结果数据，再

次双击，试验结果区大小复原。如果想分析曲线，双击曲线区，曲线区将放大到半屏，方便分析曲线，再次双击，曲线区大小复原。

（12）关闭试验窗口及软件。

五、实验报告要求

（1）计算低碳钢的剪切屈服极限：$\tau_s = M_s / W_\rho$

强度极限：$\tau_b = M_b / W_\rho$

（2）计算铸铁的强度极限：$\tau_b = M_b / W_\rho$

式中，$W_\rho = \pi \times d^3 / 16$ 为试件的抗扭截面模量。

（3）撰写实验报告。

实验 6　用电位差计测量电阻研究合金不均匀固溶体的形成

一、实验目的

（1）学会使用电位差计测量电阻的方法。

（2）研究不均匀固溶体的形成与加热温度和冷却条件的关系。

二、实验原理

以过渡族金属为基的固溶体合金，如 Ni-Cr、Fe-Cr-Al，Fe-Ni-Mo 等，在加热冷却过程中，产生溶质原子不均匀分布状态，这种状态称为"K 状态"。K 状态是一种溶质原子在相内发生偏聚的现象。溶质原子的偏聚范围相当于电子波的波长，所以它对电子波有很强烈的散射作用，当不均匀状态出现时，合金的电阻表现出明显增大。因此，用电阻法分析 K 状态的形成规律能获得十分满意的效果。

K 状态的出现使合金的物理和力学性能有明显变化，研究 K 状态与合金成分和工艺条件之间的关系，对合理地利用 K 状态具有重要意义。

本实验选用产生不均匀状态比较明显的 Cr20Ni80 合金进行测量。这种合金在 730℃ 以上处于均匀固溶体状态，如从高温迅速冷却（淬火）至室温，可将均匀固溶状态保留下来，再重新进行加热时，于一定的温度范围内产生 K 状态。若合金淬火态的电阻值为 R，加热到不同温度，其电阻的变化值为 ΔR，则合金电阻的相对变化为 $\Delta R / R$。它和加热温度之间的关系可用一曲线表示，如图 2-2-6-1 所示。图中曲线 1 是从均匀固溶状态加热得到的曲线，从室温到 350℃ 左右，曲线上升是单纯由于温度对电阻影响的结果。350℃ 以上，随着加热温度的升高，合金的电阻上升速度明显加快，这是因为除温度对电阻的影响外，还由于铬原子开始产生偏

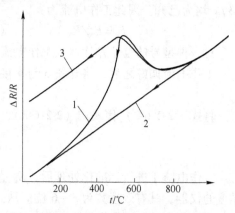

图 2-2-6-1　Cr20Ni80 合金的电阻与温度的关系

160

聚, 从而对电子波产生附加的散射作用。随着温度的升高, 不均匀状态不断发展, 450 ~ 550℃, 电阻上升达到最大值。温度继续升高, 电阻值开始下降, 这意味着, 偏聚状态开始消散, 约在 730℃ 以上, K 状态完全消散, 此后电阻只受加热温度的影响而继续增大。

以上所述是处于均匀固溶体状态的合金在加热过程中所产生的不均匀状态及其消散过程。这种状态一旦产生, 即使在降温过程中也不会消散, 若要使其消散, 则必须重新加热至 730℃ 以上, 获得均匀固溶体以后, 再进行淬火处理, 才能在室温下重新得到均匀固溶体合金, 见图 2-2-6-1 中曲线 2。如果加热到高温, 虽然处于均匀固溶体状态, 但冷却速度慢, 抑制不住 K 状态的形成, 冷却后的合金仍处于不均匀状态, 故它的电阻较高, 见图 2-2-6-1 中曲线 3。

三、电位差计及其测量方法

由于 Cr20Ni80 合金 K 状态形成的温度范围为 350 ~ 700℃, 因此需要测量电阻的温度范围为 0 ~ 850℃, 相应的电阻最大增量约为 7%, 而由 K 状态引起的电阻最大相对增值约为 2%, 因此电位差计的读数不得低于 3 位有效数字。根据这个要求, 选用 308 型精密级电位差计作为测量仪表。

电位差计是以被测电位差与仪器电阻上已知电压降相互平衡条件为基础进行测量的。由于电位差计测量基于电位补偿原理, 因而测量不受测量回路中接线电阻和接触电阻的影响。

电位差计的工作原理见图 2-2-6-2。它由两个基本回路组成：工作电流回路 I、校正回路 II。测量时, 首先要调整回路 I 中的工作电流, 其过程如下：将 S 与 a 接通, 改变 R_1 的阻位, 使流经 R_N 的电流为 I_0, 并且 $I_0 R_N$ 等于校正回路中的标准电动势 E_N, 即：

$$L_0 R_N = E_N \qquad (2\text{-}2\text{-}6\text{-}1)$$

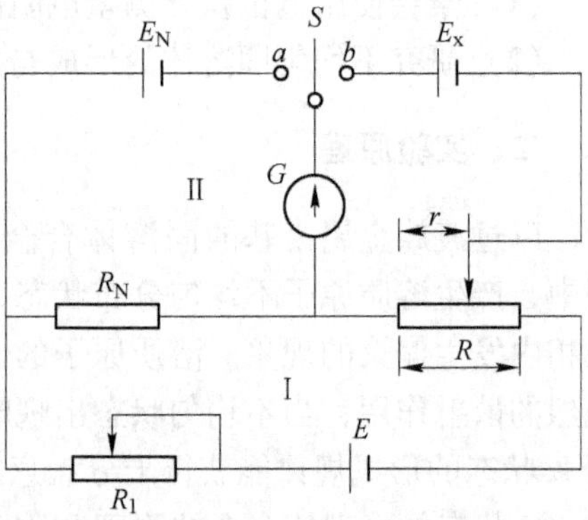

图 2-2-6-2　电位差计工作原理图
E_N—标准电势; R_N—标准电阻; S—换向开关; R, r—可变电阻; E—工作电源或直流稳压电源; G—检流计; E_x—待测电势; R_1—电阻

此时检流计的电流为零。式 (2-2-6-1) 中 R_N 和 E_N 均为已知。因此工作电流为：

$$I_0 = E_N / R_N \qquad (2\text{-}2\text{-}6\text{-}2)$$

对一种型号的电位差计, 其工作电流是定值。

工作电流调好之后, 将开关 S 与 b 接通, 调节 r 使检流计指零, 于是得到：

$$I_0 r = E_x \qquad (2\text{-}2\text{-}6\text{-}3)$$

将式 (2-2-6-2) 代入式 (2-2-6-3), 则得：

$$E_x = \frac{E_N}{R_N} r \qquad (2\text{-}2\text{-}6\text{-}4)$$

工作电流 I 进行标准化处理后, E_x 值可在电化差计的刻度盘上直接读出。对 1 ~ 3 级精度的仪器, 其有效读数为 3 ~ 6 位。从式 (2-2-6-4) 可以看到, 电位差计的读数是否准确, 取决于电阻 r 的结构及稳定性。

以上所述是电位差计的工作原理。当用它测量电阻时, 则需要按图 2-2-6-3 所示的线路连接试样。在测量前应当先将开关 S_1 闭合，接通 $abcd$ 回路，改变电阻 R，调整回路中的工作电流。

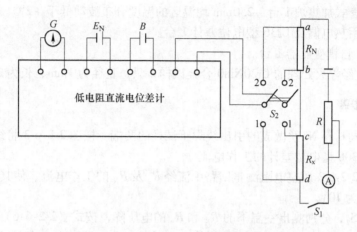

图 2-2-6-3　电位差计测量电阻的接线图

工作电流不宜过大，以避免在测量过程中试样和回路的温度升高。但电流也不宜太小，电流太小会使试样两端的电压降变小，从而影响测量的灵敏度。一般电流值约取 0.1A 较为合适。在测量过程中，要求工作电流值不一定准确，但必须稳定，故通常采用多个电池并联作为直流电源。

测量时，将 S_2 拨向 1 的位置，首先测量标准电阻 R_N 上的电压降 U_{kN}，然后拨向 2 的位置，测量待测电阻 R_x 上的电压降 U_{kx}。由于回路中流经 R_N 和 R_x 的电流相等，因此，

$$\frac{U_{kx}}{R_x} = \frac{U_{kN}}{R_N} \tag{2-2-6-5}$$

式 (2-2-6-5) 可写为：

$$R_x = \frac{U_{kx}}{U_{kN}} R_N \tag{2-2-6-6}$$

式中，R_N 的阻值已知，测出 U_{kN} 和 U_{kx} 便可用式 (2-2-6-6) 计算出 R_x 值。这种方法的灵敏度和测量精度都比较高，广泛应用于金属及合金的电阻测量。在使用电位差计测量金属的电阻时，必须注意热电效应的影响，一般采用正反向通电测量法加以消除。

本实验选用直径为 1mm、长为 200mm 的丝状试样，实验之前，先将试样进行高温加热，然后进行淬火，以获得均匀固溶体。为了测量电阻，将试样两端焊上引出线，并置于加热炉的均温区中，均温区的温度分布波动小于 ±2℃。

四、所需仪器与材料

（1）308 型精密级电位差计 1 台。

（2）二级标准电池（1.01866V）1 个。

（3）WYJ-30X 型直流稳压电源或 1.4～2.2A 直流电源 1 个。

（4）0.1Ω 标准电阻 1 个。

（5）双刀双掷开关 1 个。

（6）AC15/2 型镜式检流计 1 套。

（7）焊接试样用的小型点焊机 1 台。

（8）中温管式加热炉 1 台，250mm 均温区的温度分布波动低于 +2℃。

（9）测温用热电偶及 UJ36 型电位差计 1 台。

（10）2kW 自耦变压器 1 台。

（11）预先经淬火处理的 Cr20Ni80 合金试样 2 只，直径为 1mm、长为 20mm。

五、操作步骤

（1）将相同材料 Ni 丝做成的引出线焊于试样的两端。按图 2-2-6-3 将线路连接好。

（2）调整 308 型电位差计的工作电流。

（3）按图 2-2-6-3 调整电阻测量回路中流经 R_x 及 R_N 的工作电流，使其为 0.1A，此时 R_N 的电流降约为 10V。

（4）拨动 S_2，分别测出室温下的 R_N 和 R_x 的电压降，按式（2-2-6-6）求出 R_x。

（5）使加热炉通电，对试样进行加热。350℃ 以下、750℃ 以上每隔 50℃ 测量 1 次，350 ～ 750℃ 每隔 20℃ 测量 1 次，每次测量均在保温条件下进行。测量最高温度为 830℃。

（6）降温测量电阻值，730℃ 以上及 600℃ 以下每隔 50℃ 测量 1 次，730 ～ 600℃ 每隔 20℃ 测量 1 次，每次测量均在保温状态下进行。

六、实验报告要求

（1）简述用电阻分析 K 状态的基本原理。

（2）简述电位差计测量高温电阻的方法。

（3）处理实验结果。

（4）绘制出 $\Delta R/R$ 和温度的关系曲线。

（5）实验结果分析与讨论。

（6）结论。

七、思考题

（1）如何保证电位差计测量高温电阻的测量精度？

（2）K 状态一旦产生，要消除它有哪些途径？

实验 7　用伏 – 安计确定形状记忆合金的马氏体转变温度

一、实验目的

（1）学习用伏 – 安计测量热弹性马氏体可逆转变温度的方法。

（2）了解铜基形状记忆合金的记忆效应。

二、基本原理

自 1983 年以来，发现在 Cu-Zn、Cu-Al-Ni、Ni-Ti、Cu-Al 及 Co-Ni 等合金中，甚至在不锈钢中存在着马氏体的可逆转变现象，这种随着温度的变化能够形成和消失的马氏体，称为热弹性马氏体。

有些合金，当热弹性马氏体形成时，若用外力使其产生宏观变形，在随后马氏体加热逆转变成母相时，会恢复原来的形状，这种现象称为合金的形状记忆效应。具有此类效应的合金，称为形状记忆合金。

w_{Zn} 为 32.23%、w_{Al} 为 1.84% 的铜合金具有形状记忆效应。合金在温度较高的淬火介质中淬火时（$T_q - M_s$ 较小），可获得薄皮状的弹性马氏体，而在温度较低的冷却介质中淬火时（$T_q - M_s$ 较大），除薄片状马氏体外，还会出现部分蝴蝶状的爆发型马氏体。随着淬火冷却介质温度的降低，爆发型马氏体数量增多，当冷却至 -70℃ 时，合金的组织全部为爆发型马氏体。实验表明,合金的形状记忆效应仅与薄片状马氏体的行为有关,而爆发型马氏体没有形状记忆效应。

含 w_{Zn} 为 32.23%、w_{Al} 为 1.84% 的铜合金经 865℃、20min 加热，分别在冰盐水和 20℃ 盐水中淬火,会得到不同数量的弹性马氏体,其形状记忆效应相差亦较大,电阻 - 温度曲线也不相同。图 2-2-7-1 所示为冰盐水淬火后的试样的电阻 - 温度曲线。

当奥氏体转变成马氏体时，电阻 - 温度曲线出现拐点，据此拐点即可判断临界点温度。由图 2-2-7-1 中的曲线可确定出：合金的 M_s 点为 25℃；M_f 点为 -80℃；A_s 点为 -65℃；A_f 点为 35℃。

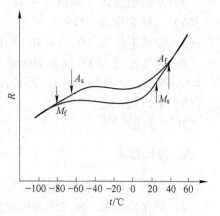

图 2-2-7-1　$w_{Zn} = 32.23\%$、$w_{Al} = 1.84\%$ 的铜合金电阻 - 温度曲线

三、伏 - 安计测量电阻装置及电阻 - 温度曲线的测定

由于 w_{Zn} 为 32.23%、w_{Al} 为 1.84% 的铜合金弹性马氏体可逆转变时的电阻变化较大,电阻值的相对变化量可达 10% 左右，即变化值在第二位有效数字，故不必专用一、二级的具有 5~6 位读数的高精度直流电位差计。采用安培 - 伏特计法（如图 2-2-7-2 所示），即可满意地获得该合金的电阻 - 温度关系曲线。

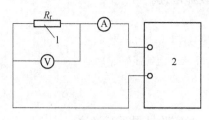

图 2-2-7-2　实验装置接线图
1—试样；2—直流稳压电源

直流电源采用 WYJ-30 晶体管直流稳压电源，用一块 0.5 级直流电流表及一块 0.5 级直流电压表分别测量试样的电流及试样两端电压，从而可根据欧姆定律公式计算出试样的电阻值。

$$R = \frac{V}{I}$$

试样的温度通过冷却油的温度表示，油温用自耦变压器进行控制，用玻璃温度计指示。通过实验，只要测出从 80 ~ -80℃ 连续降温和从 -80 ~ 80℃ 连续升温过程中，电压表、电流表的读数和对应读数，即可获得该合金的电阻 - 温度关系曲线。从曲线便可确定可逆转变的温度。

试样的直径 1~2mm，长度 120mm。

四、所需仪器及材料

（1）WYJ-30 晶体管直流稳压电源 1 台或相当于 0 – 2A/0 – 30V 的其他型号直流稳压电源。

（2）0.5 级直流电压表（0 ~ 2A）1 台。

（3）0.5 级直流电压表（0 ~ 100mV/50mV）1 台。

（4）可升、降温的油槽 1 个。

（5）水银温度计（300℃）1 只。

（6）自耦变压器（1kW）1 台。

（7）交流电压表（0 ~ 5A/10A）1 个。

（8）预先经过 850℃ 保温 10min 后油淬处理的 Cu 基形状记忆合金（$w_{Zn} = 32.23\%$、$w_{Al} = 1.84\%$），直径 1 ~ 2mm，长度 120mm 试样一个。

（9）电烙铁 1 把。

（10）导线若干。

五、操作步骤

（1）按图 2-2-7-2 接好测量线路，将试样伸入油槽中。

（2）调整稳流源，使电流表指示到 2A。

（3）调整自耦变压器，使油温缓慢上升。

（4）记录温度和电压表数值，升温到 100℃，降温测量。

（5）至室温后，将试样放入盛有酒精和丙酮的冷却槽中，不断加入干冰，使温度下降至 – 70℃。

（6）画出电压 – 温度关系曲线。

（7）关闭电源，整理仪器，将实验记录表交指导教师检查。

六、实验报告要求

（1）简述实验基本原理、画出线路图。

（2）简述实验步骤。

（3）整理记录数据。

（4）绘出电阻 – 温度关系曲线，确定出临界温度，对实验结果进行讨论。

七、思考题

试分析用伏 – 安计测量记忆合金的电阻时，测量误差主要受哪些因素的影响，用哪些办法可减少测量误差？

实验 8   示差热分析法测定合金的相变温度

一、实验目的

（1）了解示差热分析法的基本原理。

（2）学习示差热分析法的实验技术。

（3）研究和讨论加热和冷却速度对相变温度的影响。

（4）熟悉测温元件热电偶及 *X-Y* 函数记录仪的使用。

二、示差热分析法测定钢的相变温度的原理

示差热分析法是采用热电偶（两只同型号热电偶极性反接串联，见图 2-2-8-1）通过测定试样的标样间在均匀加热和冷却条件下的温差热电势，并绘制温差热电势随试样温度变化的曲线（即示差热分析曲线）。用以分析过程中的转变和发生转变的温度参数等的一种研究方法。所用标样应为在所研究的温度范围内不发生相变的镍、奥氏体不锈钢等。

当试样无相变发生时，温差热电势很小，示差曲线基本为一水平线。当试样相变发生变化时，将伴随有一定的热效应，吸热或放热。此时，试样温度将发生停滞。标样由于不发生相变，温度继续上升或下降，因而示差曲线上出现吸热峰或放热峰。图 2-2-8-2 所示为亚共析钢（含碳量 0.35%）的示差热分析曲线。

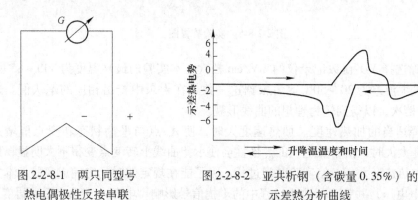

图 2-2-8-1 　两只同型号
热电偶极性反接串联

图 2-2-8-2 　亚共析钢（含碳量 0.35%）的
示差热分析曲线

三、实验装置

标样及试样尺寸如图 2-2-8-3 所示，安装热电偶插入位置如图 2-2-8-4 所示，实验装置如图 2-2-8-5 所示。

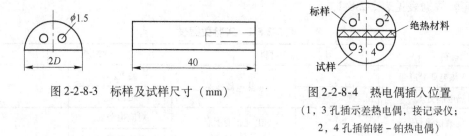

图 2-2-8-3 　标样及试样尺寸（mm）

图 2-2-8-4 　热电偶插入位置
（1，3 孔插示差热电偶，接记录仪；
2，4 孔插铂铑 – 铂热电偶）

四、实验操作步骤及注意要点

（1）按图 2-2-8-4 所示用细镍铬丝将试样捆好，并在其上密绕一层石棉，然后放入不锈钢套管。注意勿使试样与套管相接触。

（2）按图 2-2-8-4 所示将铠装热电偶插入相应的孔中，并将装置好的试样平稳地送入

炉内均热区。送入时注意勿拉碰热电偶，以免热电偶脱出孔外。

（3）按图2-2-8-5所示将实验装置连接好，注意要将套管上引出线和 X-Y 函数记录仪的接地端牢固接地。1，3 热电偶一定要同名级相接。

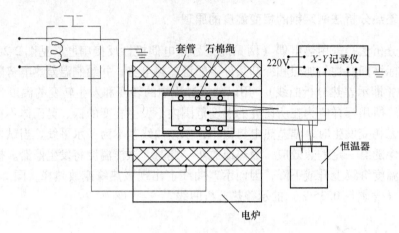

图 2-2-8-5　实验装置图

（4）正确选择 X-Y 函数记录仪的 mV/cm 档次。本实验的最高温度为 800 ~ 850℃，标样试样间的最大温差为 20 ~ 50℃。可根据这一数据在附录中查出相应的毫伏值。选择适当的 mV/cm 档次，以得到较为理想的曲线形貌。

（5）选择适当的加热速度。加热速度大时，使 A_c 点与平衡状态转变点值增大。此处，加热速度太大时，由于热电偶的热惰性会使示差曲线上转变点变得不大明显，影响测量准确性。加热速度太小，使实验时间过长。为了能在规定的时间内完成实验，本实验宜选用 80V 供电电压，并且为了防止过程中的干扰信号影响，电压一次选定后不再变动。

（6）辅导教师检查，然后接通电源进行实验。当炉温升到 800℃ 或稍高时去掉加热电源，让试样随炉冷却。到 600℃ 或稍低的温度，结束实验。注意切勿使炉温超过 900℃，否则会损坏热电偶或降低其使用寿命。

五、实验数据

实验数据表见表 2-2-8-1。

表 2-2-8-1　实验数据表

试样材料			标样材料		室温/℃	
1，3 热电偶分度号			4 热电偶冷端		温度/℃	
4 热电偶分度号					电势 e_{to}	
函数记录仪 mV/cm		X	出现相变拐点 时的 cm 数		对应电势 $e_{t\lambda}$	
		Y			对应电势 $e'_{t\lambda}$	
计算公式			查表求出 e_t 相 对应的温度		AC_λ	
$E_t = e_{to} + e_{t\lambda}$					AC_3	

注："热电偶分度号"：若为镍铬－镍硅热电偶分度号为 EU-2，若为铂铑－铂热电偶分度号为 LB-3。"出现相变拐点时的 cm 数"：对应电势 $e_{t\lambda}$ ＝ 出现拐点时的 cm × 函数记录仪 X 坐标的 mV/cm 档次。

六、实验报告要求

（1）简述示差热分析法的基本原理。

（2）绘制示差热分析曲线示意图，标出钢的相变临界点。

（3）从实验数据中计算出相变时的热电势 e_t 及相变温度。

（4）比较和讨论加热和冷却条件下示差曲线上 A_{c1} 和 A_{r1} 点差异。

实验 9　差示扫描量热法（DSC）的工作原理、操作及应用

一、实验目的

（1）了解差示扫描量热法（DSC）的工作原理、操作及其在材料研究中的应用。

（2）初步学会使用 DSC 仪器测定材料的操作技术。

（3）学会用差示扫描量热法定性和定量分析材料的熔点、沸点、玻璃化转变、热容、结晶温度、结晶度、纯度、反应温度、反应热。

二、实验原理

差示扫描量热法（differential scanning calorimetry，DSC）是在程序温度控制下，测量试样与参比物之间单位时间内能量差（或功率差）随温度变化的一种技术。它是在差热分析（differential thermal analysis，DTA）的基础上发展起来的一种热分析技术。DSC 在定量分析方面比 DTA 要好，能直接从 DSC 曲线上峰形面积得到试样的放热量和吸热量。

差示扫描量热仪可分为功率补偿型和热流型两种，两者的最大差别在于结构设计原理的不同。一般试验条件下，都选用功率补偿型差示扫描量热仪。仪器有两个相对独立的测量池，其加热炉中分别装有测试样品和参比物，这两个加热炉具有相同的热容及导热参数，并按相同的温度程序扫描。参比物在所选定的扫描温度范围内不具有任何热效应。因此在测试的过程中记录下的热效应就是由样品的变化引起的。当样品发生放热或吸热变化时，系统将自动调整两个加热炉的加热功率，以补偿样品所发生的热量改变，使样品和参比物的温度始终保持相同，使系统始终处于"热零位"状态，这就是功率补偿 DSC 仪的工作原理，即"热零位平衡"原理。图 2-2-9-1 为功率补偿式 DSC 示意图。

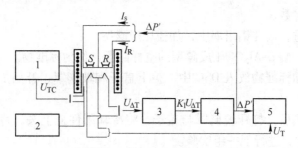

图 2-2-9-1　功率补偿式 DSC 示意图

1—温度程序控制器；2—气氛控制；3—差热放大器；

4—功率补偿放大器；5—记录仪

随着高分子科学的迅速发展，高分子已成为 DSC 最主要的应用领域之一。物质发生物理状态的变化（结晶、溶解等）或起化学反应（固化、聚合等），同时会有热学性能（热焓、热容等）的变化，采用 DSC 测定热学性能的变化，就可以研究物质的物理或化学变化过程。在聚合物研究领域，DSC 技术应用非常广泛，主要有：

（1）研究相转变过程，测定结晶温度 T_c、熔点 T_m、结晶度 X_c、等温、非等温结晶动力学参数。

（2）测定玻璃化温度 T_g。

（3）研究固化、交联、氧化、分解、聚合等过程，测定相对应的温度热效应、动力学参数。例如研究玻璃化转变过程、结晶过程（包括等温结晶和非等温结晶过程）、熔融过程、共混体系的相容性、固化反应过程等。

对于高分子材料的熔融与玻璃化测试，在以相同的升（降）温速率进行了第一次升温与冷却实验后，再以相同的升温速率进行第二次测试，往往有助于消除历史效应（冷却历史、应力历史、形态历史）对曲线的干扰，并有助于不同样品间的比较（使其具有相同的热机械历史）。

三、实验仪器和试剂

（1）仪器名称：DSC6220 差示扫描量热仪。

（2）仪器技术参数：

温度范围：室温 $-70 \sim 700℃$；

量热动态范围：$+/-500mW$；

量热精度（金属标样）：$\pm 0.05℃$；

灵敏度：$0.2\mu W$；

相对解析度：2.1；

电子天平（精度：$0.001g$）；

试剂：$\alpha\text{-}Al_2O_3$ 及环氧树脂和铟。

四、实验步骤

（1）开启电脑，预热 10min，打开氮气阀门，调节氮气流量。

（2）仪器校正。

（3）设定实验参数。

（4）将试片称重，放在铝坩埚中，加盖压成碟型。

（5）另外取一个装 $\alpha\text{-}Al_2O_3$ 压成碟型的空样品盘，作为标准物。

（6）将待测物和标准物放入 DSC 中，盖上盖子和玻璃罩，开始加热，并用计算机绘制图形。

（7）在结束加热后，打开玻璃罩与盖子，将冷却附件盖上去，待其大约冷却至室温后，再移开冷却附件，进行下一组实验。

（8）不使用仪器时，正常关机顺序依次为：关闭软件、退出操作系统、关电脑主机、显示器、仪器控制器、测量单元、机械冷却单元。

（9）关闭使用氮气瓶的高压总阀，低压阀可不关闭。

（10）如发现传感器表面或炉内侧脏时，可先在室温下用洗耳球吹扫，然后用棉花蘸酒精清洗，不可用硬物触及。

五、实验报告要求

（1）差示扫描量热仪（DSC）的工作原理、操作技术。

（2）差示扫描量热法定性和定量分析材料的熔点、沸点、玻璃化转变、热容、结晶温度、结晶度、纯度、反应温度、反应热。

（3）说明高分子材料的玻璃化测试要进行第二次升温的原因。

（4）说明误差产生的原因。

（5）讨论影响实验结果的因素。

实验 10　差 热 分 析

一、实验目的

（1）熟悉和掌握差热分析仪的工作原理、仪器结构和基本操作技术。

（2）用差热分析方法测定硝酸钾晶型转变温度，以及五水合硫酸铜的脱水过程。

二、实验原理

差热分析也称差示热分析，是在温度程序控制下，测量物质与基准物（参比物）之间的温度差随温度变化的技术。试样在加热（冷却）过程中，凡有物理变化或化学变化发生时，就有吸热（或放热）效应发生。若以在实验温度范围内不发生物理变化和化学变化的惰性物质作参比物，试样和参比物之间就出现温差，温差随温度变化的曲线称差热曲线或 DTA 曲线。差热分析是研究物质在加热（或冷却）过程中发生各种物理变化和化学变化的重要手段。熔化、蒸发、升华、解吸、脱水为吸热效应；吸附、氧化、结晶等为放热效应；分解反应的热效应则视化合物性质而定。要弄清每一热效应的本质，还需借助其他测量手段，如热重量法、X 射线衍射、红外光谱、化学分析等。

将样品和基准物置于相同的线性升温加热条件下（如图 2-2-10-1 中的示温曲线），当

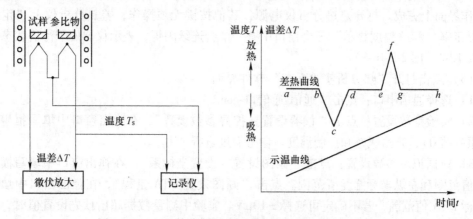

图 2-2-10-1　差热分析原理框图及示温曲线和差热曲线

样品没有发生变化时，样品和基准物温度相等（ab 段，此段也称为基线），二者的温差 ΔT 为零（由于样品和基准物热容和受热位置不完全相同，实际上基线略有偏移）；当样品产生吸热过程时，样品温度将低于基准物温度，ΔT 不等于零，产生吸热峰 bcd；经过热传导后，样品和基准物的温度又趋于一致（de 段）；当样品产生放热过程时，样品温度将高于基准物温度，在基线的另一侧产生放热峰 efg。在测量过程中，ΔT 由基线到极值又回到基线，这种温差随时间变化的曲线称为温差曲线。由于温度和时间具有近似线性的关系，也可以将温差曲线表示为温差随温度变化的曲线。

三、仪器与试剂

（1）仪器：ZCR 差热实验装置，电子天平，采样及数据分析计算机，氧化铝坩埚（$\phi5 \times 4$）。同步热分析仪（STA409 PC）。

（2）试剂：$CuSO_4 \cdot 5H_2O$（AR），KNO_3（AR），$\alpha\text{-}Al_2O_3$。

四、实验步骤

实验前请仔细阅读仪器使用说明。

（一）差热实验装置的校正与性能测试

KNO_3 的 DTA 曲线测定：

（1）取下差热电炉罩盖，露出炉管，观察坩埚托盘刚玉支架是否处于炉管中心，若有偏移，应按仪器使用说明要求调整。

（2）旋松两只炉体固定螺栓，双手小心轻轻向上托取炉体，在此过程中应注意观察保证炉体不与坩埚托盘刚玉支架接触碰撞，至最高点后（右定位杆脱离定位孔）将炉体逆时针方向推移到底（逆时针方向旋转90°）。

（3）取 2 只 $\phi5 \times 4$ 氧化铝坩埚，在试样坩埚中称取 10 ~ 20mg KNO_3，在参比物坩埚中称取相近质量的 $\alpha\text{-}Al_2O_3$ 粉末，均轻轻压实。以面向差热炉正面为准，左边托盘放置试样坩埚，右边托盘放置参比物坩埚。然后反序操作放下炉体，依次盖上电炉罩盖，并旋紧炉体紧固螺栓，在此过程中仍应注意观察保证炉体不与坩埚托盘刚玉支架接触碰撞。

（4）本型号 ZCR 差热分析实验装置采用全电脑自动控制技术，全部操作均在实验软件操作界面上完成。打开差热分析仪电源，其他按键无须操作，差热分析仪上"定时"、"升温速率"和"温度显示"三个窗口中有一个会连续闪烁，表示仪器处于待机状态（见图 2-2-10-2、图 2-2-10-3）。

（5）点击打开"热分析实验系统"软件界面。

1）选择通信串口：点击"通信-通信口-com1"。

2）实验参数设置：点击"仪器设置 – 控温参数设置"，在弹出窗口中填写报警时间（不报警填0）、升温速率和控制温度。参考温度选择"T_0"。

3）数据记录参数设置：点击"画图设置 – 设置坐标系"，在弹出窗口中填写横坐标时间值范围和左纵坐标温度值范围。点击"画图设置-DTA 量程"，在弹出窗口中填写右纵坐标 DTA 值范围，若不确定可选择 $\pm10\mu V$。实验中测量数据超出预先设置值时，软件会自动调整显示范围。

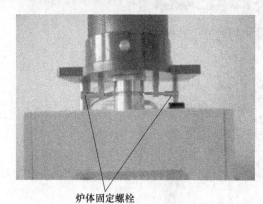
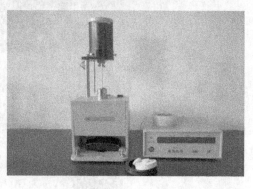

炉体固定螺栓

图 2-2-10-2　差热分析试样安装示意图

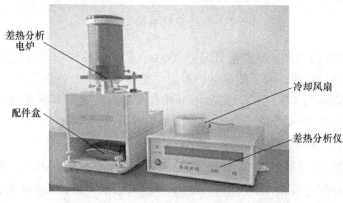

差热分析
电炉

冷却风扇

配件盒

差热分析仪

图 2-2-10-3　ZCR 差热分析实验装置示意图

4）开始测量：点击"画图设置-清屏"擦除前次实验曲线。点击"仪器设置－开始控温"，仪器进入程序升温阶段，此时差热分析仪上待机状态下连续闪烁的窗口停止闪烁，表示仪器进入控温状态。电脑自动记录和显示温度 T_0 和 DTA 讯号随时间变化的曲线。

5）测量结束：程序升温段结束后，仪器自动进入恒温阶段，恒温温度即终止温度。点击"仪器设置-停止控温"，关闭电炉加热电源。保存实验数据，如需导出实验数据至其他数据处理软件，可将实验数据另行保存为 Excel 格式。

6）数据读取：点击"画图设置-显示坐标值"，测量中或测量后均可在软件界面上直接读取任意实验时间的 T_0 和 DTA 值。注意：若要重新设置实验参数，必须关闭此功能，否则软件直接报错关闭（见图 2-2-10-4）。

图 2-2-10-4　DAT 样品安装图

以 5K/min 的升温速率，从室温升温至 200℃，记录 KNO_3 相变过程的 DTA 曲线。测定结束后停止差热炉加热，取下差热电炉罩盖（戴耐火手套，使用工具，防止烫伤），将炉体抬起旋转固定，同步骤（2），露出坩埚托盘支架。接通冷却风扇电源，将风扇放置在炉体顶部吹风冷却 10～15min，至软件界面上炉温 T_s 低于 50℃。

（二）$CuSO_4 \cdot 5H_2O$ 脱水过程的 DTA 曲线测定

将试样坩埚取下，倒出样品，擦拭干净，然后装入 $CuSO_4 \cdot 5H_2O$，按上面相同操作方法测定其脱水分解过程的 DTA 曲线形态与升温速率的关系，升温速率分别为 5K/min、10K/min 和 15K/min，升温范围为室温至 300℃。

五、数据处理与计算

（一）KNO$_3$ 相变温度的确定

KNO$_3$ 是国际标准化组织（ISO）和国际纯粹与应用化学联合会（IUPAC）所认定的供 DTA（或 DSC）用的检定参样之一。热力学平衡相变温度：$T_m = 127.7℃$，升温热分析曲线的外推始点温度 $T_{im} = (128 \pm 5)℃$，峰温 $T_{pm} = (135 \pm 6)℃$。

将实验数据转换成 Excel 文件，并导入 Origin 数据处理软件。作出 $T - \Delta T$ 差热曲线。确定相变的外推始点温度和峰顶温度。

（二）CuSO$_4$·5H$_2$O 脱水温度与升温速率的关系

文献报道 CuSO$_4$·5H$_2$O 样品在加热过程中，共有 7 个吸热峰，其外推始点温度及相应产物分别为：48℃，CuSO$_4$·3H$_2$O；99℃ 的 CuSO$_4$·H$_2$O；218℃ 的 CuSO$_4$；685℃ 的 Cu$_2$OSO$_4$；753℃ 的 CuO；1032℃ 的 Cu$_2$O 和 1135℃ 液体 Cu$_2$O。本实验温度范围内可观察到前三个脱结晶水吸热峰，同时还可能在前两个峰之间夹杂一个液态水气化过程的吸热峰。将数据导入 Origin 数据处理软件，进行多重峰拟合处理，对比不同升温速率 DTA 曲线的形态和温度。结合 DSC-TG 实验数据，分析 CuSO$_4$·5H$_2$O 脱水过程的机理。

实验 11　压力计法测定石灰石分解反应自由焓 $\Delta G_T^\ominus$

一、实验目的

（1）掌握对分解压较大的物质的分解压测定方法——压力计法的原理及操作。
（2）研究石灰石的热力学性质。
（3）掌握测定封闭体系体积的方法。

二、实验原理

对于下面分解反应：

$$CaCO_3 \xrightarrow{\triangle} CaO + CO_2$$

当反应达到平衡时，气相中 CO$_2$ 的分压称为 CaCO$_3$ 的分解压，以 P_{CO_2} 表示。一般来说，碳酸盐比较容易分解，在不高的温度就可以达到较大的分压值，它可以用压力计直接测量。

上述反应的独立组分数为 2，根据相律可知，自由度为 1（$f = 2 - 3 + 2 = 1$）。当温度一定时，则 $f = 0$。

$$P = \Psi(T)$$

即一定温度下的分解压为一定值。

根据质量作用定律：

$$K = \alpha_{CaO} \cdot P_{CO_2} / \alpha_{CaCO_3}$$

固体物质 CaO 和 CaCO$_3$ 在此为纯物质，活度为 1，则

$$K = P_{CO_2} = \Psi(T)$$

由此可见，测定分解压后，即可获得平衡常数。

根据化学反应等温方程式：

$$\Delta G_T^\ominus = -RT\ln K^\ominus = -RT\ln(P_{CO_2}/P^\ominus)$$

由此测定的分解压计算出反应的 $\Delta G_T^\ominus$。

若测定不同温度的 P_{CO_2}，用 $\lg P_{CO_2}$ 对 $1/T$ 作图，从图中可求出 $\lg P_{CO_2} = \dfrac{A}{T} + B$ 中的 A、B 值，从而得到离解压方程式。或由不同温度的 P_{CO_2} 求出相应的 $\Delta G^\ominus$ 值，用 $\Delta G^\ominus$ 对 T 作图，从图中可求出 $\Delta G^\ominus = A' + B'T$ 中的 A'、B' 值，进而得出 $\Delta G^\ominus = \varphi(T)$ 关系式。

综上所述，实验测定离解压后，可以获得分解反应的各热力学函数的关系。应注意的是体系中要使 $CaCO_3$ 过剩，否则体系的 CO_2 压力仅是分压值，而不是分解压值。因此，所测 CO_2 分压是否是分解压，在实验结束时应检查是否有 $CaCO_3$ 过剩。检查的方法有三种：一是利用 $CaCO_3$ 的特性反应来检验 $CaCO_3$ 的存在与否；二是利用理想气体状态方程计算逸出的 CO_2 总分子数与 $CaCO_3$ 总分子数并进行比较，以确定分解反应是否达到平衡；三是利用水洗的方法，由于 $CaCO_3$ 不溶于水，而 CaO 微溶于水，因此若产物有不溶于水的物质，说明 $CaCO_3$ 过剩，分解反应达到平衡。

三、实验仪器及材料

（1）仪器装置，见图 2-2-11-1。

（2）材料：石灰石粉末5g左右。

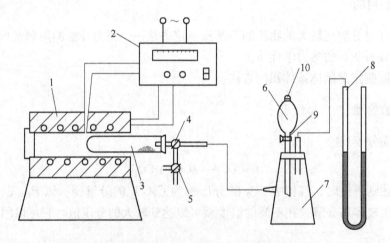

图 2-2-11-1　实验仪器装置

1—电炉；2—温度控制器；3—反应管；4，5—三通阀；6—分液漏斗；
7—抽滤瓶；8—U 形压力计；9—旋塞；10—分液漏斗上盖

四、实验内容和步骤

（1）称取5g左右 $CaCO_3$ 装入瓷舟，然后放入反应管，推至反应炉中部，再将反应管密封，按装置接好管路。

（2）抽真空检查体系的密封性。

（3）测定体系的体积：

1）关闭阀门 9。

2）旋转阀门 4 和 5，使真空泵、反应管及压力计互相连通，而与大气不通。

3）启动真空泵抽气，压力计出现负压。当压差达到 50cmHg 柱时，旋转阀门 5，使体系封闭。真空泵与大气连通，然后停止真空泵。

4）读出 U 形压力计的压差 ΔP_1，这时体系的压力为 P_1，其值：

$$P_1 = P_{大气压} - \Delta P_1$$

（注：压差及压强均以汞柱高表示，$P_{大气压}$ 为当天的大气压力，将 $P_{大气压}$ 及 ΔP_1 记录下来。）

5）将分液漏斗上盖 10 盖严，然后旋转阀门 9，使分液漏斗与体系连通，读出此时的压力差 ΔP_2，并记录下来。同时记下分液漏斗 6 的容积 V_6，以便计算体系的体积。

（4）关闭阀门 9，接通电源升温，当升到指定实验温度时，观察压差是否在 50cmHg 左右，若不足，则抽气到此值（注意真空泵的操作）。

（5）当实验温度恒定时，记下此时的压力差 ΔP_3，体系的压力为：

$$P_3 = P_{大气压} - \Delta P_3$$

（6）每隔 1min 同时读出压力计两侧汞柱的高度（分别为 $h_{内}$ 和 $h_{外}$），及时记录在表格中，直到压力不变为止。

（7）切断电源，停止加热，并使封闭体系通大气。取出试样，用水检查分解情况，并将结果记录下来。

（8）整理实验台和做好清洁工作，实验结束。

五、数据处理与分析

实验数据见表 2-2-11-1。

表 2-2-11-1　实验数据记录

室温/℃		实验温度/℃		ΔP_1/mmHg	
$P_{大气压}$/mmHg		试样质量 W_{CaCO_3}/g		ΔP_2/mmHg	
V_6/mL				ΔP_3/mmHg	
时间/min	压力计内侧读数 $h_{内}$/mmHg	压力计外侧读数 $h_{外}$/mmHg	$\Delta P = h_{内} - h_{外}$	$P_{体} = P_{大气压} - \Delta P$	$P'_{CO_2} = P_{体} - P_3$	$\Delta P'_{CO_2} = P'_{(CO_2)i} - P'_{(CO_2)i-1}$

分析实验结束时产物盐酸检查的现象及结论。

六、实验报告要求

（1）简述实验原理。

（2）载明数据。

（3）计算反应体系的体积（$V_{体}$）：

$$V_{体} = \frac{P_{大气压} - P_2}{P_2 - P_1} V_6$$

（4）计算在室温条件下，已分解出的 CO_2 克分子数，并与试样中所含 CO_2 的数量进行比较，并结合盐酸检验结果，确定反应是否达到平衡。

（5）作 P'_{CO_2}-t 图，求出 $CaCO_3$ 在指定温度下的分解压。

（6）求出该温度下的平衡常数及自由焓，与理论值进行比较。

七、思考题

（1）检查体系是否密封时，当体系为正压时如何检查？

（2）根据本实验装置，推导出 $V_{体}$ 的计算公式（$V_{体}$ 不包括 V_6）。

（3）以 $\Delta P'_{CO_2}$（$\Delta P'_{CO_2} = P'_{(CO_2)_i} - P'_{(CO_2)_{i-1}}$）对时间 t 作图，并对所得曲线给以合理的解释。

实验 12　电阻应变法的粘贴工艺

一、实验目的

（1）了解电阻应变片的结构和种类。

（2）了解电阻应变片的常用粘接剂和防护方法。

（3）通过实验熟悉纸基或胶基（箱式）应变片的粘贴工艺。

二、实验仪器及材料

电阻应变片、惠斯登电桥（QJ24 型单臂电桥）、兆欧表、恒温箱、放大镜、电烙铁、镊子、折叠剪、502 粘贴剂、试件、丙酮等清洗剂、坐标纸、脱脂棉、透明胶带纸、紫铜板、砂纸等。

三、实验内容和步骤

（一）粘贴前的准备

1. 应变片的准备

根据所测试件材质受力情况、环境温度、试件的外形尺寸、使用时间等因素，选取应变片的种类。

（1）外观检查：用放大镜等检查应变片有无断路，短路霉点、锈斑等缺陷；要求敏感栅排列整齐平直，引线牢固等。

（2）阻值分选：用惠斯登电桥逐片测量应变片的阻值，并按其阻值大小分类、编号、登记、包装。

（3）配桥：要求组成电桥的电阻值大致相等（$R_1 = R_2 = R_3 = R_4$）或相对两臂之积大致相等（$R_1 \cdot R_3 = R_2 \cdot R_4$），其最大误差限制在 0.5Ω 以内，否则电桥不易平衡。

2. 试件准备

（1）打磨清洗：用锉刀和粗砂纸等工具将试件表面的油污、漆层、锈迹除去，再用细砂纸打磨成 45° 交叉纹，之后用镊子镊起丙酮脱脂棉球将贴片处擦洗干净，至棉球洁白为止，待溶剂完全挥发后再进行贴片。

（2）划线定位：为保证测量精度，应把应变片粘贴正面定位。有三种方法：

1）用划针划好十字中心（擦洗最后一遍前做完）；

2）用坐标格子纸做模板定位，预留定位孔——挖孔，略大于所选用的应变片；

3）透明胶带纸预贴法：即将应变片非粘贴面贴在透明胶带纸上，找好贴片的准确位置，透明胶带纸一半贴在试件上，另一半连同应变片向上翻起，涂胶，而后翻回原位，用手指加压把应变片牢固地贴在试件上。

（二）贴片

贴片前将试件表面预热到 40℃ 左右，去除潮气。贴片时，用少量的 502 胶（一滴即可），使其薄而均匀布满全片，甩去多余的胶水，迅速准确地贴在处理干净的试件上；在应变片上覆盖一层玻璃纸，用手指顺一个方向挤压数次，挤出多余的胶水，然后换一张玻璃纸继续挤压数分钟。（注意操作中，不得再使应变片移动！）待胶水固化贴牢后撕去玻璃纸，即完成贴片工作。

如必须重新贴片时，一定要用砂纸打磨去除原有胶层，再重新擦洗，涂胶贴片。

（三）粘贴质量检查

（1）借助放大镜、镊子，检查是否贴正、贴牢，有无气泡。

（2）用万用表检查有无断路、短路。

（3）用高阻表或兆欧表检查应变片与试件间的绝缘电阻，一般应在 $500M\Omega$ 以上，动态测量也可在 $50 \sim 100M\Omega$ 以上，静态测量要求高一些。

（4）如工作在大电流条件下，或长期工作，应通以 $2 \sim 3$ 倍工作电流，考验数分钟，不应烧断或起泡。

（四）组桥连线

（1）为便于连线在应变片引线附近贴上引线端子。

（2）按测量要求组桥（半桥或全桥）。

（3）注意走线规则、整齐，引线要加以固定和注意绝缘。

（4）焊线宜用 25W 以下电烙铁，焊接时间（$3 \sim 5s$）不要过长，焊锡不要过多，焊点要光滑牢固。

（五）防护处理

粘贴好的应变片，为了防止机械损伤和油、水的侵蚀，应加以包扎（白布带、胶带等）和涂敷防护材料，涂敷防护材料之前应预热驱除潮气，常用防护材料见表 2-2-12-1。

表 2-2-12-1　常用应变片表面涂敷防护材料

材料名称	配　方	使用温度/℃	使用方法和场合
纯凡士林	纯凡士林	<55	加热熔化去除水分，冷却后即可用于室内短时测量和室外临时防护
石蜡涂料	石蜡 40% ~46% 松香 35% ~30% 凡士林 15% 机油 10%		将 4 种配料加热至 15℃混合搅匀，恒温 50min 冷至 60℃左右，即可使用。可用于室内或温度不太高的室外条件
合成橡胶	氯丁胶 密封胶 橡胶	<70 <250	使用方便，使用前添加少量固化剂；防滑、防机械损伤，宜长期使用
双氯树脂			使用方便，固化后较脆，耐冲击性差，防潮、防机械损伤

四、实验报告要求

（1）说明选择应变片的原则。

（2）说明把阻值、K 值相同的应变片归在一起的目的。

（3）说明贴片定位的目的和确保贴得准的方法。

（4）说明把多余的胶水和空气挤掉的目的。

（5）说明做防潮处理的目的。

实验 13　静态应力 – 应变测量

一、实验目的

（1）掌握用电阻应变片组成测量电桥的方法。

（2）掌握应变数据采集分析仪的使用方法。

（3）验证电桥的和差特性及温度补偿作用。

（4）验证测量应变值与理论计算值的一致性。

二、实验原理

（1）计算机测试系统：被测信号通过传感器转为电信号（电压或电流信号），通过信号调节环节使输出大小与被测信号大小完全对应。信号调节环节还设置不同的滤波频率，对干扰谐波进行过滤，使信号调理输出消除杂波影响。经过调理环节的标准电压接入多路转换器，进入采样保持器及转换芯片进行数字化转换，转换后的数字信号在接口电路里锁存，再进入计算机，经过运算处理后显示、绘图或打印。

（2）电桥的和差特性：电桥的输出电压与电阻（或应变）变化的符号有关。即相邻臂电阻或应变变化，同号相减，异号相加；而相对臂则相反，同号相加，异号相减。

（3）利用桥路的和差特性可以提高电桥灵敏度、补偿温度，在复杂应力状态下测取某一应力，消除非测量应力。

三、主要仪器和材料

（1）仪器：等强度梁实验台、WS-3811 应变数据采集分析仪、计算机、砝码。

（2）材料：丝绕式电阻应变片。

四、实验内容和步骤

（1）了解所采用的静动态应变数据采集仪的正确使用（见附录）。

（2）接线（见附录）。

（3）组桥方法和顺序，按图 2-2-13-1 所示的组桥方法和顺序组成各种测量电桥。

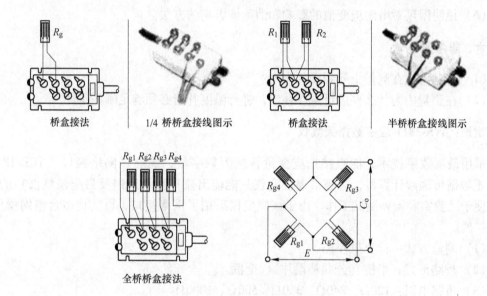

桥盒接法　　1/4 桥桥盒接线图示　　桥盒接法　　半桥桥盒接线图示

全桥桥盒接法

图 2-2-13-1　组桥方法和顺序

（4）测量：

1）平衡电桥；

2）加载及卸载：把每一级加载及卸载后的读数值填入表 2-2-13-1 中。

表 2-2-13-1　实验数据表

荷载 /kg	加　载		卸　载		机械滞后	线性	加　载		卸　载		机械滞后	线性
	$\mu\varepsilon$ 测值	$\mu\varepsilon$ 真值	$\mu\varepsilon$ 测值	$\mu\varepsilon$ 真值			$\mu\varepsilon$ 测值	$\mu\varepsilon$ 真值	$\mu\varepsilon$ 测值	$\mu\varepsilon$ 真值		

3）根据图 2-2-13-1 的组桥方法和顺序分别加、卸载测量。并将所测的应变值分别填入表中，然后对各表（各种组桥方式）的数据进行比较。

五、实验报告要求

（1）简述实验方法，按表列出试验数据。
（2）根据试验数据计算机械滞后及非线性。
（3）计算在测量载荷下梁的理论应变值，并与实测值比较。
（4）根据试验记录和计算结果说明电桥加减特性。
（5）写出实验结果、分析、讨论等内容。
（6）说明温度对电阻应变值的影响和消除该影响的方法。

六、思考题

（1）和差特性在测量中起到哪些作用？
（2）在测量中为什么要进行温度补偿，进行温度补偿必须满足哪些条件？

附录：WS-3811 应变数据采集仪

采用最新数字技术，能直接把应变量转换为数字量，能通过网络接口（TCP/IP 协议）把数据传输给计算机，克服常规应变仪只能输出模拟量（还需要另配采集仪）的缺陷，便于试验室和野外测试工作。由于该应变仪采用了网络接口，可实现多台组网操作，方便扩展。

（1）测量方式：计算机程控。
（2）桥路形式：半桥（公共补偿片）、全桥。
（3）桥路电阻：120Ω、240Ω、350Ω、500Ω、1000Ω。
（4）灵敏系数：1.00 ~ 9.99。
（5）采样速率：1 点/s（脱机使用），10 点/s（联机使用）。
（6）稳定度：±3με/2h，1με/℃。
（7）程控应变量程：±20000με。
（8）线性度：0.1% FS。
（9）平衡方式：（程控）自动平衡。
（10）漂移：时间零点漂移：≤3me/4h；温度漂移：小于 1me/℃（工作温度范围内）。
（11）工作环境：0 ~ 40℃；20% ~ 85% RH。
（12）电源：AC220V/50Hz；DC5V；功率：3W。

实验 14　金属表面粗糙度的测量

一、实验目的

（1）了解表面粗糙度仪的工作原理。
（2）掌握表面粗糙度仪的使用方法。

（3）掌握不同黏度轧制油对轧后铝材表面粗糙度的影响规律。

二、实验原理

在铝板带冷轧过程中，工艺润滑起着至关重要的作用。采用工艺润滑可以有效地降低轧制力，减小摩擦系数，改善轧件的表面质量。但是，如果润滑不当，可能对轧后表面质量产生不利影响。轧制铝板时，由于轧制变形区入口处特殊的几何条件即润滑楔角，使流体动力学形膜成为轧制变形区最基础和最重要的油膜形成机制。油膜随着轧制油黏度和轧制速度增加而变厚，油膜厚度增加会使轧制压力和摩擦系数减小，但是过后的油膜导致"屏蔽"效应增加，使得轧后制品表面粗糙化非常严重。为了避免轧件表面粗糙化现象，通常使用低黏度轧制油。为此，开展工艺润滑对铝板带表面粗糙度关系的研究，找出轧制油对轧后铝材表面质量的影响规律，对于确保工艺润滑效果，改善轧后产品表面质量具有重要的理论和实践意义。

三、实验设备及材料

（1）二辊不可逆轧机：$\phi 186\text{mm} \times 250\text{mm}$。
（2）铝板条：$2\text{mm} \times 40\text{mm} \times 200\text{mm}$，4 条。
（3）游标卡尺。
（4）不同黏度的轧制油（至少 3 种）、酒精、脱脂棉。
（5）SRM-1（D）型表面粗糙度仪。

四、实验内容和步骤

（1）清擦轧辊，不施加任何润滑油，取一铝条试件，按拟定好的压下制度在轧机上将试件轧薄。
（2）清擦轧辊，分别取 3 种不同轧制油，均匀地涂抹于试件和辊面，重复步骤（1）方法轧制。
（3）取样并用煤油、酒精擦净表面。
（4）利用表面粗糙度仪，测出 4 种不同润滑状态下轧制试样的表面粗糙度，记作表面轮廓图（图 2-2-14-1），绘出轧制油黏度对轧后铝板表面粗糙度影响曲线，如图 2-2-14-2 所示。

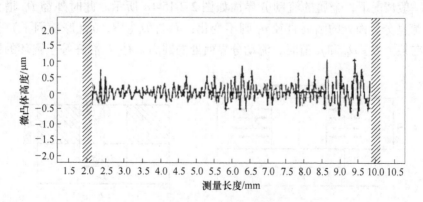

图 2-2-14-1　轧件表面轮廓图

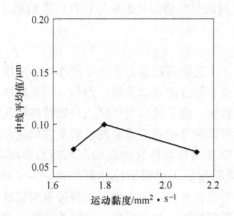

图 2-2-14-2　轧制油黏度对轧后铝板表面粗糙度的影响

五、实验结果与分析

（1）分析变形区油膜与轧制油黏度的关系。

（2）说明轧制油对轧后铝材表面质量的影响规律。

（3）说明采用工艺润滑能够降低表面粗糙度的微观原因。

实验 15　镦粗圆环法测定摩擦系数

一、实验目的

（1）利用镦粗圆环法测定镦粗紫铜和铅时的摩擦系数。

（2）研究工艺条件对摩擦系数的影响。

（3）作出在一定摩擦条件下，镦粗紫铜和铅的 $d - h$ 关系曲线。

二、实验原理

在镦粗圆环时，由于试样和砧面间的接触摩擦系数不同，圆环的内外径尺寸将有不同的改变。一般情况下，金属的流动分界面如图 2-2-15-1a 所示。此时外径 D_0 增大，内径 d_0 减小，流动分界面处的圆周直径 d_i 则不变化；d_i 与 D_0、H、μ（摩擦因子）等因素有关，只有在某个 H、D_0 和 μ 值时，流动分界面处的圆周直径 d_i 恰好等于圆环的原始直径

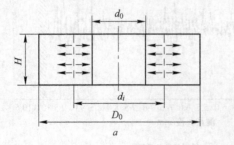
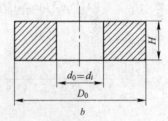

图 2-2-15-1　镦粗圆环时，内外径尺寸改变情况

d_0，如图 2-2-15-1b 所示。

通常情况下，以内径的变化作为衡量的依据，摩擦系数小时，内径会扩大，摩擦系数增大到一定值后，内径则开始缩小；根据实验研究和塑性理论的分析，可以将不同摩擦系数下圆环压缩量和内径变化间的关系作出曲线图，如图 2-2-15-2 所示。利用该图就可以方便地求得试件在各种摩擦条件下的摩擦系数值。

本实验通过在不同的摩擦条件和变形程度下，压缩紫铜和铅这两种金属，来测定各种情况下的摩擦系数，并作出一定摩擦条件下镦粗紫铜和铅的 $d - h$ 关系曲线。

这种方法，试样简单，试验不复杂，但试验条件要求各方向均匀摩擦，试验的压缩程度以 $\varepsilon < 60\%$ 为好。

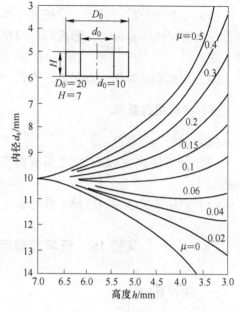

图 2-2-15-2　圆环镦粗法确定摩擦
系数的标定曲线

三、实验设备及材料

（1）设备：300kN 材料试验机。

（2）工具：游标卡尺。

（3）材料：紫铜圆环 3 个，尺寸为：$D_0 = 20\mathrm{mm}$、$d_0 = 10\mathrm{mm}$、$H = 7\mathrm{mm}$，铅圆环 2 个，尺寸为：$D_0 = 20\mathrm{mm}$、$d_0 = 10\mathrm{mm}$、$H = 7\mathrm{mm}$。

四、实验内容和步骤

（1）精确测量试件的有关尺寸（D_0、d_0、H），把数据填入表 2-2-15-1 中。

表 2-2-15-1　实验数据

材质		试验条件	D_0	d_0	H	h_1	d_1	μ_1	h_2	d_2	μ_2
紫铜	1 号	没有润滑									
	2 号	有润滑									
铅	1 号	没有润滑									
	2 号	有润滑									
材质		试验条件	h_3	d_3	μ_3	h_4	d_4	μ_4	h_5	d_5	μ_5
紫铜	1 号	没有润滑									
	2 号	有润滑									
铅	1 号	没有润滑									
	2 号	有润滑									

（2）在没有润滑的情况下，把一个紫铜圆环和一个铅圆环分别放到材料试验机上进行压缩，压缩规程为 7.0—6.0—5.0—4.5—4.0—3.5mm，测出每次压缩后的圆环内径

d_1，把数据填入表 2-2-15-1 中。

（3）在有润滑的情况下，仍按照上面的规程 7.0—6.0—5.0—4.5—4.0—3.5mm，压缩另一个紫铜圆环和另一个铅圆环，测出每次压缩后的圆环内径 d_1，把数据填入表 2-2-15-1 中。

（4）根据实验数据，查图 2-2-15-2，可求出各种条件下的摩擦系数 μ。

五、实验报告要求

（1）载明实验数据。

（2）分别作出在没有润滑和有润滑的情况下，镦粗紫铜和铅圆环的 $d-h$ 关系曲线。

（3）讨论工艺条件对摩擦系数的影响。

实验 16　超声波探伤：DAC/AVG 曲线的制作

一、实验目的

（1）了解超声波探伤的基本原理。
（2）掌握超声波探伤仪的使用方法和步骤。
（3）制作 DAC 曲线。
（4）制作 AVG 曲线。

二、实验原理

当被检测材料中存在缺陷时，缺陷处的声阻抗和基体的声阻抗不同，超声波在材料中传播时，不同的声阻抗界面会发生超声波反射，根据反射超声波信号的有无、大小及其在时基轴上的位置来判断缺陷的大小、位置。

三、实验设备及材料

（1）超声波探伤仪。
（2）直探头和斜探头。
（3）CSK-IA 试块、CS-1-5 试块、CSK-IIIA 试块。

四、实验内容和步骤

（一）AVG 曲线的制作

（1）进入"探伤调节"，进入"通道选择"，选择一个通道（可以通过小键盘数字键自己设定）。

（2）输入直探头的基本参数，包括探头类型（直探头）、探头晶片直径和探伤频率，由于直探头没有角度和 k 值，所以相关参数不用进行设置。

（3）然后"返回"，设置声速，直探头一般选择"钢直声速"（或者直接输入一个数值，进行零点测试后，能够测出准确的声速）。

（4）零点测试，输入一次声程（所用试块的超声波传播方向的单程长度），然后零点测试。

（5）按"返回"，进入"AVG 曲线"制作菜单，包括"大平底"和"平底孔"两种制作。

（6）进入"平底孔"制作 AVG 曲线，"孔深"设置为 200mm，"孔直径"设置为 2mm，"波高"设置为 50mm。

（7）设置"声程"（一般大于孔深，比如：250mn），然后按"确认"键。

（8）在 CS-1-5 试块上涂上耦合剂，将探头放在试块上，压紧探头，找到直径为 200mm 孔的最高波。

（9）稳住探头，然后按"测量"键，这时屏幕上会出现一个"门"（在与孔深数值相等的横轴数值上方有一水平的短线），如果波高达不到门高的位置，可以通过"增益"键结合"＋"、"－"来调节，使波高达到门高的位置。

（10）然后按"确认"键，平底孔 AVG 曲线制作完成。

（11）然后连续按"返回"进入"保存通道"菜单，钢料制作的 AVG 曲线就保存到相应的通道里。

（12）"大平底"AVG 曲线的制作方法与"平底孔"AVG 曲线的制作方法类似。

（二）DAC 曲线的制作

（1）进入"探伤调节"，进入"通道选择"，选择一个通道（可以通过小键盘数字键自己设定）。

（2）输入斜探头的基本参数，包括探头类型（单斜探头）、探头晶片直径、探头频率和探头 k 值，探头角度与 k 值一一对应，所以二者只需输入其中一个，另一个就自动确定。

（3）然后"返回"，设置声速，斜探头一般选择"钢斜声速"（或者直接输入一个数值，进行零点测试后，能够测出准确的声速）。

（4）在 CSK-1A 零点偏移，输入一次声程（所用试块的超声波传播方向的单程长度，分别在半径为 50mm 和 100mm 的位置测当前零点和声速）。

（5）然后零点测试，按照屏幕提示：稳住探头，等待门内最高波调至门高，"回车"确认完成，仪器自动记录，屏幕左侧会显示："测试成功"，半径为 100mm 的测试方法与半径 50mm 的类似。

（6）输入探头前沿的数值。

（7）k 值测试，将探头放在标有 $K2.0$ 刻槽靠向 $\phi50$mm 一侧，前后移动探头找出孔波最高波，稳住探头，等待仪器自动调整增益将最高波调整到 80%，按屏幕提示：稳住探头，等待门内最高波调至门高；按"确认"键完成；k 值测试完毕。

（8）进入"DAC"曲线制作菜单，选择"手工新建"。

（9）一般至少要选择 3 个点来制作 DAC 曲线，把探头放在将探头对准 CSK-IIIA 试块上 10mm 的孔深，仪器自动调整增益和声程，稳住探头找到 10mm 孔深的最高波，使用"定量"键，结合"＋"和"－"选波，使光标在 10mm 孔深位置的波上方，然后按"确认"键确认。

（10）可以选择其他两个不同直径的孔（比如：30mm、50mm），按照步骤（9）的方法操作。

（11）按"返回"，进入"探伤调节"、"通道选择"、"保存通道"，DAC曲线制作完成。

五、实验报告要求

（1）简述超声波探伤的基本原理。

（2）掌握超声波探伤仪的使用方法和步骤。

（3）简述DAC曲线、AVG曲线的制作。

实验17　涡流探伤

一、实验目的

（1）了解涡流探伤的基本原理。

（2）掌握涡流探伤的一般方法和检测步骤。

（3）熟悉涡流探伤的特点。

二、实验原理

（一）EEC-35/RFT涡流检测仪简介

EEC-35/RFT智能全数字式多频远场涡流检测仪是新一代涡流无损检测设备。它采用了最先进的数字电子技术、远场涡流技术及微处理机技术，能实时有效地检测铁磁性和非铁磁性金属管道的内、外壁缺陷。EEC-35/RFT既是一套完整的远场涡流检测系统，也可与常规的多频、多通道的普通涡流检测系统融为一体，成为高性能、多用途、智能化的涡流检测新型设备。

EEC-35/RFT由于具备了4个相对独立的测试通道，可同时获得两个绝对、两个差动的涡流信号。仪器可通过软开关切换成两台二频二通道的涡流检测仪，同时连接两只探头进行检测。具有5Hz~5MHz的可变频率范围，因此EEC-35/RFT特别适用于核能、电力、石化、航天、航空等部门在役铜、钛、铝、锆等各种管道、金属零部件的探伤和壁厚测量以及各种铁磁性管道的探伤、分析和评价。例如：锅炉管、热交换器管束、地下管线和铸铁管道等的役前和在役检测。EEC-35/RFT具有可选的多个检测程序，同屏多窗口显示模式，同屏显示多个涡流信号的相位、幅度变化及其波形。多个相对独立的检测通道，有多达三个混频单元，能抑制在役检测中由支撑板、凹痕、沉积物及管子冷加工产生的干扰信号，去伪存真，提高对涡流检测信号的评价精度。且由于采用全数字化设计，能够在仪器内建立标准检测程序，方便用户现场检测时调用。此外，仪器还具有组态分析功能，能够用于金属表面硬度、硬化深度层深等的检测及材料分选。

（二）涡流检测原理

涡流检测是以电磁感应为基础的。它的基本原理可以描述为：当载有交变电流的检测线圈靠近导电试件时，由于线圈中交变的电流产生交变的磁场，从而试件中会感生出涡流。涡流的大小、相位及流动形式受到试件导电性能等的影响，而涡流的反作用磁场又使检测线圈的阻抗发生变化，因此，通过测定检测线圈阻抗的变化，就可以得出被测试件的导电性差别及有无缺陷等方面的结论。

（三）产生涡流的基本条件

变化着的磁场接近导体材料或导体材料在磁场中运动时，由于电磁感应现象的存在，导体材料内将产生旋涡状电流，这种旋涡状的电流叫作涡流。同时，旋涡状电流在导体材料中流动又形成一个磁场，即涡流场。

如图 2-2-17-1 所示，线圈中通以交变电流 i，线圈周围产生交变磁场，因电磁感应作用，在线圈下面的导体（试样）中同时产生一个互感电流，即涡流 ie。随着原磁场 H 周期性交互变化，产生的感应磁场（或称互感磁场）即涡流磁场 He，也呈周期性交互变化。由电磁感应原理可知，感应磁场 He 总要阻碍原磁场 H 的变化；即当原磁场 H 增大时，感应磁场 He 也要反向增强，反之亦然。最终达到原磁场 H 与感应磁场 He 的动态平衡。通俗地说，感应磁场

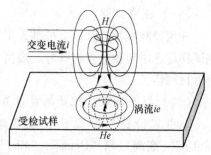

图 2-2-17-1 　涡流信号

He 总是要阻碍原磁场 H 的改变，以便维持相对的动态平衡。当检测线圈位于导体的缺陷位置时，涡流在导体中的正常流动就会被缺陷所干扰。换句话说，导体在缺陷处，其电导率发生了变化，导致涡流 ie 的状况受到了影响，感应磁场 He 随之发生变化，这种变化破坏了原来的平衡（即 H 与 He 的动态平衡），原线圈立刻会感受到这种变化。即通过电流 I 反馈回来一个信号，称为涡流信号。这个涡流信号通过涡流仪拾取、分析、处理和显示、记录，成为对试件进行探伤、检测的根据。实际上，除导体存在缺陷可引起涡流变化外，导体的其他性质（如电导率、磁导率、几何形状等）的变化也会影响导体中涡流 He 的流动，这些影响都将产生相应的涡流信号。因此，涡流不仅可以用来探伤，而且可以用来测量试样的电导率、磁导率、几何形变（或几何形状）和材质分选等。

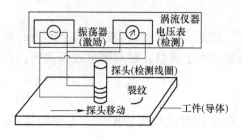

图 2-2-17-2 　涡流仪器基本结构

（四）涡流仪器的基本结构

根据电磁感应的互感原理，只有两个导体之间才能产生互感效应。故产生涡流的基本条件是：能产生交变激励电流及测量其变化的装置，检测线圈（探头）和被检工件（导体）。通常受检工件包括金属管、棒、线材，成品或半成品的金属零部件等。涡流仪器基本结构如图 2-2-17-2 所示。这是一个最基本的涡流仪器图。检测线圈拾取的涡流信号可由线圈的感抗变化来表示。

三、实验内容

（1）熟悉涡流探伤实验设备，设置合理检测参数。

（2）了解探头结构和使用特点。

（3）检测试块缺陷，并设置自动报警。

四、实验设备及材料

（1）设备：涡流探伤仪、探头、标准件。

（2）材料：铜、铝、钢及其合金无缝管。

五、实验方法

（一）校准试样

选用校准试样是加工有校准人工缺陷的管材，用来校准和调整探伤设备的灵敏度。校准试样应选用与被检管材牌号、规格、表面状态、热处理状态相同，并无自然缺陷的低噪声管材制作。

（二）探头驱动、探头增益设置

点击"设计"菜单中"探头驱动、探头增益设置"，按电脑键盘上"PgUp"，"PgDn"（细调）和"Home"，"End"（粗调）设置频率、前置放大、驱动和纠偏。频率一般为探头工作频率的中间值，也可根据材料进行选择最佳经验值；前置放大一般为15、20、25DB；绝对式点探头驱动一般设为 1 ~ 3，内、外穿探头和边缘式点探头（差动式）设为 5 ~ 7。

（三）调节阻抗平衡位置

点击"采集"菜单中"开始/结束"，把探头放在校准试样无缺陷处，不停地晃动，按电脑键盘"空格键"使屏幕中绿点处在屏幕中心。

（四）设置临界报警缺陷

（1）点击"采集"菜单中"开始/结束"，把探头缓慢地通过校准试样中的各个缺陷，在时基图中用鼠标右键选择基准缺陷。

（2）点击"采集"菜单中"增益增加"和"增益减少"按钮，使基准缺陷阻抗八字形图处在临界报警区域（红色区域），也就是如果缺陷大于等于该基准缺陷，设备报警，否则不报警。

（3）点击"采集"菜单中"左旋"和"右旋"按钮，使基准缺陷阻抗八字形图的相位测量值为40deg。对于内穿探头，如果测量缺陷相位小于该值，缺陷则靠近管内壁，否则靠近外壁，对于外穿探头，与之相反。

（4）再次调节阻抗平衡位置。

点击"采集"菜单中"开始/结束"，把探头放在校准试样无缺陷处，不停地晃动，按电脑键盘"空格键"使屏幕中绿点处在屏幕中心。

（五）工件测量

使探头缓慢扫过待测工件，若工件有大于设定的基准缺陷，设备将报警，否则通过检测。对于点探头，晃动信号要调到水平位置。

六、实验报告要求

（1）客观记录实验结果。

（2）做涡流特点分析。

七、思考题

（1）涡流探伤的基本原理是什么？
（2）如何进行探头驱动、前置增益的合理选择？
（3）若用涡流探伤对裂纹大小探测可采用什么方法？

实验 18　电 磁 探 伤

一、实验目的

（1）掌握磁粉检测系统组成及基本工作原理，以及设备的正确使用方法。
（2）掌握磁粉检测的方法和步骤。

二、实验原理

铁磁性材料工件被磁化后，由于工件表面和近表面缺陷的存在，穿过缺陷区域的磁力线产生局部畸变离开工件进入工件外区域，从而形成漏磁场，当工件表面有磁粉时，漏磁场会吸附工件表面的磁粉，在合适的条件下会形成可见的磁痕，从而显示出缺陷的位置、大小等信息。

三、实验设备及材料

电磁探伤仪—CDX-4B、探头、工件、磁粉。

四、实验内容和步骤

（1）工件表面的预处理：用打磨机或者砂纸除掉被检测工件表面的锈、氧化皮等，使工件表面光滑平整，保证探头与工件吻合良好。
（2）连接探伤仪的电源和探头。
（3）准备好所使用的的磁粉（干粉或者湿粉）。
（4）将 CDX-4B 磁粉探伤仪的电源插头接上。
（5）根据探头类型选择磁化电流（交流/直流）。
（6）使磁探头和被检测工件充分接触。
（7）接通激励电源对工件进行磁化，在被磁化区域喷洒磁粉。
（8）改变激励磁场方向，重复步骤（7）。
（9）移动磁探头在工件的位置，重复步骤（7）、（8）。
（10）对磁痕进行分析，判断工件是否存在缺陷。

五、实验报告要求

（1）简述磁粉检测系统组成及基本工作原理。
（2）简述磁粉检测的方法。

实验 19　自动密度仪原理、操作及应用

一、实验目的

（1）了解自动密度仪的工作原理、操作及其在材料科学与工程中的应用。

（2）学会使用 DSC 仪器测定材料的操作技术。

（3）学会用自动密度仪自动测量各种固体、液体的密度。

二、实验原理

（一）自动密度仪原理

自动密度仪由高性能电磁力平衡原理的电子天平、专用分析程序等组成。可自动测量各种固体、液体的密度。其特点是高精度、高线性、高稳定性以及多功能。

通过浮力与密度计算公式的变换形成等式，首先利用高精密电子分析天平分别计算出待测样品在空气中的质量（W_1）和在水中的质量（W_2），并计算出 $W_1 - W_2$ 值，水的密度默认为 $\rho = 1$，通过 $V_{样品} = V_{排水}$ 建立等式，即可计算出样品的密度值：$\rho = W_1 \times \rho/(W_1 - W_2)$，此为固体密度计算公式。

如果待测样品为液体，则先利用一个已知体积的标准块作为参考物，通过标准块在空气中质量（W_1）水中质量（W_2）得出计算公式：$\rho_{液} = (W_1 - W_2)/V_{标准块}$。

（二）安装说明

自动密度仪合适的安放位置是获得精确测量结果的关键。因此应确保：

（1）稳定、无振动的安放位置，并且尽可能水平；避免阳光直射、强烈的温度变化、空气对流。最理想的位置是放置于房间角落稳固的操作台，并使之避免来自房门、窗户、散热片或空调通风口的气流。

（2）工作环境温度：15 ~ 25℃，温度波动度不大于 1℃/h；空气相对湿度小于 75%。

（3）调整水平脚使气泡处于正中位置（注：仪器每移动一次位置都需要重新调整水泡）。

（三）操作面板按键说明

（1）开/关键：仪器的开关。

（2）校准键：对仪器的测量量程进行校准。

（3）去皮键：去除已有显示的数字（即清零）。

（4）测试键：用于测试固体密度。

（5）模式键：有三种测试模式：

1）测试液体密度功能；

2）测试固体密度时介质的选择（纯水、无水乙醇）；

3）称重功能。

（四）操作和校准

（1）仪器接通电源，显示器即显示“OFF”。通常 ZMD-2 型需要通电预热 60min 以上

（在 OFF 状态下即可）。

（2）仪器在以下几种情况时，需要校准：

1）仪器每天首次使用之前；

2）仪器已使用了一段较长的时间；

3）仪器搬动或移位以后；

4）工作温度变动较大。

注意：为了获得精确的测量结果，仪器必须在校准前通电预热 60min 以上，以使仪器处于稳定的状态。

（3）ZMD-2 校正方法：

1）ZMD-2 型轻轻将单层称重盘挂在吊钩上，然后按"去皮"键；

2）在仪器稳定显示全零，即"0.0000g"时，按"校准"键，仪器显示"C-100"，这时将随机所附的标准砝码放置在秤盘上，等待仪器内部自动校准；

3）当显示屏显示"100.000g"，且蜂鸣器"嘟"响一声时，表示校准完成。取下校准砝码。仪器显示为"0.0000g"。如果不回零，按上述方法再校准一次。校准好的仪器最大称重可达到 100g。如果按"校准"键后出现"C－E"，表示校准出错，应按"去皮"键，回零后再按"校准"键重新校准。

三、测试步骤

（一）ZMD-2 固体密度

（1）按"模式"键，使液晶屏显示图 2-2-19-1 所示状态。

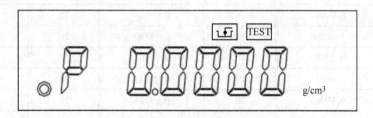

图 2-2-19-1　液晶屏显示图（1）

（2）将介质（常用纯水或无水酒精，本实验以纯水为例）倒入玻璃杯中，液面应与玻璃杯口有适当距离为好，并放置在工作平台上。

（3）将双秤盘挂在仪器吊钩上，双秤盘的下秤盘浸没在盛有液体介质的大玻璃杯中，按"去皮"键，仪器显示"0.0000g"。

注：由于下秤盘上要放置被测样品，并要求将放入的样品也要完全浸没介质中，所以下秤盘浸入的深度需要考虑被测试样的高度，且保持上秤盘仍在空气中（见图 2-2-19-2a）。

（4）将被测试样（规则或不规则均可）放在上秤盘上（见图 2-2-19-2b），这时液晶屏上会显示该试样的质量。待数值稳定后按一下"测试"键，此时屏幕上显示的"P"变成"F"。然后轻轻取下试样，再小心放入浸没在介质中的下秤盘上（保证试样完全浸没在介质中，见图 2-2-19-2c），待数值稳定后再按一下"测试"键。这时液晶屏上显示的就是该试样的密度。

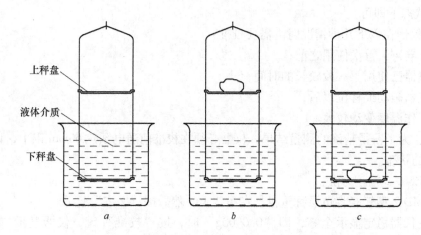

上秤盘

液体介质

下秤盘

图 2-2-19-2　试样在秤盘中放置情况

注意事项：

（1）纯水（或其他介质）在不同温度下的密度是不同的（表 2-2-19-1），如测试要求较高时，需对纯水进行恒温。纯水的密度在 4℃ 时为 1，其他温度时都小于 1。在没有恒温装置的情况下，为得到较为精确的测量值，可以进行以下的修正：将液晶屏上的密度读数 × 纯水在当前温度下的密度值。

表 2-2-19-1　不同温度时水的密度 D

温度/℃	密度 $D/g \cdot cm^{-2}$	温度/℃	密度 $D/g \cdot cm^{-2}$	温度/℃	密度 $D/g \cdot cm^{-2}$
0	0.99987	16	0.99897	25	0.99707
4	1.00000	17	0.99880	26	0.99681
5	0.99999	18	0.99862	27	0.99654
10	0.99973	19	0.99843	28	0.99626
11	0.99963	20	0.99823	29	0.99597
12	0.99952	21	0.99802	30	0.99567
13	0.99940	22	0.99780	40	0.99224
14	0.99927	23	0.99756	50	0.98807
15	0.99913	24	0.99732	60	0.96534

（2）测试固体密度时，试样浸没在纯水中不能有气泡，否则会影响测试的准确性。如有气泡（例如测试塑料粒子），可以将纯水换成无水乙醇。

（二）ZMD-2 液体密度测量

（1）取下双秤盘，按"去皮"键，等待仪器稳定显示"0.0000g"。

（2）按"模式"键，使显示屏显示图 2-2-19-3 所示状态。

（3）将需要测量的液体倒入小玻璃杯中，液体表面应与玻璃杯口有适当距离。

（4）将双头钩及随机所附的体积标准件（由不锈钢材质制成）一起小心地挂在秤钩上并按"去皮"键，使仪器显示为"0.0000g/cm³"，具体操作见图 2-2-19-4。

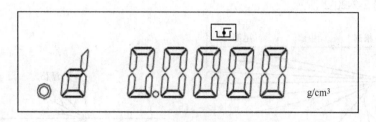

图 2-2-19-3　液晶屏显示图（2）

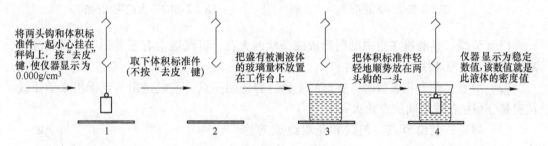

图 2-2-19-4　双头钩及随机所附的体积标准件挂在秤钩上的具体操作

操作时应注意：

（1）体积标准件放入液体时要小心，慢慢地下降，不要忽快忽慢，放入的标准件不能碰到玻璃杯内壁。

（2）为达到测试精确度及重现性，被测样品内不能有气泡及抱团微粒，保持样品内部均匀。

四、实验报告要求

（1）简述自动密度仪的工作原理、操作技术。

（2）简述自动密度仪测量各种固体、液体密度的方法。

实验 20　多种钢铁材料的火花鉴别实验

一、实验目的

（1）掌握多种钢铁材料的火花鉴别方法。

（2）简单快速鉴别钢种，防止混料发生。

二、实验原理

钢铁材料在砂轮的磨削作用下产生高温，被加热的磨屑沿着砂轮的切线方向飞出，在空间划出一条条光亮的流线，并且磨屑的表面产生一层氧化铁，铁碳合金在高温状态下分解出碳原子，$Fe_3C \rightarrow 3Fe + C$，碳原子与表面氧化铁发生还原反应产生 CO，$FeO + C \rightarrow Fe + CO\uparrow$，当 CO 的压力达到一定程度时，熔融状态的磨屑就会爆裂，形成爆花。火花束为火花的总体，分为根部、中部、尾部，如图 2-2-20-1 所示。火花束由流线、节点、爆花和尾花构成，如图 2-2-20-2 所示。

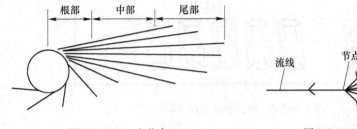

图 2-2-20-1　火花束　　　　　　　　图 2-2-20-2　火花束的构成

（1）流线：是磨屑在空中抛射形成线条状的火花，流线通常有三种形态：直线流线、断续流线、波浪流线。

（2）节点：是火花爆裂时，在流线上稍肥胖的明亮点，芒线是由节点爆出来的短线，花粉是分布在芒线之间的点状火花。

（3）爆花：是由节点、芒线和花粉组成的总体。分为一次花、二次花、三次花等。一次花是流线首次爆出芒线的爆花。二次花是由首次芒线爆出二次芒线所组成的爆花，三次花是二次芒线上爆出三次芒线所组成的爆花，如图 2-2-20-3 所示。

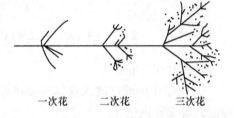

一次花　　二次花　　三次花

图 2-2-20-3　爆花的种类

（4）尾花：是流线尾部的火花，由狐尾花、枪尖尾花、羽尾花组成。

不同种类的钢铁，它们的流线形状、爆花、尾花以及火花的颜色、光辉度不同。钢铁的火花特征，主要取决于它的含碳量以及合金元素的种类和含量。常见的钢铁材料火花特征：15 号钢（C 含量 0.15%）火花特征：火束长，流线挺直，稍红，以一次花为主，枪尖尾花，如图 2-2-20-4 所示。40 号钢（C 含量 0.4%）火花特征：火束短，光亮，以三次花为主，有花粉，如图 2-2-20-5 所示。

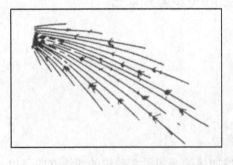
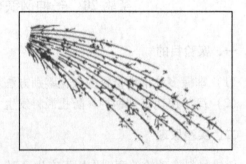

图 2-2-20-4　15 号钢火花特征　　　　　图 2-2-20-5　40 号钢火花特征

T10 钢（C 含量 1%）火花特征：火束更短而粗，爆花很多，以三次花为主，有很多花粉，如图 2-2-20-6 所示。灰口铸铁火花特征：火花短而细，暗红色，尾部膨胀，羽尾花，如图 2-2-20-7 所示。

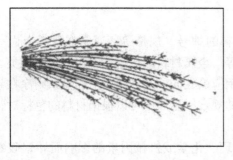
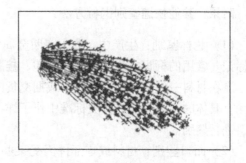

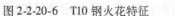

图 2-2-20-6　T10 钢火花特征　　　　　图 2-2-20-7　铸铁火花特征

碳钢随含碳量的增加，火束由细而长变为粗而短，由一次花变为三次花，花粉数量增加。由枪尖尾花变为尾部终端分叉。不同合金元素对火花的影响，如 Cr 元素助长火花爆裂、花粉数量增加、节点明亮；W 元素抑制爆花、断续流线、暗红色、狐尾花。

三、实验设备及材料

（1）设备：台式砂轮机或者手持砂轮机，规格要求和应用范围见表 2-2-20-1。

（2）材料：不同牌号的钢材，各种低、中、高碳钢、合金钢等。

表 2-2-20-1　砂轮机规格要求和应用范围

砂轮机名称	功率/kW	转速/r·min⁻¹	砂轮规格					应用范围
			直径/mm	厚度/mm	粒度/mm	硬度	材质	
手提式	0.2	3000	100～120	15	46～60	ZY3	刚玉陶瓷	大规格 大批量 体积大
台式	0.25～0.75	3000	150～200	20～25	46～60			体积小 小批量

四、实验内容和步骤

利用砂轮对特定的钢材磨削，仔细观察火花束粗细、长短和它的色泽变化情况。注意观察组成火束的流线形态，火花束根部、中部及尾部的特殊情况及其运动规律，观察火花爆裂形态、花粉大小和多少。

五、实验报告要求

（1）画出火花示意图。

（2）根据以下火花特征，判断属于哪一类碳素钢，画出示意图：

A 火花：光辉度明亮，火束较短，以一、二次花为主，有花粉，尾部尖端分叉。

B 火花：火花比 A 火花短而粗，光辉度较暗，以三次花为主，而且爆花数量和花粉比 A 火花多。

C 火花：火花长而且流线直，稍带红色，爆花主要是一次花，有枪尖尾花。

附录：其他快速鉴别钢材方法

（1）色标鉴别：生产中，为了表明金属材料的牌号、规格等，通常在材料上做一定的标记。常用的标记方法有涂色、打印、挂牌等。金属材料的涂色标志用以表示钢类、钢号，涂在材料一端的端面或外侧。成捆交货的钢应涂在同一端的端面上，盘条则涂在卷的外侧。具体的涂色方法在有关标准中作了详细的规定，生产中可以根据材料的色标对钢铁材料进行鉴别。

（2）断口鉴别：材料或零部件因受某些物理、化学或机械因素的影响而导致破断所形成的自然表面，称为断口。生产现场常根据断口的自然形态来断定材料的韧脆性，也可据此判定相同热处理状态的材料含碳量的高低。若断口呈纤维状、无金属光泽、颜色发暗、无结晶颗粒且断口边缘有明显的塑性变形特征，则表明钢材具有良好的塑性和韧性，含碳量较低；若材料断口齐平、呈银灰色、具有明显的金属光泽和结晶颗粒，则表明材料为金属脆性断裂。

（3）音响鉴别：生产现场有时也根据钢铁敲击时声音的不同，对其进行初步鉴别。例如，当原材料钢中混入铸铁材料时，由于铸铁的减振性较好，敲击时声音较低沉，而钢材敲击时则可发出较清脆的声音。

若要准确地鉴别材料，在以上几种现场鉴别方法的基础上，还应采用化学分析、金相检验、硬度试验等实验室分析手段，对材料做进一步的鉴别。

第 3 节　现代检测技术

实验 1　X 射线晶体分析仪介绍及单相立方晶系物质粉末相计算

一、实验目的

了解 X 射线晶体分析仪的构造、使用以及粉末相的摄照。掌握单相立方系物质粉末相的计算方法。

二、X 射线晶体分析仪介绍

X 射线晶体分析仪包括 X 射线管、高压发生器以及控制线路等几部分。

图 2-3-1-1 为目前常用的热电子密封式 X 射线管的示意图。阴极由钨丝绕成螺线形，

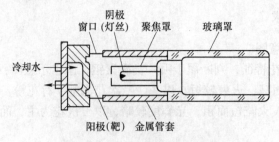

图 2-3-1-1　X 射线管构造示意图

工作时通电至白热状态。由于阴阳极间有几十千伏的电压，故热电子以高速撞击阳极靶面。为防止灯丝氧化并保证电子流稳定，管内抽成 $1.33 \times 10^{-9} \sim 1.33 \times 10^{-11}$ MPa 的高真空。为使电子束集中，在灯丝外设有聚焦装置。阳极靶由熔点高、导热性好的铜制成，靶面上镀一层纯金属。常用的金属材料有 Cr、Fe、Co、Ni、Cu、Mo、W 等。当高速电子撞击阳极靶面时，便有部分动能转化为 X 射线，但其中约有 99% 转变为热。为了保护阳极靶面，管子工作时需强制冷却。为了使用流水冷却，也为了操作者的安全，应使 X 射线管的阳极接地，而阴极则由高压电缆加上负高压。X 射线管有相当厚的金属管套，使 X 射线只能从窗口射出。窗口由吸收系数较低的 Be 片制成。结构分析 X 射线管通常有 4 个对称的窗口，靶面上放电子轰击的范围称为焦点，它是发射 X 射线的源泉。

　　用螺线形灯丝时，焦点的形状为长方形（面积常为 1mm × 10mm），此称实际焦点。窗口位置的设计，使得射出的 X 射线与靶面呈 6°角（图 2-3-1-2）。从长方形短边上的窗口所看到的焦点为 1mm^2 的正方形，称点焦点，在长边方向看则得到线焦点（图 2-3-1-3）。一般的照相多采用点焦点，而线焦点则多用在衍射仪上。

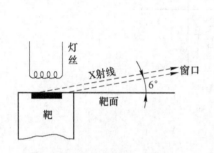

图 2-3-1-2　在与靶面呈 6°角的方向上　　　　
接收 X 射线束的示意图

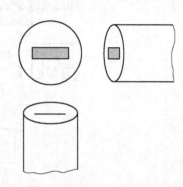

图 2-3-1-3　在不同方向接收 X 射线束时
表现焦点的形状

　　X 射线晶体分析仪由交流稳压器、调压器、高压发生器、整流与稳压系统、控制电路及管套等组成（图 2-3-1-4）。

　　启动分析仪按下列程序进行：

　　（1）打开冷却水，继电路触点 K_1，即接通。

　　（2）接通外电源。

　　（3）按低压按钮 SB_3，交流接触器 SB_4 接通，即其触点 KM_1-1，KM_1-2 接通。

　　（4）预热 3min 后，按下高压按钮 SB_4。S 表示管流零位开关及过负荷开关，正常情况下应接通，故交流接触器 KM_n-1，KM_n-2 接通。

　　（5）根据 X 射线管的额定功率确定管压和管流。调整管压系通过调压器改变高压变压器的一次电压来实现，经过二极管 V_1、V_2 及电容 C_1、C_2 组成的倍压全波整流线路将高压加到 X 射线管上。高压可由电压表读出。通过灯丝电位器 R 可调节管流，其数值由电流表读出。

　　关闭的过程与启动的过程相反，即先将管流、管压降至最小值，再切断高压，切断低压电及外电源，经 15min 后关闭冷却水。

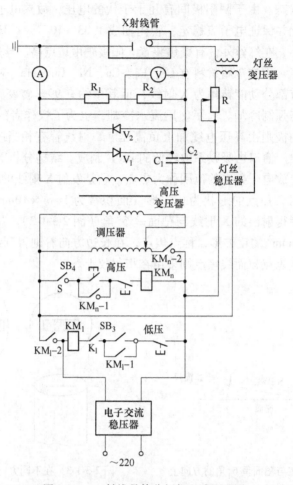

图 2-3-1-4　射线晶体分析仪电路原理图

使用 X 射线仪时必须注意安全，防止人身的任何部位受到 X 射线的直接照射及散射，防止触及高压部件及线路，并使工作室通风良好。

三、粉末相的摄照与计算

下面举例说明粉末相的计算方法与步骤。

试样为单相立方晶系多相粉末，圆柱试样的直径 $2\rho = 0.8\text{mm}$，采用 FeK 照射，用不对称底片记录，粉末相示意图见图 2-3-1-5。以米尺量，测量及计算的数据列于表 2-3-1-1。

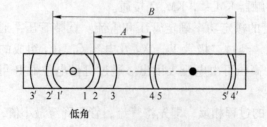

图 2-3-1-5　计算所用粉末相示意图

表 2-3-1-1　单相立方晶系多相粉末 X 射线晶体分析仪辐射测量及计算的数据

线号	$2L_量$ /mm	$2L_校$ /mm	θ /(°)	$\sin\theta$	d /Å	I/I_1	$\left(\dfrac{\sin\theta}{\sin\theta_1}\right)^2$	HKL	α /Å	比较物质 15—806，（Co）4F $\alpha=3.544$Å		
										d/Å	I/I_1	HKL
1	56.8	56.0	28.31	0.4743	2.0420	100	1	111	3.5369	2.0467	100	111
2	66.1	56.3	33.02	0.5449	1.7774	30	1.3199	200	3.5548	1.7723	40	200
3	101.1	100.3	50.71	0.7740	1.2513	40	2.6630	220	3.5392	1.2532	25	220
4	129.7	128.9	65.17	0.9076	1.0671	60	3.6617	311	3.5392	1.0688	30	311
5	141.4	140.6	71.09	0.9460	1.0238	20	3.9781	222	3.546	1.0233	12	222

注：FeK_α，$\lambda=1.937$Å，Mn 滤片；30kV，2mA，曝光 30min；相机直径 537mm，试样直径 $2\rho=0.8$mm，$C_{有效}=A+B=36.3+141.7=178$mm，$K=0.5056$，确认物相 β-Co，点阵类型为面心立方。

为便于与标准卡片上的数据相对照，λ、β 及 α 的单位均采用 Å（$1Å=10^{-10}$m）。照片的相对衍射强度与卡片值有较大的差别，可能来源于以下几方面：

（1）二者辐射不同。制作卡片采用 CoK_α，实验采用 FeK_α。

（2）试样粉末的冲淡程度不同，使由吸收引起的强度差异不同（由于金属吸收 X 射线极为强烈，对衍射线形及相对强度影响很大，故制作粉末试样时常以掺入面粉等非晶物质冲淡）。

（3）对衍射线强度评价方法不同：实验采用德拜法，衍射强度用目测估计，卡片则采用衍射仪测量。

四、实验内容

（1）由教师介绍 X 射线晶体分析仪的构造并做示范操作。

（2）由教师介绍粉末试样的制备、相机的构造、试样及底片的安装、曝光过程等。

（3）由教师组织讨论摄照某种物质的粉末相时所应选用的 X 射线管阳极、滤片、管压、管流及曝光时间等参数。

（4）由学生独立完成粉末相的测量及计算。

五、实验报告要求

（1）简述 X 射线晶体分析仪的构造。

（2）简述粉末相的摄照过程。

（3）将测量与计算数据以表格列出。

（4）写出实验的体会与疑问。

实验 2　利用 X 射线衍射仪进行多相物质的相分析

一、实验目的

（1）概括了解 X 射线衍射仪的结构及使用。

（2）练习用 PDF（ASTM）卡片及索引对多相物质进行相分析。

二、X 射线衍射仪简介

传统的衍射仪由 X 射线发生器、测角仪、记录仪等几部分组成。自动化衍射仪是近年才面世的新产品，它采用微计算机进行程序的自动控制。图 2-3-2-1 为自动化衍射仪工作原理图。入射 X 射线经狭缝照射到多晶试样上，衍射线的单色化可借助于滤波片或单色器。衍射线被探测器所接收，电脉冲经放大后进入脉冲高度分析器。操作者在必要时可利用该设备自动画出脉冲高度分布曲线，以便正确选择基线电压与上限电压。信号脉冲可送至计数率仪，并在记录仪上画出衍射图。脉冲亦可送至计数器（以往称为定标器），经微处理机进行寻峰、计算峰积分强度或宽度、扣除背底等处理，并在屏幕上显示或通过打印机将所需的图形或数据输出。控制衍射仪的专用微机可通过带编码器的步进电机控制试样（θ）及探测器（2θ）进行连续扫描、阶梯扫描，连动或分别动作等。目前，衍射仪都配备计真机数据处理系统，使衍射仪的功能进一步扩展，自动化水平更高。衍射仪目前已具有采集衍射资料、处理图形数据、查找管理文件以及自动进行物相定性分析等功能。

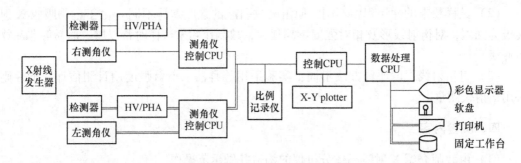

图 2-3-2-1　X 衍射仪工作原理图

物相定性分析是 X 射线衍射分析中最常用的一项测试，衍射仪可自动完成这一过程。首先，仪器按所给定的条件进行衍射数据自动采集，接着进行寻峰处理并自动启动程序。当检索开始时，操作者要选择输出级别（扼要输出、标准输出或详细输出），选择所检索的数据库（在计算机硬盘上，存储着物相数据库，约有物相 46000 种，并设有无机、有机、合金、矿物等多个分库），指出测试时所使用的靶、扫描范围、实验误差范围估计，并输入试样的元素信息等。此后，系统将进行自动检索匹配，并将检索结果打印输出。

三、用衍射仪进行物相分析

（一）试样

衍射仪一般采用块状平面试样，它可以是整块的多晶体，亦可用粉末压制。金属样可从大块中切割出合适的大小（例如 20mm×15mm），经砂轮、砂纸磨平再进行适当的浸蚀而得。分析氧化层时表面一般不做处理，而化学热处理层的处理方法须视实际情况进行（例如可用细砂纸轻磨去氧化皮）。

粉末样品应有一定的粒度要求，这与德拜相的要求基本相同（颗粒大小为 1～10μm 数量级。粉末过 200～325 目筛子即合乎要求）。但由于在衍射仪上摄照面积较大，故允许采用稍粗的颗粒。根据粉末的数量可压在玻璃制的通框或浅框中。压制时一般不加黏结剂，所加压力以使粉末样品粘牢为限，压力过大可能导致颗粒的择优取向。当粉末数量很少时，可在平玻璃片上抹上一层凡士林，再将粉末均匀撒上。

（二）测试参数的选择

描绘衍射图之前，须考虑确定的实验参数很多，如 X 射线管阳极的种类、滤片、管压、管流等。有关测角仪上的参数，有发散狭缝、随散射狭缝、接收狭缝的选择等。衍射仪的开启，与 X 射线晶体分析仪有很多相似之处，特别是 X 射线发生器部分。对于自动化衍射仪，很多工作参数可由微机上的键盘输入或通过程序输入。衍射仪需设置的主要参数有：脉冲高度分析器的基级电压、上限电压、计数率仪的满量程，如每秒为 500 计数、1000 计数或 5000 计数等计数率仪的时间常数，如 0.1s、0.5s、1s 等；记录仪的走纸速度，如每度 2θ 为 10mm、20mm、50mm 等；测角仪连续扫描速度，如 0.01°/s，0.03°/s 或 0.05°/s 等；扫描的起始角和终止角等。此外，还可以设置寻峰扫描、阶梯扫描等其他方式。

（三）衍射图的分析

先将衍射图上比较明显的衍射峰的 2θ 值量度出来。测量可借助于三角板和米尺。将米尺的刻度与衍射图的角标对齐，令三角板一直角边沿米尺移动，另一直角边与衍射峰的对称（平分）线重合，并以此作为峰的位置。借助米尺，可估计出百分之一度（或十分之一度）的 2θ 值，并通过工具书查出对应的 d 值。再按衍射峰的高度估计出各衍射线的相对强度。有了 d 系列与 1 系列之后，取前反射区 3 根最强线为依据，查阅索引，用尝试法找到可能的卡片，再进行详细对照。如果对试样中的物相已有初步估计，亦可借助字母索引来检索。

确定一个物相之后，将余下线条进行强度的归一处理，再寻找第二相。有时亦可根据试样的实际情况作出推断，直至所有的衍射均有着落为止。

（四）举例

球墨铸铁试片经 570℃ 气体软氮化 4h，用 CrK_α 照射，所得的衍射图如图 2-3-2-2 所示。

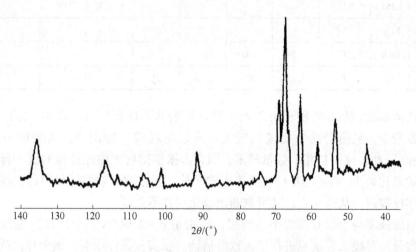

图 2-3-2-2 球墨铸铁氮化试样的衍射图

将各衍射峰对应的 2θ、d 及 I/I_1 列成表格，即表 2-3-2-1 中左边的数据。根据文献资料可知渗氮层中可能有各种铁的氯化物，于是按英文名称"Iron Nitride"翻阅字母索引，找出 Fe_3N、$\zeta\text{-}Fe_2N$、$\varepsilon Fe_3N\text{-}Fe_2N$ 及 $Y'\text{-}Fe_4N$ 等物相的卡片。与实验数据相对照后，确定"$\varepsilon Fe_3N\text{-}Fe_2N$"及"$Fe_3N$"两个物相，并有部分残留线条。根据试样的具体情况，目测可能出现基体相有铁的氧化物的线条。经与这些卡片相对照、确定物相 $\alpha\text{-}Fe_3O_4$ 衍射峰的存在。各物相线条与实验数据对应的情况，列于表 2-3-2-1 中。

表 2-3-2-1　各物相线条与实验数据对应的情况

实 验 数 据			卡 片 数 据							
			3—0925 $\varepsilon Fe_3N\text{-}Fe_2N$		1—1236 Fe_3N		6—0696 $\alpha\text{-}Fe$		19—629 Fe_3O_4	
$\theta/(°)$	$d/\text{Å}$	I/I_1	$d/\text{Å}$	I/I_1	$d/\text{Å}$	I/I_1	$d/\text{Å}$	I/I_1	$d/\text{Å}$	I/I_1
27.30	4.856	2							4.85	8
45.43	2.968	15							2.967	30
53.89	2.529	30							2.532	100
57.35	2.387	2			2.38	20				
58.62	2.338	20	2.34	100						
63.11	2.189	45	2.19	100	2.19	25				
62.20	2.098	20			2.09	100			2.099	20
67.40	2.065	100	2.06	100						
68.80	2.0275	40					2.0268	100		
90.30	1.6156	5			1.61	25			1.616	30
91.54	1.5986	20	1.59	100						
101.18	1.4829	5							1.485	40
105.90	1.4350	5					1.4332	19		
112.50	1.3776	5			1.37	25				
116.10	1.3500	20	1.34	100						
135.27	1.2385	40	1.23	100	1.24	25				

根据具体情况判断，各物相可能处于距试样表面不同深度处。其中 Fe_3O_4 应在最表层，但因数量少，且衍射图背底波动较大，致某些弱线未能出现。离表面稍远的应是"$\varepsilon Fe_3N\text{-}Fe_2N$"相，这一物相的数量较多，因它占据了衍射图中比较强的线。再往里应是 Fe_3N，其数量比较少。$\alpha\text{-}Fe_3O_4$ 应在离表面较深处，它在被照射的体积中占比较大，因为它的线条亦比较强。从这一点，又可判断出氮化层并不太厚。

衍射线的强度与卡片对应尚不够理想，特别是 $d = 2.065\text{Å}$ 这根线比其他线条强度大得多。本次分析对线条强度只进行了大致的估计，受实验条件限制，做卡片时的亦不尽相同。这些都是造成强度差别的原因。至于各物相是否存在择优取向，则尚未进行审查。

四、实验报告要求

（1）简要说明 X 射线衍射仪的构造及工作原理，说明布鲁克衍射仪的主要技术性能参数。

（2）以分组为单位进行试样的物相定性分析，画出衍射图谱，标出主要物相。

（3）说明 X 射线衍射仪的主要用途。

实验 3　扫描电子显微镜、电子探针仪结构与样品分析

一、实验目的

（1）了解扫描电镜和电子探针仪结构。

（2）通过实际分析，明确扫描电镜和电子探针仪的用途。

二、结构与工作原理简介

（一）扫描电镜

扫描电镜的主要构造分 5 部分，包括电子光学系统，扫描系统，信号接收、放大与显示系统，试验微动及更换系统，真空系统。图 2-3-3-1 为扫描电镜主机构造示意图。实验时将根据实际设备具体介绍。

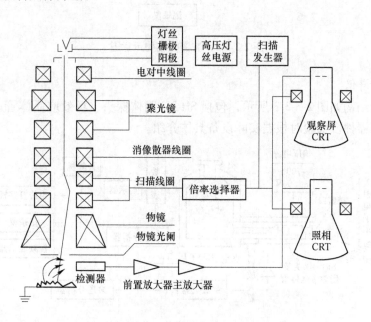

图 2-3-3-1　S-550 型扫描电镜主机构造示意图

（二）波谱仪

波谱仪可分为三大部分，包括电子光学系统、分光系统和检测系统。图 2-3-3-2 为波谱仪结构示意图。实验时根据实际设备具体介绍。

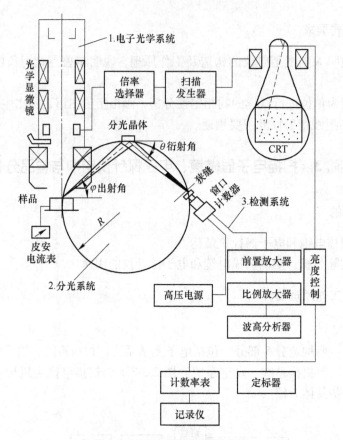

图 2-3-3-2   波谱仪结构示意图

（三）能谱仪

能谱仪的结构如图 2-3-3-3 所示，包括 Si(Li) 固体探头、场效应晶体管、前置放大器及主放大器等器件。实验时根据实际设备具体介绍。

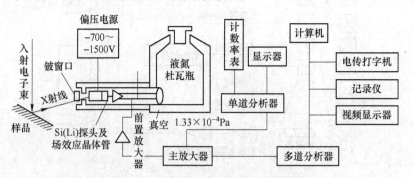

图 2-3-3-3   X 射线能谱仪工作原理示意图

三、样品观察与分析

（一）二次电子像

二次电子像常用于断口及高倍组织观察。图 2-3-3-4 所示为沿晶和穿晶断口形态。待观察断口要保持新鲜，不可用手或棉纱擦拭断口。如果要长期保存，可在断口表面贴一层 AC 纸，观察时将试样放在丙酮中使 AC 纸充分溶解掉。图 2-3-3-5 是结晶组织的二次电子像。

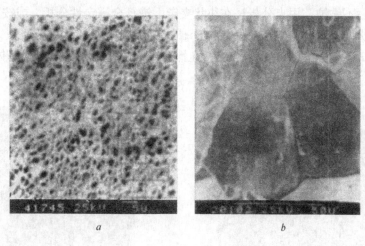

图 2-3-3-4　高强钢断口形态

a—韧窝断口；*b*—沿晶断口

（二）背散射电子像和吸收电子像

扫描电镜接收背散射电子像的方法是将背散射电子检测器送入镜筒中，将信号选择开关转到 R·E 位置接通背散射电子像的前置放大器。图 2-3-3-6 所示为 Al_2Cu 相的背散射电子像。在背散射电子像中，Al_2Cu 相的平均原子序数高于基体 Al，所以 Al_2Cu 相有明显的亮度和浮凸效果。由于背散射电子像信号弱，所以在观察时要加大束流，采用慢速扫描。

当断开样品台接地线，接通吸收电子附件，将信号选择开关转到 A·E 位置时，将进行吸收电子像观察。图 2-3-3-7 所示为 Al_2Cu 相的吸收电子像。其衬度与背散射电子像相反。

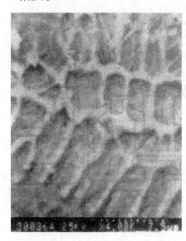

图 2-3-3-5　4Cr5MoV1Si 钢
结晶组织的二次电子像

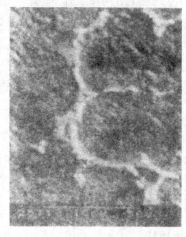

图 2-3-3-6　Al_2Cu 相的
背散射电子像

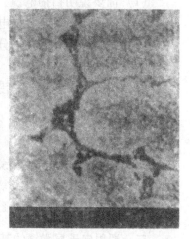

图 2-3-3-7　Al_2Cu 相
吸收电子像

（三）钢中夹杂物的电子探针分析

有一零件显微组织观察发现有许多块状夹杂，用电子探针分析，确定为 MnS。其分析方法如下：

样品抛光后不腐蚀，用点分析法在块状夹杂上进行全谱定性分析，或按可能存在的元素范围进行分析，确定在块状夹杂上 S 和 Mn 的含量很高。然后用线分析法，做 S、Mn 的线分析（见图 2-3-3-8、图 2-3-3-9），夹杂物上 S、Mn 的含量都大大高于基体，Fe 含量却比基体低。

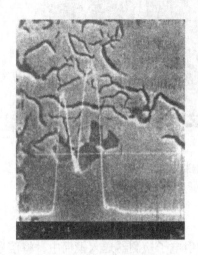 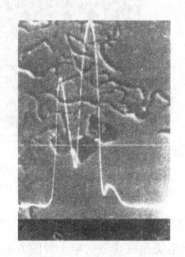

图 2-3-3-8　S 的线分析　　　　　　　　　图 2-3-3-9　Mn 的线分析

分析条件：加速电压 25kV，束流 1×10^{-8} A，测 S 时用 PET 晶体，测 Mn 时用 LiF 晶体。

四、实验报告要求

（1）简要说明扫描电镜、电子探针结构及工作原理。

（2）说明本实验室扫描电镜及能谱仪的主要技术性能参数。

（3）说明钢中夹杂物的分析方法。

实验 4　透射电子显微镜的结构、样品制备及观察

一、实验目的

（1）熟悉透射电子显微镜的基本结构。

（2）掌握塑料—碳二级复型及金属薄膜的制备方法。

（3）学会分析典型组织图像。

二、透射电子显微镜的基本结构

透射电子显微镜一般由电子光学系统、电源与控制系统和真空系统三部分组成。透射

电子显微镜的基本部分是电子光学系统（镜筒）。图 2-3-4-1 为镜筒剖面图。整个镜筒类似积木式圆柱状结构，自上而下顺序排列着电子枪、双聚光镜、样品室、物镜、中间镜、投影镜、观察室、荧光屏及照相室等装置。通常又把上述装置划分为照明、成像和观察记录三部分。实验时根据实际设备具体介绍。

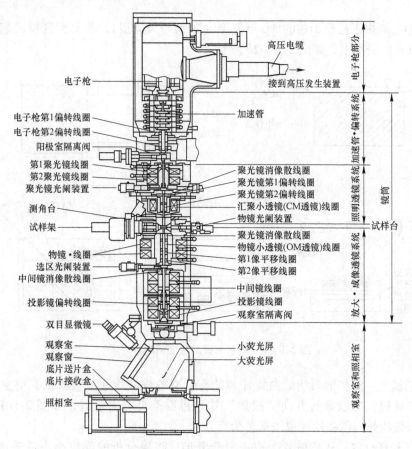

图 2-3-4-1　CM12 透射电镜镜筒剖面图

三、塑料 – 碳二级复型的制备方法

（一）AC 纸的制作

AC 纸是醋酸纤维素薄膜。它的制作方法是：首先按质量比配 6% 醋酸纤维素丙酮溶液。为了使 AC 纸质地柔软、渗透性强并具有蓝色，在配制溶液中再加入 2% 磷酸三苯酯和几粒甲基紫。

待上述物质全部溶入丙酮中且形成蓝色半透明的液体，再将它调制均匀并等气泡逸尽后，适量地倒在干净、平滑的玻璃板上，倾斜转动玻璃板，使液体大面积展平。用一个玻璃钟罩扣上，让钟罩下边与玻璃板间留有一定间隙，以便保护 AC 纸的清洁和控制干燥速度。醋酸纤维素丙酮溶液，蒸发过慢，AC 纸易吸水变白，干燥过快，AC 纸会产生龟裂。所以，要根据室温、湿度确定钟罩下边和玻璃间的间隙大小。经过 24h 后，把贴在玻璃板上已干透的 AC 纸边沿用薄刀片划开，小心地揭下 AC 纸，将它夹在书本中即可备用。

（二）塑料 - 碳二级复型的制备法

（1）在腐蚀好的金相样品表面上滴上一滴丙酮，贴上一张稍大于金相样品表面的 AC 纸（厚 30～80μm），如图 2-3-4-2a 所示。注意不要留有气泡和皱褶。若金相样品表面浮雕大，可在丙酮完全蒸发前适当加压。静置片刻后，最好在灯泡下烘烤 15min 左右使之干燥。

（2）小心地揭下已经干透的 AC 纸复型（即第一级复型），将复型复制面朝上平整地贴在衬有纸片的胶纸上，如图 2-3-4-2b 所示。

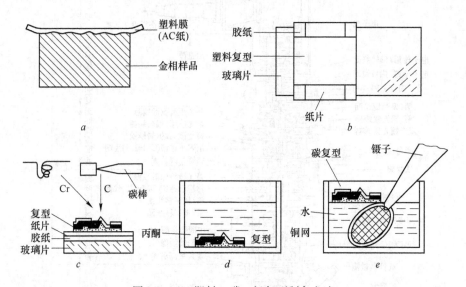

图 2-3-4-2　塑料 - 碳二级复型制备方法

（3）把滴上一滴扩散泵油的白瓷片和贴有复型的载玻片置于镀膜机真空室中。按镀膜机的操作规程，先以倾斜方向"投影"铬，再以垂直方向喷碳，如图 2-3-4-2c 所示。其膜厚度以无油处白色瓷片变成浅褐色为宜。

（4）打开真空室，从载玻片上取下复合复型，将要分析的部位小心地剪成 2m×2m 的小方片，置于盛有丙酮的磨口培养皿中，如图 2-3-4-2d 所示。

（5）AC 纸从碳复型上全部被溶解后，第二级复型（即碳复型）将漂浮在丙酮液面上，用铜网布制成的小勺把碳复型捞到清洁的丙酮中洗涤，再移到蒸馏水中，依靠水的表面张力使卷曲的碳复型展平并漂浮在水面上。最后用镊子夹持支撑铜网，把它捞起（如图 2-3-4-2e 所示），放到过滤纸上，干燥后即可置于电镜中观察。AC 纸在溶解过程中，常常由于它的膨胀使碳膜畸变或破坏。为了得到较完整的碳复型，可采用下述方法：

1）使用薄的或加入磷酸三苯酯及甲基紫的 AC 纸。

2）用 50% 酒精冲淡的丙酮溶液或加热（不高于 55℃）的纯丙酮溶解 AC 纸。

3）保证在优于 $2.66×10^{-3}Pa$ 高真空条件下喷碳。

4）在溶解 AC 纸前用低温石蜡加固碳膜。即把剪成小方片的复合复型碳面与熔化在烘热的小玻璃片上的低温石蜡液贴在一起，待石蜡液凝固后，放在丙酮中溶掉 AC 纸，然后加热（不高于 55℃）丙酮并保温 20min，使石蜡全部溶掉，碳复型将漂浮在丙酮液面上，再经干净的丙酮和蒸馏水的清洗，捞到样品支撑铜网上，这样就获得了不碎的碳复型。

四、金属薄膜的制备方法

制备金属薄膜最常用的方法是双喷电解抛光法。

（一）装置

此装置主要由三部分组成：电解冷却与循环部分、电解抛光减薄部分以及观察样品部分。图 2-3-4-3 为双喷电解抛光装置示意图。

（1）电解冷却与循环部分。通过耐酸泵把低温电解液经喷嘴打在样品表面。低温循环电解减薄，不使样品因过热而氧化；同时又可得到表面平滑而光亮的薄膜，见图 2-3-4-3 中设备 1 及 2。

（2）电解抛光减薄部分。电解液由泵打出后，通过相对的两个铂阴极玻璃嘴喷到样品表面。喷嘴口径为 1mm，样品放在聚四氟乙烯制作的夹具上（见图 2-3-4-4）。样品通过直径为 0.5mm 的铂丝与不锈钢阳极之间保持电接触，调节喷嘴位置使两个喷嘴位于同一直线上，见图 2-3-4-3 中喷嘴 3。

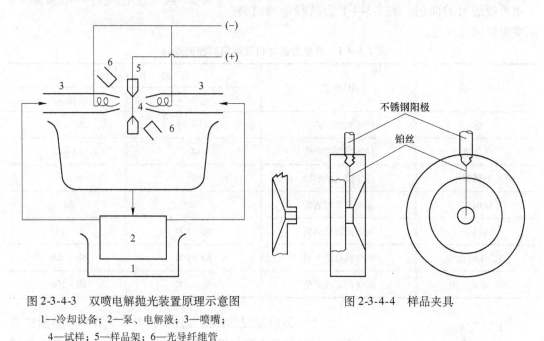

图 2-3-4-3　双喷电解抛光装置原理示意图　　　　　　　图 2-3-4-4　样品夹具
　1—冷却设备；2—泵、电解液；3—喷嘴；
　4—试样；5—样品架；6—光导纤维管

（3）观察样品部分。电解抛光时一根光导纤维管把外部光源传送到样品的一个侧面。当样品刚一穿孔时，透过样品的光通过在样品另一侧的光导纤维管传到外面的光电管，切断电解抛光射流，并发出报警声。

（二）样品制备过程

（1）电火花切割；从试样上切割下 0.3mm 薄片。

（2）在小冲床上将 0.3mm 一薄片冲成直径为 3mm 的小试样。

（3）φ3mm 薄片在水磨金相砂纸上磨薄到 0.1～0.2mm。

（4）电解抛光减薄：把无锈、无油、厚度均匀、表面光滑、直径为 3mm 的样品放入样品夹具上（见图 2-3-4-4）。要保证样品与铂丝接触良好，将样品夹具放在喷嘴之间，调整样品夹具、光导纤维管和喷嘴在同一水平面上，喷嘴与样品夹具距离约 15mm 且喷嘴垂直于试样。电解液循环泵马达转速应调节到能使电解液喷射到样品上。按样品材料的不同配不同的电解液。需要在低温条件下电解抛光时，可先放入干冰和酒精冷却，温度控制在 - 20 ~ 40℃，或采用半导体冷阱等专门装置。由于样品材料与电解液的不同，最佳抛光规范要发生改变。最有利的电解抛光条件，可通过在电解液温度及流速恒定时，作电流 - 电压曲线确定。双喷抛光法的电流 - 电压曲线一般接近于直线，如图 2-3-4-5 所示。对于同一种电解液，不同抛光材料的直线斜率差别不大，很明显，图中 B 处条件符合要求，可获得大而平坦的电子束所能透射的面积。表 2-3-4-1 为某些金属材料双喷电解抛光规范。

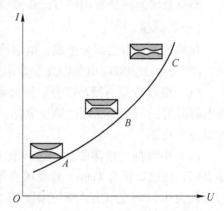

图 2-3-4-5　喷射法电流 - 电压曲线

表 2-3-4-1　某些金属材料双喷电解抛光规范

材　　料	电解液	技　术　条　件	
		电压/V	电流/mA
铝	10% 高氯酸酒精	45 ~ 50	30 ~ 40
钛合金	10% 高氯酸酒精	40	30 ~ 40
不锈钢	10% 高氯酸酒精	70	50 ~ 60
硅钢片	10% 高氯酸酒精	70	50
钛钢	10% 高氯酸酒精	80 ~ 100	80 ~ 100
马氏体时效钢	10% 高氯酸酒精	80 ~ 100	80 ~ 100
6% Ni 合金钢	10% 高氯酸酒精	80 ~ 100	80 ~ 100

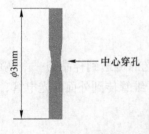

图 2-3-4-6　最后制成的薄膜

（5）最后制成的样品如图 2-3-4-6 所示。样品制成后应立即在酒精中进行两次漂洗，以免残留电解液腐蚀金属薄膜表面。从抛光结束到漂洗完毕动作要迅速，争取在几秒钟内完成，否则将前功尽弃。

（6）样品制成后应立即观察，暂时不观察的样品要妥善保存，可根据薄膜抗氧化能力选择保存方法。若薄膜抗氧化能力很强，只要保存在干燥器内即可。易氧化的样品要放在甘油、丙酮、无水酒精等溶液中保存。

双喷法制得的薄膜有较厚的边缘，中心穿孔有一定的透明区域，不需要放在电镜铜网上，可直接放在样品台上观察。

总之，在制作过程中要仔细、认真、不断地总结经验，一定会得到满意的样品。

五、组织观察

结合具体样品进行明暗成像、衍射及暗场成像的操作与观察。

六、实验报告要求

（1）简述透射电镜电子光学系统的组成及各部分的作用。

（2）简述塑料 – 碳二级复型及金属薄膜的制备方法。

（3）简述明场与暗场像及电子衍射的操作方法与步骤。

实验 5　扫描隧道显微镜

一、实验目的

（1）学习和了解扫描隧道显微镜的原理和结构。

（2）观测和验证量子力学中的隧道效应。

（3）学习扫描隧道显微镜的操作和调试过程，并用以观测样品的表面形貌。

（4）学习用计算机软件处理原始图像数据。

二、实验原理

（一）引言

1982 年，IBM 瑞士苏黎世实验室的葛·宾尼（G. Binning）和海·罗雷尔（H. Rohrer）研制出世界上第一台扫描隧道显微镜（scanning tunnelling microscope，STM），与其他表面分析技术相比，STM 具有以下独特的优点：

（1）具有原子级高分辨率，STM 在平行于样品表面方向上的分辨率可分别达 0.1nm 和 0.01nm，即可以分辨出单个原子。

（2）可实时得到实空中样品表面的三维图像，可用于具有周期性或不具有周期性的表面结构的研究，这种可实时观察的性能可用于表面扩散等动态过程的研究。

（3）可以观察单个原子层的局部表面结构，而不是对体相或整个表面的平均性质，因而可直接观察到表面缺陷。表面重构、表面吸附体的形态和位置，以及由吸附体引起的表面重构等。

为了得到表面清洁的硅片单质材料，要对硅片进行高温加热和退火处理。在加热和退火处理的过程中硅表面的原子进行重新组合，结构发生较大变化，这就是重构，见图 2-3-5-1。

（4）可在真空、大气、常温等不同环境下工作，样品甚至可浸在水和其他溶液中，不需要特别的制样技术，并且探测过程对样品无损

图 2-3-5-1　硅 111 面 7×7 原子重构图像

伤。这些特点特别适用于研究生物样品和在不同实验条件下对样品表面的评价，例如对于多相催化机理、超导机制、电化学反应过程中电极表面变化的监测等。

图 2-3-5-2 所示为在电解液中得到的硫酸根离子吸附在铜单晶（111）表面的 STM 图像。图中硫酸根离子吸附状态的一级和二级结构清晰可见。

（5）配合扫描隧道谱（STS）可以得到有关表面电子结构的信息，例如表面不同层次的电子态密度。表面电子阱、电荷密度波、表面势垒的变化和能隙结构等。

图 2-3-5-2　液体中观察原子图像

（6）利用 STM 针尖，可实现对原子和分子的移动和操纵，这为纳米科技的全面发展奠定了基础。

图 2-3-5-3　金属镍表面用 35 个惰性气体氙原子组成"IBM"三个英文字母

1990 年，IBM 公司的科学家展示了一项令世人瞠目结舌的成果，他们在金属镍表面用 35 个惰性气体氙原子组成"IBM"三个英文字母（图 2-3-5-3）。

（二）隧道电流

扫描隧道显微镜（scanning tunneling microscope）的工作原理是基于量子力学中的隧道效应。对于经典物理学来说，当一个粒子的动能 E 低于前方势垒的高度 V_0 时，它不可能越过此势垒，即透射系数等于零，粒子将完全被弹回。而按照量子力学的计算，在一般情况下，其透射系数不等于零，也就是说，粒子可以穿过比它能量更高的势垒（见图 2-3-5-4），这个现象称为隧道效应。

隧道效应是由于粒子的波动性而引起的，只有在一定的条件下，隧道效应才会显著。经计算，透射系数 T 为：

$$T \approx \frac{16E(V_0 - E)}{V_0^2} e^{-\frac{2a}{n}\sqrt{2m(V_0-E)}} \qquad (2\text{-}3\text{-}5\text{-}1)$$

由式（2-3-5-1）可见，T 与势垒宽度 a，能量差（$V_0 - E$）以及粒子的质量 m 有着很敏感的关系。随着势垒厚（宽）度 a 的增加，T 将指数衰减，因此在一般的宏观实验中，很难观察到粒子隧穿势垒的现象。

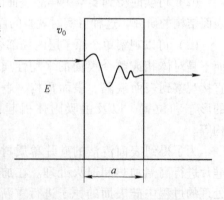

图 2-3-5-4　量子力学中的隧道效应

扫描隧道显微镜的基本原理是将原子线度的极细探针和被研究物质的表面作为两个电极，当样品与针尖的距离非常接近（通常小于1nm）时，在外加电场的作用下，电子会穿过两个电极之间的势垒流向另一电极。

隧道电流 I 是电子波函数重叠的量度，与针尖和样品之间距离 S 以及平均功函数 Φ

有关：

$$I \propto V_{\mathrm{b}} \exp\left(-A\Phi^{\frac{1}{2}}S\right) \tag{2-3-5-2}$$

式中，V_{b} 为加在针尖和样品之间的偏置电压。平均功函数：

$$\Phi = \frac{1}{2}(\Phi_1 + \Phi_2) \tag{2-3-5-3}$$

式中，Φ_1 和 Φ_2 分别为针尖和样品的功函数；A 为常数，在真空条件下约等于 1。

隧道探针一般采用直径小于 1mm 的细金属丝，如钨丝、铂－铱丝等，被观测样品应具有一定的导电性才可以产生隧道电流。

（三）扫描隧道显微镜的工作原理

由式（2-3-5-2）可知，隧道电流强度对针尖和样品之间的距离有着指数关系。当距离减小 0.1nm 时，隧道电流即增加约一个数量级。因此，根据隧道电流的变化，可以得到样品表面微小的高低起伏变化的信息，如果同时对 $x\text{-}y$ 方向进行扫描，就可以直接得到三维的样品表面形貌图，这就是扫描隧道显微镜的工作原理。

扫描隧道显微镜主要有两种工作模式：恒电流模式和恒高度模式。

（1）恒电流模式：如图 2-3-5-5a 所示。对 $x\text{-}y$ 方向进行扫描，在 z 方向加上电子反馈系统，初始隧道电流为一恒定值，当样品表面凸起时，针尖就向后退；反之，样品表面凹进时，反馈系统就使针尖向前移动，以控制隧道电流的恒定。将针尖在样品表面扫描时的运动轨迹在记录纸或荧光屏上显示出来，就得到了样品表面的电子态密度的分布或原子排列的图像。此模式可用来观察表面形貌起伏较大的样品，而且可以通过加在 z 方向上驱动的电压值推算表面起伏高度的数值。

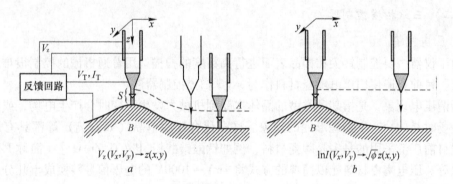

图 2-3-5-5　扫描隧道显微镜工作原理示意图

a—恒电流模式；b—恒高度模式

S—针尖与样品间距；I_{T}，V_{T}—隧道电流和工作偏压；V_{z}—控制针尖在 z 方向高度的反馈电压

（2）恒高度模式：如图 2-3-5-5b 所示。在扫描过程中保持针尖的高度不变，通过记录隧道电流的变化来得到样品的表面形貌信息。这种模式通常用来测量表面形貌起伏不大的样品。

三、实验仪器和样品

（一）隧道针尖

隧道针尖的结构是扫描隧道显微技术要解决的主要问题之一。针尖的大小、形状和化学同一性不仅影响扫描隧道显微镜图像的分辨率和图像的形状，而且也影响测定的电子态。针尖的宏观结构应使得针尖具有高的弯曲共振频率，从而可以减少相位滞后，提高采集速度。如果针尖的尖端只有一个稳定的原子而不是有多重针尖，那么隧道电流就会很稳定，而且能够获得原子级分辨的图像。针尖的化学纯度高，就不会涉及系列势垒。例如，针尖表面若有氧化层，则其电阻可能会高于隧道间隙的阻值，从而导致针尖和样品间产生隧道电流之前，二者就发生碰撞。

目前制备针尖的方法主要有电化学腐蚀法、机械成型法等。

用机械成型法制备的针尖，前端一般为斜锥状，用这种针尖扫描时，由于针尖的宽度和形状使获得的图像发生畸变，因此测量时需要进行软件方面的图像及扫描矫正，进行图像处理时的难度要求比较大，但这种制备针尖的方法简单易行，在一般情况下制备得较好的针也能够满足测量精度要求。

用电化学腐蚀法制备的针尖，前端一般为圆锥形，用这种针尖扫描时，得到的图像与真实的样品比较接近，一般不需要进行软件矫正，进行图像处理时的难度较小，但这种方法受到实验条件的限制，每次制备针尖的花费较大，且此法制备的针尖易氧化，针尖利用率低。

制备针尖的材料主要有金属钨丝、铂 - 铱合金丝等。钨针尖的制备常用电化学腐蚀法。而铂 - 铱合金针尖则大多用机械成型法，一般直接用剪刀剪切而成。不论哪一种针尖，其表面往往都覆盖着一层氧化层，或吸附一定的杂质，这经常是造成隧道电流不稳、噪声大和扫描隧道显微镜图像的不可预期性的原因。因此，每次实验前，都要对针尖进行处理，一般用化学法清洗，去除表面的氧化层及杂质，保证针尖具有良好的导电性。

(二) 三维扫描控制器

1. 压电陶瓷

由于仪器中要控制针尖在样品表面进行高精度的扫描，用普通机械的控制很难达到这一要求。目前普遍使用压电陶瓷材料作为 x-y-z 扫描控制器件。

所谓压电现象，是指某种类型的晶体在受到机械力发生形变时会产生电场，或给晶体加一电场时晶体会产生物理形变的现象。许多化合物的单晶（如石英）等都具有压电性质。但目前广泛采用的是多晶陶瓷材料，例如钛酸锆酸铅 $[Pb(Ti,Zr)O_3]$（简称 PZT）和钛酸钡等。压电陶瓷材料能以简单的方式将 $1mV \sim 1000V$ 的电压信号转换成十几分之一纳米到几微米的位移。

2. 三维扫描控制器

用压电陶瓷材料制成的三维扫描控制器主要有三脚架型、单管型和十字架配合单管型等几种。图 2-3-5-6 给出了这几种类型的结构示意简图。其中：

图 2-3-5-6a 为三脚架型。由三根独立的长棱柱型压电陶瓷材料以相互正交的方向结合在一起，针尖放在三脚架的顶端，三条腿独立地伸展与收缩，使针尖沿 x-y-z 三个方向运动。

图 2-3-5-6b 为单管型。陶瓷管的外部电极分成面积相等的 4 份，内壁为一整体电极，在其中一块电极上施加电压，管子的这一部分就会伸展或收缩（由电压的正负和压电陶瓷的极化方向决定），导致陶瓷管朝垂直于管轴的方向弯曲。通过在相邻的两个电极上按

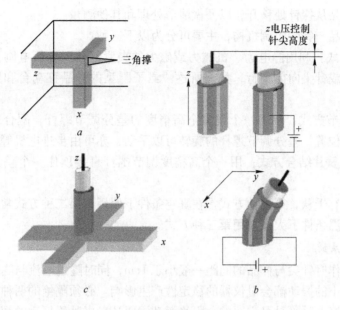

图 2-3-5-6　三维扫描控制器结构示意图

一定顺序施加电压就可以实现在 x-y 方向的相互垂直移动。在 z 方向的运动是通过在管子内壁电极施加电压使管子整体收缩实现的。管子外壁的另外两个电极可同时施加相反符号的电压使管子一侧膨胀，相对的另一侧收缩，增加扫描范围，亦可以加上直流偏置电压，用于调节扫描区域。

图 2-3-5-6c 为十字架配合单管型。z 方向的运动由处在"十"字形中心的一个压电陶瓷管完成，x 和 y 扫描电压以大小相同、符号相反的方式分别加在一对 x、$-x$ 和 y、$-y$ 上。这种结构的 x-y 扫描单元是一种互补结构，可以在一定程度上补偿热漂移的影响。

Binnis 和 Rohrer 等早期在 IBM 苏黎世实验室设计的 STM 中，采用一个叫作"虱子"（Louse）的粗调驱动器（见图 2-3-5-7）。

粗调驱动器（L）由连成三角形的三条相互绝缘的压电陶瓷材料和三只金属脚（MF）构成，

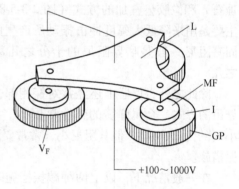

图 2-3-5-7　样品粗调驱动器

MF 外镀一层高绝缘薄膜，使其与水平金属台板（GP）高度绝缘，在 MF 和 GP 之间加上电压，由于静电作用 MF 就被吸在 GP 上，去掉电压，MF 则被"释放"。

如果把两只 MF 固定在 GP 上，同时在构成三角形的压电陶瓷条中的相应两条施加电压，由于这两条压电陶瓷材料的膨胀或收缩（依据所加电压的符号），另一只没有固定的 MF 就会做微小移动，再把这只 MF 固定而放松前两只 MF，同时去掉加在压电陶瓷上的电压，使其长度复原，这一循环的结果是"虱子"爬行了一步以适当的顺序控制加在压电陶瓷上和 MF 上的电压和频率，可以使"虱子"在 GP 上沿不同方向一步步爬行，一般每步为 $10\sim1\mu m$，每秒可爬行 30 步。用这种方法可以把样品移动到与探针适当的距离和位置，也可以把样品从探针处移开，以便做清洁处理和其他测量。

总结各种样品与针尖粗调机构，主要可分为以下三种：

（1）爬行方式：利用静电力、机械力或磁力的夹紧，并配合压电陶瓷材料的膨胀或收缩，使样品架或针尖向前爬行，如前所述"虱子"型的样品移动台和压电陶瓷步进电机都属于这一种。

（2）机械调节方式：利用一个或多个高精度的差分调节螺杆，配合减速原理，靠机械力调节样品的位置，差分调节螺杆的旋转可以手动，亦可由步进电机等方式驱动。

（3）螺杆与簧片结合方式：用一个高精度调节螺杆直接顶住一个差分弹簧或簧片系统来调节。

几种方式各有千秋，第一种方式常在真空条件下使用，第二种方式常在大气环境中使用较多，而在低温条件下大多采用第三种方式。

（三）减振系统

由于仪器工作时针尖与样品的间距一般小于 1nm，同时隧道电流与隧道间隙呈指数关系，因此任何微小的振动都会对仪器的稳定性产生影响。必须隔绝的两种类型的扰动是振动和冲击，其中振动隔绝是最主要的。隔绝振动主要从考虑外界振动的频率与仪器的固有频率入手。

外界振动如建筑物的振动，通风管道、变压器和马达的振动，工作人员引起的振动等，其频率一般为 1～100Hz，因此隔绝振动的方法主要是靠提高仪器的固有频率和使用振动阻尼系统。

扫描隧道显微镜的底座常常采用金属板（或大理石）和橡胶垫叠加的方式（图 2-3-5-8）。其作用主要是用来降低大幅度冲击振动所产生的影响，其固有阻尼一般是临界阻尼的十分之几甚至是百分之几。

除此之外，仪器中还经常对探测部分采用弹簧悬吊的方式。金属弹簧的弹性常数小，共振频率较小（约为 0.5Hz），但其阻尼小，常常要附加其他减振措施。

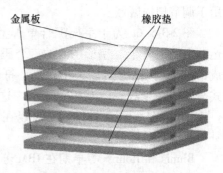

图 2-3-5-8　扫描隧道显微镜的底座

在一般情况下，以上两种减振措施基本上能够满足扫描隧道显微镜仪器的减振要求。某些特殊情况，对仪器性能要求较高时，还可以配合诸如磁性涡流阻尼等其他减振措施。测量时，探测部分（探针和样品）通常罩在金属罩内，金属罩的作用主要是对外界的电磁扰动、空气振动等干扰信号进行屏蔽，提高探测的准确性。

（四）电子学控制系统

扫描隧道显微镜是一个纳米级的随动系统，因此，电子学控制系统也是一个重要的部分。扫描隧道显微镜要用计算机控制步进电机的驱动，使探针逼近样品，进入隧道区，而后要不断采集隧道电流，在恒电流模式中还要将隧道电流与设定值相比较，再通过反馈系统控制探针的进与退，从而保持隧道电流的稳定。所有这些功能，都是通过电子学控制系统来实现的。图 2-3-5-9 为扫描隧道显微镜电子学控制系统框图。

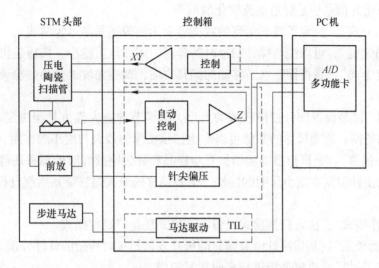

图 2-3-5-9 扫描隧道显微镜电子学控制系统框图

该电子反馈系统最主要的是反馈功能,这里采用的是模拟反馈系统,即针尖与样品之间的偏压由计算机数模转换通道给出,再通过 X、Y、Z 偏压控制压电陶瓷三个方向的伸缩,进而控制针尖的扫描。电子学控制系统中的一些参数,如隧道电流、针尖偏压的设定值,反馈速度的快慢等,都因样品不同而异,因而在实际测量过程中,这些参量是可以调节的。一般在计算机软件中可以设置和调节这些数值,也可以直接通过电子学控制机箱上的旋钮进行调节。

(五) 在线扫描控制和离线数据处理软件

在扫描隧道显微镜的软件控制系统中,计算机软件所起的作用主要分为在线扫描控制和离线数据分析两部分。

1. 在线扫描控制

(1) 参数设置。在扫描隧道显微镜实验中,计算机软件主要实现扫描时的一些基本参数的设定、调节,以及获得、显示并记录扫描所得数据图像等。计算机软件将通过计算机接口实现与电子设备间的协调共同工作。在线扫描控制中一些参数的设置功能如下:

1)"电流设定",其数值意味着恒电流模式中要保持的恒定电流,也代表着恒电流扫描过程中针尖与样品表面之间的恒定距离。该数值设定越大,这一恒定距离越小。测量时"电流设定"一般在"0.5 ~ 1.0nA"范围内。

2)"针尖偏压",是指加在针尖和样品之间,用于产生隧道电流的电压真实值。这一数值设定越大,针尖和样品之间越容易产生隧道电流,恒电流模式中保持的恒定距离越小,恒高度扫描模式中产生的隧道电流也越大。"针尖偏压"值一般设定在"50 ~ 100mV"范围内。

3)"Z 电压",是指加在三维扫描控制器中压电陶瓷材料上的真实电压。Z 电压的初始值决定了压电陶瓷的初始状态,随着扫描的进行,这一数值会发生变化。"Z 电压"在探针远离样品时的初始值一般设定在" – 150.0 ~ – 200.0mV"。

4)"采集目标",包括"高度"和"隧道电流"两个选项,选择扫描时采集的是样品表面高度变化的信息还是隧道电流变化的信息。

5）"输出方式"，决定了将采集到的数据显示为图像还是显示为曲线。

6）"扫描速度"，可以控制探针扫描时的延迟时间，该值越小，扫描越快。

7）"角度走向"，是指探针水平移动的偏转方向，改变角度的数值，会使扫描得到的图像发生旋转。

8）"尺寸"，是设置探针扫描区域的大小，其调节的最大值由量程决定。尺寸越小，扫描的精度也越高，改变尺寸的数值可以产生扫描图像的放大与缩小的作用。

9）"中心偏移"，是指扫描的起始位置与样品和针尖刚放好时的偏移距离，改变中心偏移的数值能使针尖发生微小尺度的偏移。中心偏移的最大偏移量是当前量程决定的最大尺寸。

10）"工作模式"，决定扫描模式是恒电流模式还是恒高度模式。

11）"斜面校正"，是指探针沿着倾斜的样品表面扫描时所做的软件校正。

12）"往复扫描"，决定是否进行来回往复扫描。

13）"量程"，是设置扫描时的探测精度和最大扫描尺寸的大小。

这些参数的设置除了利用在线扫描软件外，利用电子系统中的电子控制箱上的旋钮也可以设置和调节这些参数。

（2）马达控制。软件控制马达使针尖逼近样品，首先要确保电动马达控制器的红色按钮处于弹起状态，否则探头部分只受电子学控制系统控制，计算机软件对马达的控制不起作用。马达控制软件将控制电动马达以一个微小的步长转动，使针尖缓慢靠近样品，直到进入隧道区为止。

马达控制的操作方式为："马达控制"选择"进"，点击"连续"按钮进行连续逼近，当检测到的隧道电流达到一定数值时，计算机会进行警告提示，并自动停止逼近，此时单击"单步"按钮，直到"Z 电压"的数值接近零时停止逼近，完成马达控制操作。

2. 离线数据分析

离线数据分析是指脱离扫描过程之后的针对保存下来的图像数据的各种分析与处理工作。常用的图像分析与处理功能有平滑、滤波、傅里叶变换、图像反转、数据统计、三维生成等。

（1）平滑：平滑的主要作用是使图像中的高低变化趋于平缓，消除数据点发生突变的情况。

（2）滤波：滤波的基本作用是可将一系列数据中过高的削低、过低的填平。因此，对于测量过程中由于针尖抖动或其他扰动给图像带来的很多毛刺，采用滤波的方式可以大大消除。

（3）傅里叶变换：快速傅里叶变换对于研究原子图像的周期性时很有效。

（4）图像反转：将图像进行黑白反转，会带来意想不到的视觉效果。

（5）数据统计：用统计学的方法对图像数据进行统计分析。

（6）三维生成：根据扫描所得的表面形貌的二维图像，生成美观的三维图像。

大多数的软件中还提供很多其他功能，综合运用各种数据处理手段，最终得到满意的图像。

3. 测量用样品

（1）光栅样品。理想的光栅表面形貌（见图 2-3-5-10）为 $1\mu m \times 1\mu m$ 的光栅表面形貌。使用扫描隧道显微镜，对于这种已知的样品，很容易测得它的表面形貌的信息。新鲜的光栅表面没有缺陷，若在测量过程中发生了撞针现象，则容易造成人为的光栅表面的物理损坏，或者损坏扫描针尖。在这种情况下往往很难得到清晰的扫描图像。此时，除了采取重新处理针尖措施外，适当的改变一下样品放置的位置，选择适当的区域进行扫描也是必要的。

（2）石墨样品。当用扫描隧道显微镜扫描原子图像时，通常选用石墨作为标准样品。石墨中原子排列呈层状，而每一层中的原子则呈周期排列，表面形貌见图 2-3-5-11。

 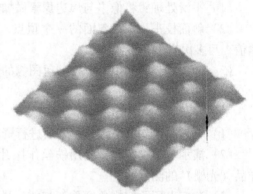

图 2-3-5-10　光栅表面形貌　　　　　　　图 2-3-5-11　石墨中原子排列表面形貌

由于石墨在空气中容易氧化，因此在测量前应首先将表面一层揭开（通常用粘胶带纸粘去表面层），露出石墨的新鲜表面，再进行测量。因为此时要得到的是原子的排列图像，而任何一个外界微小的扰动，都会造成严重的干扰。因此，测量原子必须在一个安静、平稳的环境中进行，对仪器的抗振及抗噪声能力的要求也较高。

（3）未知样品。通过对已知样品的测量，可以确定针尖制备的好坏，选择一个较好的针尖，对未知样品进行测量。通过对扫描所得的图像进行各种图像处理，来分析未知样品的表面形貌信息。

四、实验方法

（1）将一段长约 3cm 的铂铱合金丝放在丙酮中洗净，取出后用经丙酮清洗的剪刀剪尖，再放入丙酮中洗几下（在此后的实验中千万不要碰针尖！）。将探针后部略微弯曲，插入头部的金属管中固定，针尖露出头部约 5mm。

（2）将样品放在样品台上，应保持良好的电接触。将下部两个螺旋测微头向上旋起，然后把头部轻轻放在支架上（要确保针尖与头部间有一段距离），头部两边用弹簧扣住。小心地调节螺旋测微头，在针尖与样品间距约为 0.5mm 处停住。

（3）运行 STM 工作软件，扫开控制箱，将"隧道电流"置为 0.5nA，"针尖偏压"置为 50mV，"积分"置为 5.0，点击自动进开关至马达自动停止。金的扫描范围置为 800

~900nm，光栅的在 3000nm 左右。开始扫描，可点击"调色板适应"以便得到合适的图像对比度，并调节扫描角度和速度，直到获得满意的图像为止。

观察到的金的表面一般由团簇组成，而光栅的表面一般比较平整，条纹刻痕较浅，在不同角度观察到的方向不同。

（4）实验结束后，一定要用"马达控制"的"连续退"操作将针尖退回，然后再关闭实验系统。

（5）STM 仪器比较精致，而且价格昂贵，操作过程中动作一定要轻，避免造成设备损坏。

五、图像处理

（1）平滑处理：将像素与周边像素做加权平均。

（2）斜面校正：选择斜面的一个顶点，以该顶点为基点，进行增加该图像的所有像素值，可多次操作。

（3）中值滤波：傅里叶变换：对图像的周期性很敏感，在做原子图像扫描时很有用。

六、实验安排

（1）原理简介与上机模拟；课后进行资料定向查询并准备实验报告。

（2）演示与学生实验：先用铁丝作探针练习，熟练后再用铂铱合金丝制作针；指定样品（光栅）的测量。

（3）改变电压及扫描角度重新扫描，进行图像处理；课后资料定向查询并完成实验报告。

七、实验报告要求

（1）STM 在某个领域的应用。

（2）STM 仪器各部件的原理。

八、思考题

（1）扫描隧道显微镜的工作原理是什么，什么是量子隧道效应？

（2）扫描隧道显微镜有哪几种常用的扫描模式，各有什么特点？

（3）仪器中加在针尖与样品间的偏压起什么作用，针尖偏压的大小对实验结果有何影响？

（4）实验中设定隧道电流的大小意味着什么？

第3章 专业综合技能训练

一、作用与任务

专业综合技能训练，使学生在熟练掌握材料实验基本技术和技能的基础上，学会运用科学的方法，培养学生发现问题、分析和解决问题的能力，训练学生深入思考，辩证解释的科学方法。

二、基础内容

专业综合技能训练的内容包括金属材料熔炼、金属加工、金属组织分析及金属材料热处理、加工模具设计等几个基本方向。要求学生对：《金属材料基础》《金属物理力学性能》《金属热处理》《金属材料》《金属熔炼与铸锭》《金属塑性加工学》《注塑工艺与模具设计》《锻冲工艺及模具设计》《模具制造工艺学》《电加工技术》相关课程的知识有所了解，训练中，给学生列出一些选题项目，作为实训参考；学生也可结合自己的兴趣以及指导教师的科研项目，制定相应实训选题项目。要求学生处理、解决训练过程中出现的各种问题，使学生初步掌握金属材料的生产、加工及组织分析、热处理、模具设计及制造的基本程序和方法。

三、实验过程与要求

（1）训练开始前，根据方向选择适当课题，由指导教师下达实训任务书（表3-0-1）。

表 3-0-1 专业综合技能训练任务书

姓　名		班　级		学　号	
训练任务					

实验要求：

指导教师	
时　间	年　月　日～　月　日

（2）根据下达的任务书，学生查找相关文献，写出实训开题报告（表 3-0-2），报告要求应具有实训的理论依据（实验原理），实训所需设备、材料，以及具体相关实训步骤，预计出现结果。

（3）经指导教师检查，开题报告具有可操作性后，提供设备、材料申请单（表 3-0-3），由实验中心提供相应设备、材料，在指导教师指导下，进行实训。

（4）实训结束，提交实训报告，报告内容包括实训目的、实训设备、材料及方法、实训结果及分析、结论。

（5）指导教师根据学生在训练过程中的表现、实训报告以及口试成绩进行考核，给出考核成绩。

表 3-0-2　专业综合技能训练开题报告

姓　名		班　级		学　号	
训练任务					

1. 任务要求：

2. 任务原理

3. 任务大纲

4. 参考文献和书目

5. 指导教师审核意见

表 3-0-3　专业综合技能训练仪器设备申请单

姓　名		班　级		学　号	
训练任务					
所需仪器设备					
所需材料					
指导教师					
时　间		年　　月　　日 ~ 　　月　　日			

四、实践安全教育

（1）实训前要认真准备，明确实训目的、方法和步骤，做好准备工作，经指导教师检查后，方可进行实训。

（2）实训中要思想集中，认真观察，积极地思考和分析，不得马虎从事。

（3）实训中不准动用与实训无关的仪器、设备。

（4）实训中要注意安全，必须严格按操作规程进行操作，发生事故应立即采取措施，并向指导教师报告。

（5）每一次实训做完，必须整理好仪器、设备，经教师检查后，方可离开实验室。

（6）进入实验室必须保持安静，不准高声说笑，不准吸烟，不准随地吐痰，不准乱扔纸屑杂物，保持清洁卫生。

（7）爱护仪器、设备、工具，节约水、电和材料。凡损坏仪器、工具者，均应检查其原因，视具体情况按章进行处理。

（8）凡违反实验室有关规定者，教师或管理人员有权进行干预，情节严重的，要及时向有关领导报告，并作出处理。

实训项目1　金属熔炼与铸锭

一、有色金属熔炼与铸锭技能训练的目的、范围

本次技能训练是为了配合有色金属熔炼与铸锭课程而开设的专业技能训练项目。

在有色金属加工生产中，熔炼与铸锭是第一个重要的生产环节。它虽然并不出最后产品，但在很大程度上控制着大部分加工产品的质量。因此，在完成这门课程的理论学习后，通过专业技能训练，掌握如何运用理论知识，指导生产实践，从而达到培养自己分析问题和解决问题的能力。

有色金属熔炼与铸锭技能训练主要学习有色金属及其合金（如铜、铝、锌及其合金）压力加工用锭坯的熔铸、合金制品的砂型铸造及粉末产品的制备。

二、训练项目及训练程序

（一）训练项目

（1）铜及其合金的熔炼与铸锭。

（2）铝及其合金的熔炼与铸锭。

（3）锌及其合金的熔炼与铸锭。

（4）铜、铝、锌及其合金的砂型铸造。

（5）铜、铝、锌及其合金粉末产品的制备。

（二）训练程序（举例说明）

（1）根据用途及性能要求选取合适的金属及合金。如要选择一种适合用作门窗型材的铝合金，要求这种合金应具有中等以上强度，塑性成型性能好，易于表面处理。经查阅资料、手册可以找到 Al-Mg-Si 系中的 LD31（6063）铝合金。这种合金高温塑性好，易于加工成复杂断面型材，经热处理后可获得较高强度，阳极氧化性能又好，很适合用作建筑铝型材。

（2）炉料种类的选取及化学成分的确定。LD31 合金中的合金元素镁熔点低，易溶解于铝液中，可以纯金属的形式配入，而硅易氧化又难溶解，以铝-硅中间合金配入。LD31 铝合金在国家标准中其化学成分范围较宽，为 Mg 0.45% ~ 0.90%，Si 0.2% ~ 0.6%，余量 Al。为了便于配料计算，必须确定计算成分。

由于镁易氧化烧损，计算成分确定时应考虑烧损率（取中上限）。硅以中间合金形式配入，烧损反而不大，不另考虑烧损问题，取中限。综合强度、加工性能、表面处理等要求，确定计算成分：Mg 为 0.56%，Si 为 0.38%，Al 为余量。

（3）根据计算成分计算出各种炉料所需用量。

（4）按计算出的配料单称重，配料备用。

（5）选取合适的熔炼设备：根据熔炼合金种类、温度范围及加热方式等条件，选取坩埚熔化炉熔炼。

（6）熔炉准备：根据情况对炉子进行清炉、烘炉、洗炉。

（7）制定熔炼工艺及铸锭工艺（或制粉工艺）：查阅资料，认真思考，确定出 LD31 熔炼工艺及铸锭工艺。

1）熔铸工艺流程：配料—装料(铝锭＋铝—硅中间合金)—升温熔化—扒渣—加镁—搅拌—取样—成分调整—精炼—扒清—静置—铸造—锭坯取样。

2）熔炼工艺参数：包括熔炼温度，精炼温度，精炼剂成分、用量，精炼时间，细化剂选取、用量。

3）铸造工艺参数：包括铸造温度、模壁涂料选取、铸模预热温度等。

（8）装炉升温熔炼、铸锭：按制定的工艺及操作要求对熔体进行合金化、精炼及变质处理，并用铸模浇铸成型。

（9）铸坯取样，进行质量分析：分析包括化学成分、低倍组织（气孔、夹渣、疏松、裂纹、晶粒度）、表面质量（冷隔、反偏析瘤）等。

（10）编写技能训练报告。

三、熔铸工艺操作及技术要求

（一）铜及铜合金熔铸

1. 原料要求与配料操作

（1）原料要求：

1）铜、铅、锌、锡、铝、锰等新金属的化学成分、几何尺寸、表面质量按国家标准规定执行。

2）铜合金中的锌、锡、铜、铝、锰、镍等可直接以纯金属形式加入，但磷、砷、稀土等必须以中间合金形式加入。

3）所有旧料都必须经过挑选，去除外来杂质金属和非金属夹杂物。

4）所有炉料在投炉前都必须经过清理，视情况进行清洗和干燥处理，不得有油泥、水分及其他夹杂物等。

（2）配料操作：

1）无氧铜熔炼必须使用电解铜作原料，紫铜、铝青铜尽量使用电解铜，其他合金牌号投入新料时可用紫铜旧料代替。

2）黄铜配料时铜按下限计算。

3）易氧化、挥发、造渣的元素（如磷、砷、铝、锰、稀土等），其配料按上限配。

4）各种牌号合金的炉料，必须严格按配料单实行计量配料。

5）用旧料回炉配合金时，视旧料质量情况，可以搭配和改配使用，但只允许高牌号改配低牌号合金。并且每炉旧料应补足易熔损元素的补偿量。

2. 熔炼工艺和操作要求

（1）熔炼工艺：自主确定。

（2）操作要求：

1）装炉前所有炉料都要去除水分，以免铜液爆炸伤人。

2）装料时应先装一些松散料，然后加入大块料压实，以保护炉底和防止铜液溅出。

3）紫铜熔炼温度过高时容易吸收气体。因此，在熔铸过程中铜液温度不宜过高或过低，保证铸造时不在浇包内冻死。

4）熔炼黄铜时，应低温加锌、高温捞渣，以降低金属损耗。

5）铅黄铜在熔炼过程中渣量较多，要及时捞尽浮渣，否则铸锭容易产生夹渣。

6）铝黄铜和铝青铜在熔炼过程中加入干燥冰晶石作清渣熔剂。其加入量为炉料质量的 0.1%（黄铜）和 0.1% ~ 0.3%（铝青铜），分两次加入。

3. 铸造工艺和操作要求

（1）浇铸方式：炉前抬包浇铸。

（2）浇铸工艺：自主确定。

（3）操作要求：

1）浇包要干净，并用炉子烘烤。浇包放满铜液后要扒净浮渣，并用稻草灰或炭黑覆盖严密。

2）浇铸前检查抬包抬杆是否结实、牢固，操作是否灵活。浇包铜液不要放得太满，以免浇铸过程中发生铜液溢出或翻包事故。

3）铁模按工艺要求预热，并在模壁上涂上涂料，装好备用。

4）浇铸时抬包要对准模口平稳浇入，用木头挡灰，浇铸完后要及时补缩。

5）浇铸场地、锭模内外要保持清洁干燥，不得有水，防止铜液溅出爆炸伤人。

6）浇铸时要细心操作，产生飞边要在高温下及时铲除。

（二）铝及铝合金熔铸

1. 原料要求与配料操作

（1）原料要求：

1）配制铝合金所用的金属料，其化学成分和几何尺寸符合国家标准规定的技术要求。

2）铝合金中熔点低、易熔解的合金元素（如镁、锌等），常以新金属原料的形式配入。而熔点高、难熔解、易氧化、挥发的元素（如铜、锰、铁、硅等），常以中间合金形式配入。

3）所有炉料要求干净、清洁，无泥砂等异物、杂质，表面无油污、水分，否则须清洗、干燥后再入炉。

（2）配料操作：

1）根据合金的成分范围及性能要求，合理确定配料的计算成分。

2）由计算成分通过配料计算，确定各种炉料量。

3）易氧化、挥发元素（如镁），其配料按上限配。

4）各种牌号的炉料，必须严格按配料单实行计量配料。

5）用旧料回炉配料时，应补足易熔损合金元素的补偿量。

2. 熔炼工艺和操作要求

（1）熔炼工艺：自主确定。

（2）操作要求：

1）加料时先加各种小块炉料，升温熔化，将炉料熔化成液体后再投入大块回炉料及铝锭。加入带油、水的炉料，待油、水挥发干净后再关炉门。

2）严禁铝液过热，炉内铝液温度应控制在 $720 \sim 760℃$ 以内，严禁超过 $770℃$。

3）当炉料化平后，加入中间合金炉料，并加强搅拌，以加速炉料熔化，防止金属局部过热和促进成分均匀化。

4）易氧化烧损的新金属料（如镁锭），用专用耙子压入熔体熔化，并随之轻轻搅拌，加速镁的溶解，严禁镁锭浮在熔体液面上自燃烧损。

5）用精炼筒盛装精炼熔剂压入炉底，然后缓慢、均匀、平稳地通过炉底各处，使熔剂反应完全。采用通 N_2 精炼时，应先开 N_2 气，然后再将喷管插入熔体底部，四处均匀移动。通 N_2 精炼至规定时间后，先将喷管提出液面，然后关闭气源。

6）投入细化剂进行变质处理时须搅拌均匀。

7）及时将精炼后浮在液面上的炉渣扒净。

8）精炼后的铝液不准再搅动、破坏液面状况，不得加入新料。

9）调整精炼后的铝液温度至浇铸温度，紧闭炉门，静置 $15 \sim 20min$ 后，准备浇铸。

10）浇铸完铝液后，要及时清理干净炉内残渣及氧化物。

3. 浇铸工艺和操作要求

（1）浇铸方式：炉前浇包浇铸。

（2）浇铸工艺：自主确定。

（3）操作要求：

1）浇包使用滑石粉水溶液均匀涂抹一遍，烘干后待用。

2）浇前检查浇包手柄是否牢固，炉子倾动机构是否操作灵活。

3）浇包内盛装的铝液量，根据铸锭大小确定，不要盛装过量，以免浇铸不方便而倾倒溢出，发生事故。

4）铁模使用前烘干并预热。

5）浇铸时浇包底置于模子一端，浇口对准另一端入口，平稳浇入。

6）浇速掌握好"慢—快—慢"节奏，保持流柱连贯不断线。

7）浇铸完后要及时补缩，产生飞边要在高温下及时铲除。

8）浇铸场地、锭模内外要保持清洁、干燥，不得有水，防止铝液倾出爆炸伤人。

（三）锌及锌合金熔铸

1. 原料要求与配料操作

（1）原料要求：

1）配制锌及其合金所用的新金属原料，其化学成分和几何尺寸应符合国家标准的要求。

2）锌合金中的铁、铝等合金元素以中间合金形式配入，其他以新金属原料配入。

3）所有炉料必须经过挑选，去除外来杂质、金属和非金属夹杂物。

4）炉料在投炉前必须经过清理，不得有油污和水分，否则要进行清洗和干燥处理。

（2）配料操作：

1）配料前应对合金的化学成分范围了解清楚，确定合理的计算成分。

2）配料时，依据贵重金属按标准下限配，一般金属按中限配，特殊要求按工艺要求配的原则进行配料。

3）合金元素铅应加工成薄条配入，镉应以薄块状加入。

2. 熔炼工艺和操作要求

（1）熔炼工艺：自主确定。

（2）操作要求：

1）全部炉料熔化后应加强搅拌，促进成分均匀化。

2）将熔体升温到460℃以上后，加入氯化铵进行精炼，并充分搅拌，提高精炼效果。

3）精炼结束后，将浮在液面上的炉渣扒净，并不再搅动熔体，静置保温，等待浇铸。

3. 浇铸工艺及操作要求

（1）浇铸方式：炉前浇包浇铸。

（2）浇铸工艺：自主确定。

1）浇包用30%水玻璃 +70%水 +适量滑石粉混合涂剂涂抹一遍，并预热。

2）浇前检查浇包手柄是否牢固，炉子倾动机构操作是否灵活。

3）铸模须预热，并在模壁内清理擦油（机油）。

4）浇铸时，浇包盛装锌液应适量，浇入速度应均匀稳定，浇完后应及时补缩口。

5）待熔液全部冷凝后方可开模卸坯。

6）每次浇完后把浇嘴口处的氧化锌扒干净。

7）浇铸场地、锭模内外保持清洁干燥，不得有水，以防熔体溅出爆炸伤人。

（四）铜、铝、锌及其合金的砂型铸造

现场指导讲解。

（五）铜、铝、锌及其合金的粉末制备

现场指导讲解。

四、安全问题

（1）未经指导教师许可，不得擅自启动炉子。

（2）炉子启动前，应检查电源线路有无破损漏电现象，不得随意触摸，以防漏电伤人。

（3）倾炉操作前，应关闭电源。

（4）凡与高温熔体接触的工具使用前，都需经预热干燥，以防带水爆炸伤人。

（5）熔炼浇铸前，须穿戴好劳保用品，以防烫伤、烧伤。

实训项目2　金属压力加工

一、金属压力加工技能训练的目的、内容

金属压力加工生产技能训练，是学生在学习一定的专业基础及专业理论知识的基础上，开设的一门实践训练项目。其目的是使学生在学习压力加工专业课理论的同时，培养学生理论联系实际的能力，更深入地领会、了解专业理论的内容。同时，让学生自己动

手，进行生产并对产品性能质量做检测，从而使学生掌握一定的生产实践技能，提高学生研究问题、解决问题的能力，为成为一名合格的金属压力加工工程技术人员打下坚实的基础。

本项目分挤压、拉伸、轧制、精整（后处理）4 个专题，也可综合进行。

二、注意事项

压力加工设备体积大、操作复杂。操作条件具有高温、强度大等特点。因此，要求学生在使用设备前应首先了解设备的使用原理及安全操作规程，从而能正常地操作设备，掌握设备及压力加工的工艺，为以后的操作做准备，同时，要求学生必须穿戴劳保用品，包括劳保衣、手套、鞋，做到安全生产。

1. 挤压生产中应该注意事项

挤压生产主要是 500t 卧式挤压机及配套的加热炉，在生产中应注意：

（1）操作前应对挤压机各部件进行检查，确保设备无问题方可操作。

（2）应根据需要准备好所需铸锭、模具、垫片、穿孔针等。

（3）挤压工模具应预垫，预热温度为 300℃。铸锭应根据需要预热到所需温度，并应保温 0.5h。

（4）挤压时，因工模具、铸锭及挤压产生的制品，压余都具有一定温度，应注意防止烫伤。

（5）挤压后应留压条，压余厚度一般为 10～20mm。

（6）挤压操作时，应先将挤压模正向放入，再加入铸锭。最后放入垫片，垫片应正向朝前，挤压时，可根据材料涂以适当润滑剂。

2. 拉伸生产中应注意事项

拉伸生产主要使用 0.4t 拉伸机、3t 拉伸机及相应辗头设备。在使用时应注意：

（1）拉伸前应根据拉伸坯料及拉伸制品尺寸选择碾头机轧孔，轧孔选择应由大到小，最后轧制尺寸应比制品尺寸稍小。

（2）拉伸时，小车夹头咬住料头时要咬正、咬足、咬牢，避免碰撞拉伸料头，及拉伸时料头脱落、断裂。

（3）拉伸制品内外表面须润滑良好，严防粘结金属，增大摩擦力。

（4）管材空拉及扒皮时，必须把住管子，不得摆动。

（5）拉伸过程中，不应将手置于小车夹口内，拉伸回车时，应注意回车的小车，防止伤人。

3. 板带材轧制生产中应注意事项

板带材生产主要是 $\phi185\text{mm} \times 200\text{mm}$ 轧机及相关加热设备的使用。在使用中应注意：

（1）轧制开始前，应准备好所用工具、量具，并检查轧辊表面情况及设备各运转部分是否正常。

（2）热轧时应控制好铸锭的加热时间和温度，使铸锭加热均匀，严防过热。

（3）轧辊表面必须清洁、光滑，发现粘金属应及时磨辊。

（4）轧制时，应根据坯料板形及辊面润滑情况，适当在辊面上涂以润滑油，一般采用 20 号 ~ 40 号机油。

（5）轧制时，不准在辊前用手接触轧辊，以防发生人身安全事故。

4. 精整生产中应注意事项

精整主要指的是压力加工生产中，管棒的矫直，金属材料生产中的中间退火及成品退火，以及材料生产后的表面质量的处理。这些操作中应注意：

（1）矫正时应按矫直规格调整好辊距，矫正前应注意坯料的弯曲度不能过大。

（2）矫正时，不可用手接触矫正中的管棒材，矫正后应顺管棒的出辊方向接矫正后的制品。

（3）对需退火的制品，应根据制品材质及成品的性能要求，控制好退火的温度及保温的时间。

（4）退火制品退火前，必须充分清洗干净，方可装炉。

（5）对进行表面处理的制品，应首先充分进行前处理，并按表面处理规程进行操作。

（6）表面处理的处理槽液，应按材料采用一定配比。

三、具体内容

专题 1　挤压

（一）目的

挤压是金属压力加工的一种基本方法。它是利用三相压应力迫使金属通过模孔成型的一种金属成型方法。通过本实验，了解挤压过程中的结构、性能及基本操作，了解挤压过程中产生的现象及原因，并采用一定手段，检测其对后续性能的影响。

（二）题目

（1）挤压时，变形程度的大小，对金属组织性能的影响。

（2）6063 型材挤压后，停放时间的长短，对其性能的影响。

（3）挤压粗晶环的产生原因及其对性能的影响。

（4）挤压效应的产生及其对制品性能的影响。

（5）挤压时，模具的规格参数对挤压及制品的影响。

（三）举例

题目：挤压时，棒材与管材组织有何区别

1. 目的

（1）了解挤压机工作原理。

（2）了解穿孔针在挤压过程中的作用。

（3）比较挤压后的管材、棒材组织。

2. 原理

金属挤压过程中，金属的变形是不均匀的，但挤压管材中由于中心有穿孔针的存在，内表面金属变形不均增加，则金属变形不均更剧烈，而使制品断面的性能趋于一致，而棒材是外内趋于变形减小，则内外变形不均。

3. 设备

500t 挤压机、300kN 材料试验机、金相显微镜、抛光仪。

4. 材料

$\phi 80 \times 180$ T2 锭、$\phi 80 \times 29 \times 180$ T2 锭、$\phi 80 \times 180$ H68 锭、$\phi 80 \times 29 \times 180$ H68 锭。

5. 步骤

（1）将 T2 锭加热到 870℃，H68 锭加热到 750℃，保温 30min，并将挤压筒、垫、模预热到 300℃。

（2）分别将 $\phi 80$ T2、H68 锭挤压至 $\phi 40$ 制品，将 $\phi 80 \times 29$ 空心锭挤压至 $\phi 40 \times 10$ 管制品，并记下挤压力。

（3）对铸锭、制品分别制力学性能试样、金相组织试样。

（4）用金相显微镜观察金相组织，用 300kN 材料试验机做力学性能分析。

（5）分析检测结果。

6. 论述

（1）管材、棒材挤压后，组织情况的比较分析。

（2）穿孔针的作用。

专题2　拉伸

（一）目的

拉伸是管棒型线材的成型方法之一，是在金属的头部施加一个拉力，使金属通过模孔而成型的一种方法。金属在拉伸过程中，受到二向压应力，一向拉应力作用，产生两向压缩、一向延伸的变形。本专题通过实验，了解拉伸设备的性能及操作，并在实验过程中，了解拉伸过程产生的现象及原因，以及对拉伸后制品的性能和组织的影响。

（二）题目

（1）空拉过程中，管坯径厚比 DH/SH 对壁厚变化的影响。

（2）游动芯头拉伸时，影响其拉伸质量的因素。

（3）拉伸法产生异形管材的方法。

（4）内螺旋外波纹管的成型方法。

（三）举例

题目：拉伸过程中，塑性好坏不一的金属拉伸时两次退火间 λn 的选择依据

1. 目的

（1）了解拉伸机的原理及操作。

（2）了解金属塑性对拉伸道次延伸系数选择的影响。

2. 原理

拉伸时，塑性好的金属，一般采用 λ_n 由大到小，这一方面是为了最大限度发挥金属塑性，另一方面，由于加工硬化的存在，使材料的抗拉强度 σ_b 的上升，所以采用 λ_n 由大到小，而塑性差的金属，则一般 λ_n 选择先大，然后再小的过程，这是由于拉伸时，塑性差金属，为充分发挥其金属塑性，先采用大延伸系数 λ_n 进行拉伸，然后，λ_n 再取小，为的是保证制品的成型性。

3. 设备

0.4t 拉伸机，300kN 万能试验机。

4. 材料

$\phi12$ T2 棒、$\phi12$ H62 棒。

5. 步骤

（1）查表，确定 T2、H62 的 λ_n 取值范围。

（2）制取 4 组 T2、H62 棒，进行拉伸：

1）用 T2、H62 棒各 1 根，由 $\phi12$ 拉至 $\phi9$，取最大 λ_n。

2）用 T2、H62 棒各 1 根，用 $\phi12$ 拉至 $\phi9$，取最小 λ_n。

3）用 T2、H62 棒各 1 根，用 $\phi12$ 拉至 $\phi9$，取中间 λ_n。

4）用 T2、H62 棒各 1 根，用 $\phi12$ 拉至 $\phi9$，按塑性差则由 λ_n 大到小，塑性好则 λ_n 先小、再大、然后小，进行拉伸。

（3）比较拉伸结果，并做分析。

专题 3　板带轧制

（一）目的

平辊轧制是板带材生产的基本方法，通过轧辊与轧件间相互作用，轧件被摩擦力拉进两个旋转的轧辊间，从而使轧件在高向上受到压缩变形。本专题的目的是通过实验，了解轧机的工作原理及操作，并对轧制过程中产生的现象及对后续制品性能、质量的影响。

（二）题目

（1）均匀化退火对板材生产及产品质量的影响。

（2）热轧温度对制品的组织、性能的影响。

（3）板材加工与制品性能的各向异性间关系。

（4）板材纵向尺寸的影响因素。

（5）热处理工艺对制品性能的影响。

（三）举例

题目：冷变形程度对制品性能的影响

1. 目的

（1）了解轧机的工作原理及操作。

（2）了解冷变形程度的大小对制品的抗拉强度 σ_b，伸长率 δ 与及晶粒度大小的影响。

2. 原理

板材轧制过程中，随变形程度的增加，轧制力也随之增大，板材变形剧烈，导致抗拉强度 σ_b 增大，伸长率 δ 下降，晶粒度大小降低，并被拉长。为此，应根据制品的性能要求，调整变形程度，以达到所需制品的性能。

3. 设备

185mm ×250mm 轧机、300kN 万能试验机、电解抛光仪、金相显微镜。

4. 材料

20mm ×20mm ×100mm 的 L2 板，10 块。

5. 步骤

（1）对 10 块 L2 板分别进行轧制，分别采用变形量为：$\varepsilon = 10\%$、$\varepsilon = 40\%$、$\varepsilon =$

60%、$\varepsilon = 90\%$ 进行轧制，每两块为一组。

（2）分别对 5 块 L2 板进行制样，分别制力学性能样、金相试样。

（3）在 300kN 万能试验机上测屈服强度 σ_s、抗拉强度 σ_b 及伸长率 δ。

（4）在金相显微镜下观察金相组织。

（5）分析试验结果，得出变形程度大小对制品性能的影响规律。

专题 4　精整

（一）目的

精整，是指金属材料经加工处理后，对其尺寸、表面质量、性能进行处理，而达到制品性能要求。它包括矫直、退火、表面处理等方法。本专题通过实验，使学生了解精整的重要性，并对精整的设备及其相关性能的处理有所了解。

（二）题目

（1）铝及铝合金型材阳极氧化工艺参数对制品性能的影响。

（2）铝及铝合金型材电解着色工艺对阳极氧化膜性能的影响。

（3）铝及铝合金型材前处理工艺对阳极氧化膜性能的影响。

（4）铝及铝合金型材后处理工艺对阳极氧化膜性能的影响。

（5）铜及铜合金钝化工艺对制品性能的影响。

（6）H62 黄铜硬（Y）状态，其成品退火工艺对制品性能的影响。

（7）紫铜高效管的成品坯状态对其外波纹内螺旋成型的影响。

（三）举例

题目：6063 型材碱蚀工艺对阳极氧化膜性能的影响

1. 目的

（1）了解阳极氧化膜的生产工艺。

（2）了解碱蚀对氧化膜的影响。

2. 原理

6063 型材阳极氧化前，碱洗的目的是为了活化金属表面基体，暴露新鲜表面，调整金属表面的光泽，进一步去除油污。其机理是：首先，自然氧化膜与烧碱反应：$Al_2O_3 + NaOH \rightarrow NaAlO_3 + H_2O$；然后，基体与烧碱反应：$Al + NaOH \rightarrow NaAlO_3 + H_2 \uparrow$，从而达到活化基体表面的目的。

3. 设备

铝型材阳极表面处理设备、检测设备。

4. 材料

6063 铝材若干。

5. 步骤

（1）将 6063 铝材先进行脱脂处理，使用 H_2SO_4 稀溶液。

（2）分别采用不同溶液、不同工艺进行碱洗：

1）NaOH：$50 \sim 60g/L$ 溶液中，$Al^{3+} < 25 \sim 40g/L$，添加剂：$0.5\% \sim 1\%$ 溶液，$T = 50 \sim 70℃$，$t = 1 \sim 6min$；

2）NaOH：$50 \sim 60\mathrm{g/L}$ 溶液中，$\mathrm{Al}^{3+} < 25 \sim 40\mathrm{g/L}$，$T = 50 \sim 70\,^\circ\mathrm{C}$，$t = 1 \sim 6\mathrm{min}$；

3）NaOH：$20 \sim 30\mathrm{g/L}$ 溶液中，$\mathrm{Al}^{3+} < 25 \sim 40\mathrm{g/L}$，添加剂：$0.5\% \sim 1\%$ 溶液，$T = 50 \sim 70\,^\circ\mathrm{C}$，$t = 1 \sim 6\mathrm{min}$；

4）NaOH：$90 \sim 100\mathrm{g/L}$ 溶液中，$\mathrm{Al}^{3+} < 25 \sim 40\mathrm{g/L}$，添加剂：$0.5\% \sim 1\%$ 溶液，$T = 50 \sim 70\,^\circ\mathrm{C}$，$t = 1 \sim 6\mathrm{min}$；

5）$T = 10 \sim 20\,^\circ\mathrm{C}$，其余与 1）同；

6）$T = 90 \sim 100\,^\circ\mathrm{C}$，其余与 1）同；

7）$t = 30\mathrm{s}$，其余与 1）同；

8）$t = 10\mathrm{min}$，其余与 1）同；

9）$\mathrm{Al}^{3+} = 0$，其余与 1）同；

10）$\mathrm{Al}^{3+} > 25 \sim 40\mathrm{g/L}$，其余与 1）同。

（3）分别对 1）~10）试样用 $\mathrm{H}_2\mathrm{SO}_4$（$100 \sim 250\mathrm{g/L}$）溶液，室温 $t = 3 \sim 5\mathrm{min}$，进行中和出光。

（4）分别对 1）~10）试样进行阳极氧化。工艺：$\mathrm{H}_2\mathrm{SO}_4$18%，$T = (20 \pm 2)\,^\circ\mathrm{C}$，$I = 1.2 \sim 1.5\mathrm{A/dm}^2$，$\mathrm{Al}^{3+} < 25\mathrm{g/L}$，$V = 15 \sim 17\mathrm{V}$，添加 $0.05\% \sim 0.1\%\ \mathrm{NiSO}_4$，$F_{阴} : F_{阳} = 1 : 1$。

（5）采用常温封孔液进行封孔。

（注：以上各步骤进行后，必须水洗。）

（6）分别对 1）~10）处理材料进行性能检测：

1）用涡流测厚仪测膜厚；

2）在盐雾箱内进行耐蚀性试验；

3）用表面粗糙度测试仪进行磨损试验。

（7）分析检测结果，得出最佳碱洗工艺。

实训项目 3　金属组织分析

一、组织分析技能训练目的、内容

热处理的目的是通过加热、保温和冷却的方法，使钢的内部组织结构发生变化，以获得工件使用性能所要求的组织结构。对于钢而言，制定合理热处理工艺的基础和依据是钢的相变规律，奥氏体等温转变图、连续冷却转变曲线则是钢的相变规律研究的重要手段。通过钢的相变及组织分析实验研究，使学生巩固所学钢的相变基本理论，熟悉钢在相变过程的组织变化规律，以及钢材组织与性能之间的内在关系，掌握相变、组织研究手段及方法。

二、技能训练项目及程序

专题 1　钢的相变分析

（一）目的

钢加热奥氏体化后在冷却过程中会发生各种相变，并伴随有各种物理（如膨胀率）、力学性能（如硬度）及组织的变化，因而可常用金相－硬度法、膨胀法等研究钢的相变规律。而掌握相变规律是合理制定钢的各种热处理工艺的基础。本专题通过钢的相变实验研究，使学生了解钢的相变规律的重要性，掌握相变研究的原则及方法、手段，了解相关设备及其操作方法。

（二）题目

（1）钢的奥氏体晶粒度的测定。

（2）金相－硬度法测定钢的奥氏体等温转变图。

（3）膨胀法测定钢的奥氏体等温转变图。

（4）钢的混合组织分析。

（三）举例

题目：金相－硬度法测定 GCr15 钢的奥氏体等温转变图

1. 目的

（1）了解奥氏体等温转变图的确定手段和方法。

（2）掌握金相法和硬度法，建立 GCr15 钢的奥氏体等温转变图。

（3）了解不同加热温度对 GCr15 钢的奥氏体等温转变图的影响。

2. 原理

钢加热奥氏体化后冷却到临界点以下等温转变时，发生的转变叫作等温转变，描绘该转变温度与转变开始时间和终了时间关系的图形，称奥氏体等温转变图。它能深刻反映钢中奥氏体在冷却时的相变规律。奥氏体等温转变过程中伴随有各种物理（如膨胀率）、力学性能（如硬度）及组织的变化，因而常用金相－硬度法、膨胀法等测定奥氏体等温转变图。

3. 设备

热处理炉、洛氏硬度计、金相显微镜。

4. 材料

$\phi 12\text{mm} \times 10\text{mm}$ GCr15 钢，10 ~ 20 块。

5. 步骤

（1）热处理炉分别设置为 840℃、700℃、600℃、500℃、400℃、300℃。

（2）将试样加热至 840℃，保温 5min 后分别迅速移入 700℃、600℃、500℃、400℃、300℃炉中，分别等温 200 ~ 2500s，取出立即淬水。

（3）分别制硬度试样、金相试样。

（4）在硬度计上检测硬度。

（5）在金相显微镜下观察金相组织。

（6）分析试验结果，得出 GCr15 钢的奥氏体等温转变图。

专题2　钢的组织分析

（一）目的

钢在热处理工艺过程中会发生各种组织转变，如退火、正火工艺中主要是珠光体转变，淬火工艺中主要是马氏体转变等。本专题通过钢的组织分析实验，使学生了解热处理工艺的重要性，掌握热处理工艺的制定原则及控制手段，了解相关设备及其操作方法。

（二）题目

（1）珠光体形态与力学性能关系。

（2）马氏体形态与力学性能关系。

（3）贝氏体形态与力学性能关系。

（三）举例

题目：钢中珠光体形态与力学性能关系

1. 目的

（1）认识钢中珠光体形态。

（2）分析不同珠光体形态对其性能的影响。

2. 原理

钢在完全退火后得到珠光体组织，珠光体的形态、片状珠光体的层片间距等对钢的强度、韧性有直接的影响，可以通过控制珠光体的形态来控制钢的强度、韧性、硬度等力学性能。

3. 设备

热处理炉、洛氏硬度计、金相显微镜。

4. 材料

T10 钢、GCr15 钢。

5. 步骤

（1）热处理炉分别设置为 T10 钢、GCr15 钢完全退火工艺温度。

（2）将试样放入炉内进行完全退火、空冷。

（3）分别制硬度试样、金相试样。

（4）在硬度计上检测硬度。

（5）在金相显微镜下观察金相组织。

（6）分析试验结果。

三、安全问题

（1）未经指导教师许可，不得擅自启动炉子。

（2）炉子启动前，应检查电源线路有无破损漏电现象，不得随意触摸，以防漏电伤人。

（3）炉门开关操作要注意相互配合。

（4）凡与高温试样接触都要使用工具，使用前都需经预热干燥，以防带水爆炸伤人。

（5）操作前须穿戴好劳保用品，以防烫伤、烧伤。

实训项目 4　金属热处理

一、金属热处理技能训练的目的、内容

（一）热处理技能训练的项目、范围

在《材料科学基础》《金属热处理》的专业基础知识的学习中已经知道，热处理是改变金属材料性能的重要方法。根据金属材料材质种类的不同和处理目的的不同，热处理工艺多种多样，十分丰富。

热处理部分编排了常用结构钢热处理、工模具钢热处理、金属表面热处理、有色金属与合金热处理四个方面的内容。其中每个方面又有代表性地选择 4~5 种工艺和材质供选择练习。详细项目介绍如下。

1. 常用钢的普通热处理

（1）各类退火与正火（45 号钢、T12 钢）。

（2）正火（T12 钢）。

（3）各种淬火（45 号钢、40Cr、42CrMo、60 号钢、60Si2Mn、T8、T12）。

（4）各种回火（45 号钢、40Cr、60 号钢、60Si2Mn、T12）。

2. 工模具钢的热处理

（1）淬火（碱浴淬火）+低温回火（对小件）。

（2）分级淬火（或双液淬火）+低温回火（对大件）。

（3）等温淬火。

（4）球化退火—淬火—低温回火。

（5）盐浴淬火—回火。

（6）高速钢的盐浴淬火—回火。

3. 金属表面热处理

（1）火焰淬火。

（2）渗硼。

（3）渗碳。

（4）氮碳共渗。

4. 有色金属与合金的热处理

（1）均匀化退火。

（2）再结晶退火。

（3）低温退火。

（4）固溶处理与时效（硬铝、铍青铜）。

（二）练习路线

热处理技能训练由以下几个步骤组成：

（1）教师综述。

（2）安全教育。

（3）学生设计：

1）选题；

2）分析工件或材质的要求；

3）制定合理的热处理工艺；

4）确定检测热处理效果、质量的方法；

5）申请、预定所需的热处理设备、材料；

6）进行热处理操作；

7）热处理结果检测：包括金相（照片/画图），检测硬度；

8）分析热处理结果，写出热处理训练总结报告；

9）教师对学生的技能、成绩进行评定。

（三）练习方法举例

学生所选到的任务，可能是某一个特定性能要求的工件，也可能是某一个具体的热处理工艺，下面分别举例说明具体的练习方法。

1. 当选到某一工件时

当选到某一工件时，要综合运用前面已学过的各有关课程内容，根据某一具体工件的用途、服役条件，先分析其性能要求，进而选取合适的材料和合理的热处理工艺进行处理，热处理后对处理的结果是否符合要求，要选用合适的检测方法进行检测，最后分析检测结果，写出书面报告。

下面以齿轮为例来说明对不同的工件进行选材、选择热处理工艺的方法。

齿轮是机械传动中进行速度调节和动力传递的重要零件。其种类很多，主要用于机床和运输机械上。

（1）齿轮承受很大的交变弯曲应力。

（2）启动、换挡或啮合不均匀时承受冲击力。

（3）齿面相互滚动、滑动，并承受接触压应力。

所以，齿轮的损坏形式主要是齿的折断和齿面的剥落及过度磨损。因此，要求齿轮材料具有以下主要性能：

（1）高的弯曲疲劳强度和接触疲劳强度。

（2）齿面有高的硬度和耐磨性。

（3）齿轮心部有足够高的强度和韧性。

此外，还要求有较好的热处理工艺性能，如变形小，且变形有一定的规律性等。

具体来说，不同机械中服役条件不同的齿轮及选材，热处理工艺的选择又是不同的，下面分别加以讨论：

（1）机床齿轮。机床齿轮的工作条件与矿山机械、动力机械中的齿轮相比，还是属于运转平稳、负荷不大、条件较好的一类。结合选材热处理的知识和有关生产实践经验可以确定：一般的机床齿轮选用中碳钢、中碳合金钢制造，先经整体调质处理，然后进行表面高频感应热处理，所得到的硬度、耐磨性、强度及韧性能满足要求，而且高频淬火具有变形小、生产率高等优点。

（2）汽车、拖拉机等动力机械的齿轮。这类齿轮主要分装在变速箱和差速器中，其工作条件比机床齿轮要繁重得多，因此在耐磨性、疲劳强度、心部强度和冲击韧性等方面的要求均比机床齿轮要高。这类齿轮的选材、热处理以选用渗碳钢渗碳、淬火、低温回火处理较为合适。另外，一些大型的机车牵引从动齿轮（直径约1m）也可采用中碳合金钢经调制处理后，进行表面中频感应淬火。

（3）其他种类齿轮。对于要求不高、又承受很大冲击力的齿轮，可采用中碳合金钢进行调质，再经氮化、软氮化处理后使用，要求稍高一点的也可最后选用碳氮共渗透处理。

2. 某一具体热处理工艺的实施

下面以处理 40 号钢为例来简要说明实施热处理工艺的具体步骤：

（1）任务：一轴状 40 号钢，直径 φ30mm，其硬度要求是 HRC50～55。

（2）分析：为了达到所要求的硬度要求，考虑应该先进行淬火。

查表得知，40 号钢的淬火温度为 830～860℃，当采用水作为淬火介质时，其淬火的临界直径为 10～17mm，对于长轴形的材料，加热、淬火时还要考虑到变形问题。

（3）工艺参数的确定：

1）加热时间的计算：对于不大于 50mm 碳钢的淬火，每 1mm 的有效厚度用 1.0～1.2min，对于直径 30mm 的轴，其加热的时间为 30～40min。

2）冷却：水冷。

（4）设备选定：淬火的加热设备选用中温箱式实验电炉，冷却设备则准备好一个水桶或者水槽。当要求表面质量高时，还要考虑加热时采取保护措施，防止工作表面的氧化脱碳。

操作：在中温箱式实验电炉的控温仪表中设定好加热温度，工件入炉，通电升温。当达到保温时间，取出工件淬火时，对于轴状工件应该顺着它的轴线方向淬入水中，以尽量减小弯曲变形。

（5）检测：

1）硬度检测：工件淬火以后，从水中取出，用金相砂纸将工件的某一部位磨光，然后在洛氏硬度计上测其硬度，如果硬度达到要求，则表示这个工艺已经完成；如果硬度低于要求，则可能是加热温度偏低或者保温时间不足或者冷却速度不够（从炉子取出来在空气中停留时间偏长，没有及时淬入水中等原因）。

2）金相检测：可以取工件的一小部分，磨制成金相试样，在金相显微镜下可以观察其金相组织，硬度不足时，看组织中是否有铁素体、珠光体类组织存在。

没有达到要求的钢件，必须重新进行加热淬火，直到达到要求为止。

（6）总结分析：详细写出总结分析报告，说明所使用的工艺参数、操作过程、得到的结果（包括工件的组织组成、硬度数据、变形情况、表面氧化脱碳情况等）。如果有意外情况，则要分析产生意外情况的原因，提出的改正措施、改正以后的结果等。

二、热处理训练项目介绍

（一）常用钢的普通热处理

1. 训练目的

通过对几种典型的结构钢、工具钢进行常规热处理工艺的处理练习，掌握常用钢的热处理方法。

2. 概述

普通热处理分为退火、正火、淬火及回火四种工艺。根据钢的材质及处理后组织、性能的要求的不同，应相应采用不同的处理工艺。操作前要先确定好加热温度、保温时间、冷却速度等工艺要素和相应的加热设备、冷却介质，处理完以后，磨制金相试样，进行组织观察。

3. 可选材料与工艺

（1）退火与正火：

1）45 号钢的完全退火；

2）T12 钢的退火（有 Cem_{II}）；

3）T12 钢的正火（消除 Cem_{II}）；

4）T12 钢的球化退火。

（2）淬火：

1）45 号钢的淬火（水淬）；

2）40Cr（42CrMo）的淬火（油淬）；

3）60 号（60Si2Mn）钢的淬火；

4）T8 钢的淬火；

5）T12 钢的淬火。

（3）回火：

1）45 号钢的低温回火；

2）T12 钢的低温回火；

3）60 号（60Si2Mn）钢中温回火；

4）40Cr 钢的高温回火（调质）。

（二）工模具钢的热处理

1. 训练目的

通过对几种典型的工具模具的热处理工艺的选择和实施，掌握主要类型的工具模具钢的热处理方法。

2. 概述

工具模具钢也分碳素钢和合金钢两类。它们的工作条件较为恶劣，要求有较高的强度、硬度、耐磨性或韧性，制成的工具模具往往形状复杂。它们一般比结构钢的含碳量更高，热处理时容易变形、开裂及表面氧化脱碳，稍有不慎就会造成废品，导致前功尽弃。

进行热处理练习时，除了要先确定结构钢的热处理要素以外，还要注意采用一定的防氧化、脱碳保护措施。

3. 可选材料与工艺

（1）T10 钢的淬火（碱浴淬火）＋低温回火（对小件）。

（2）9SiCr（9Mn2V）钢的分级淬火（双液淬火）＋低温回火（对大件）。

（3）T7 钢的等温淬火。

（4）Cr112 钢的球化退火—淬火—低温回火。

（5）H13 钢的盐浴淬火—回火。

（6）高速钢的盐浴淬火—回火。

（三）金属表面热处理

1. 训练目的

练习几种主要的金属表面热处理工艺，理解掌握强化金属表面的热处理方法。

2. 概述

金属表面热处理分为表面淬火和表面化学热处理两大类。它们分别适用于不同类型的材料和对材料表面不同的性能要求，所以在实际当中要根据材料的不同类型和不同的性能要求，相应采用合适的表面热处理方法。

3．可选材料与工艺

（1）45 号钢的火焰淬火。

（2）渗硼：45 号钢、40Cr 钢。

（3）固体渗碳：20 号钢、20CrMnTi 钢。

（4）氮碳共渗：45 号钢、40Cr 钢、38CrMoAl 钢。

（四）有色金属与合金的热处理

1．训练目的

练习几种典型的有色金属及合金的热处理，了解有色金属及合金热处理工艺的特点及与黑色金属热处理工艺种类的不同。理解和掌握有色金属及其合金的热处理原理和主要的工艺方法。

2．概述

最常用的有色金属主要有铝与铝合金、铜与铜合金，其热处理工艺主要有各种退火（均匀化退火、再结晶退火、低温退火）和固溶处理与时效等。

3．可选材料与工艺

（1）均匀化退火：

1）锡青铜 QSn6.5-0.1；

2）LF21（消除晶内偏析）；

3）LY12。

（2）再结晶退火（获得 M 态）：

1）T2（真空或保护气氛退火）；

2）L2。

（3）低温退火（获得 Y 态）：H62、H68。

（4）硬铝的固溶处理与时效：

1）LY12、LY11 的人工时效（注意防止过烧）；

2）LY12、LY11 的自然时效；

3）LD30、LD31（注意"停放效应"）。

（5）铍青铜的固溶处理与时效：QBe2 的固溶处理与时效。

三、热处理技能训练的安全问题

概括起来，安全问题就是人员安全和设备安全两方面的问题。人员安全方面，通俗地说，热处理主要是与热、电、盐浴、化学气氛等打交道，所以相应要注意避免烫伤、电击、盐浴飞溅、吸入有毒有害的气体等。其中一个典型的例子是：经过热处理后的工件，其表面看起来已经不发红，似乎已经冷却下来了，但是如果用手去摸则往往会导致严重的烫伤。所以热处理时一定要随时戴好专用手套。

下面介绍热处理安全操作规程（总则）。当从事具体的热处理设备、金相设施操作时，还必须遵循各具体的安全操作规程。学生一定要仔细阅读并严格执行，严防事故的发生。

（1）从事热处理的作业人员，必须熟悉所使用的设备及其附属设备的构造、性能和操作方法。并严格遵守各机械设备、电气设备、加热炉的安全操作细则。

（2）工作前，热处理作业人员应穿戴好规定的防护用品；禁止赤膊、穿汗背心、穿短裤、凉鞋作业。

（3）操作前，必须对所使用的设备、附属防护装置和工具、夹具、吊具、钢丝绳等进行全面检查。确认安全、良好后方可使用。

（4）加热炉和火源附近 3m 内，禁止堆放任何易燃易爆物品（如木材、棉纱、气瓶等），以免造成火灾、爆炸事故。

（5）热处理作业人员用的手钳，应根据工作情况选用，不得过长或者过短。

（6）利用盐浴炉或铅炉加热时，使用的钳子、工具均应经过 100～120℃ 预热烘干，去除其水分。要严防水直接溅入盐溶液，以免水分遇到炉内高热溶液而剧烈汽化，发生爆炸。

（7）加入盐浴炉的新盐或者脱气剂，均须预先烘干。加入新盐时，不得一次大量倒入，应该缓慢分次加入。

（8）排烟、排气、降温机等设备，应该经常检查，如发现异常情况，应与有关人员联系，及时处理。

（9）热电偶插入盐浴炉之前，必须先预热至 300～400℃，以避免盐浴爆炸或造成热电偶断裂。

（10）从炉中取出红热工件进行淬火时，必须观察周围是否有人，以免烫伤。

（11）经过热处理和化学热处理过的工件，出槽时不论是否有余热，均须放置在规定的地点，不得任意乱放，以免造成烫伤或者火灾事故。

（12）各种化学物品要严加保管。使用时，要看清标牌，严防错拿、错用或者随便混用。情况不明时，必须向有关人员询问清楚，切忌不懂装懂、违章作业。

（13）各种加热炉、机械设备、作业场地，应该保持整洁，做到每天一小扫，每周一大扫。

（14）工作完毕，必须先切断电源，关闭风机、油泵等，加热炉周围及炉膛应该清扫干净，杜绝火种，以免造成火灾。

实训项目 5　模具设计与制造

一、训练目的

掌握各种典型模具的基本结构，要求具有初步设计各种模具的能力，合理制定模具制造工艺规程，并参与各工序的加工过程，了解各工艺的目的，掌握模具的装配、试模及调整的方法。

二、训练方向

（1）冲压模具设计与制造。

（2）塑料模具设计与制造。

（3）管棒材拉伸模设计与制造。

（4）挤压模具设计与制造。

三、训练步骤

（1）根据所给制件，设计模具，画出模具零件图、装配图。

（2）根据模具各零、部件的工作状况和性能要求，合理选材。

（3）按零件图，制定加工工艺规程。

（4）装配模具。

（5）试模与调整。

四、模具设计与制造设备

（1）模具的机械加工设备：

1）普通切割加工机床：

① 车床：用于进行圆形凸模、凹模镶整、导柱、导套等圆柱形物体的切削加工，以及车锥形、镗孔、平端面、车螺纹、滚花等。

② 钻床：常用钻床有台钻、立式钻床、摇臂钻床等；在模具加工中，主要用钻孔、铰孔、锪孔、攻丝、孔端倒角等。

③ 镗床：主要用于扩孔、钻孔、铰孔、倒角等，另外还可用于加工圆筒形制品拉深模的凹模腔。

④ 铣床：有卧式铣床、立式铣床、万能铣床等；主要用于铣平面、铣槽、切断、铣端面、铣齿、铣螺旋槽、铣凸轮、铣不规则曲面等。

⑤ 刨床：有牛头刨床、龙门刨床；主要用于加工平面。

2）精密切削加工机床：主要有坐标镗床，用于加工高精度的孔，正确加工由直角坐标位置确定孔。

3）成型切削加工用机床：

① 制模机。

② 铣床。

③ 刻模机、雕刻机。

④ 数控机床。

⑤ 多工位自动数控铣床。

4）普通磨削加工机床：

① 外圆磨床、万能磨床、内圆磨床。

② 平面磨床。

5）精密磨削加工机床：坐标磨床。

6）成型磨削加工机床：

① 通用成型平面磨床。

② 缩放仪式砂轮成型磨床。

③ 光学曲线磨床。

（2）特种加工设备：

1）电火花加工机床。

2）电火花线切割加工机床。

（3）曲柄压力机：有 10t 和 40t 开式曲柄压力机。

（4）塑料注射成型机床。

（5）各种测量、检测器具。

五、冲模设计程序与举例

冲模设计的主要内容是：冲压的工艺设计和计算；模具的结构设计。

（一）工艺设计和计算

1. 分析制件的冲压工艺性

根据生产批量及制件的形状、特点、材料、精度和技术要求，按各种冲压件的工艺要求所述的各项内容进行工艺分析，确定其冲压加工的可能性。

2. 确定工艺方案

（1）确定毛坯形状和尺寸。根据制件图和工艺要求，确定毛坯的形状和尺寸，如弯曲件的毛坯展开尺寸，拉深件的毛坯或半成品的形状和尺寸等。

（2）必要的工艺计算。根据制件塑性变形的极限条件进行必要的工艺计算。如弯曲件的最小弯曲半径；拉深件的拉深次数，各次拉深的形状和尺寸；一次翻孔的高度和翻孔方法；缩口或胀形变形程度的计算等。

（3）确定合理的工艺方案。先确定制件的基本工序，将基本工序进行排列和组合，设计出多种工艺方案进行分析、比较，从中选择一种最合理的工艺方案。

（4）绘制工序图。根据选定的工艺方案和各工序的形状和尺寸，绘制工序图。

3. 排样和计算材料利用率

确定合理的排样形式、裁板方法和计算材料利用率。

4. 计算工序力，初选压力机

计算工序力，根据工序力选择压力机。若选择曲柄压力机，应使工序力曲线在压力机允许的压力曲线范围内。对工作行程大的工序，还要校核曲柄压力机的电机功率。

5. 填写工艺过程卡片

根据工艺设计，将各工序内容、所需的板料、设备、模具、工时定额等填入工艺卡片中。

（二）模具结构设计的一般程序

1. 确定模具的类型和总体结构形式

（1）确定模具的类型。

冲模的类型很多，一般根据下列原则确定：

1）根据生产批量，确定是用单工序模、复合模还是级进模。生产批量大时一般用复合模；凸凹模强度低时用级进模。

2）根据冲裁件精度要求，确定是用普通冲裁模还是精冲模。冲裁件的精度高于 IT10 级时，采用精冲模。

3）根据设备能力，确定模具类型。用双动压力机时，其模具结构简单。

4）根据制模的技术条件和经济性，确定模具类型。

（2）确定模具的总体结构形式。

模具类型确定后，进一步确定模具总体结构形式。

1）尽量采用标准结构：对于普通冲模，如单工序模、复合模和工步不多的级进模，尽量采用标准的典型组合和标准模架。标准典型组合的结构形式，其标准代号为 GB 2871.1—1981 ~ GB 2874.4—1981；冲模典型组合技术条件的标准代号为 GB 2875—1981。

2）操作结构的确定：根据生产批量确定操作方式，其结构除手工送料外，还有半自动送料或自动送料。相应有不同的结构。

3）压料与卸料（件）结构的确定：根据板料厚度、毛坯形状和制件要求，确定压料和卸料（件）的结构形式，即用弹性或刚性结构。

4）导向和定位结构：根据制件的精度要求和冲压工序，选取合适的导向结构、凸凹模的固定结构和定位结构等。

根据确定的结构形式画出总体结构草图。

2. 冲模零部件的选用、设计和计算

冲模的工作件、定位件、卸料件、导向件、固定件及其他零件，若能按冲模标准选用时，应选用标准件，若无标准可选时，再进行设计和计算。对于弹簧或橡胶性体应进行选用和计算，必要时应对凸、凹和模架中的下模座进行强度校核。

3. 绘制冲模装配图

冲模装配图应有足够说明模具结构的视图，一般主视图和俯视图要按投影关系绘出。主视图画冲压结束时的工作位置，俯视图画下模部分。视图按《机械制图》国家标准绘出，考虑到冲模工作图的特点，允许采用一些常用的习惯画法。

（1）未剖到的销钉、螺钉等在能画出的情况下，可以旋转到剖析切面上画出。

（2）同一规格，尺寸的螺钉和销子在剖视图中可各画一个，各引出一个件号。当剖视位置比较小时，螺钉和销子可各画一半。

（3）装在下模座下面的弹顶装置，也可不用全部画出，只在下模座上画出连接的螺孔，画出弹顶装置的托杆等。

冲模的装配图应标注必要尺寸，如闭合高度、轮廓尺寸，安装尺寸或压力中心位置，装配必须保证的尺寸和精度以及必要的形位公差等。按规定位置画出制件图和排样图，填写标题栏、明细表和技术要求等。

绘制冲模装配图一般步骤是：首先把制件的主、俯视图画在图中的适当位置，先画主观图；按照先内后外，先工作部件后其他部件的原则逐步绘出。主视图应绘冲压结束的工作位置，以便直观地看出闭合高度。

画俯视图：按照投影关系画出下模部分俯视图。绘图时应使工艺设计和计算与确定的模具结构和类型联合进行，做到模具设计与工艺设计相互照应，如发现模具无法保证工艺的实现，应更改工艺设计。

4. 绘制模具零件工作图

按设计的装配图，拆绘零件图，对于已有国家标准或企业标准的零件并有图样时，可借用。拆绘的零件工作图应是非标准的专用零件。零件工作图上应标注全尺寸、制造公差、形位公差、表面粗糙度、材料和热处理；提出必要的技术要求等。

（三）编写设计说明书

设计说明书的内容见图 3-5-1。

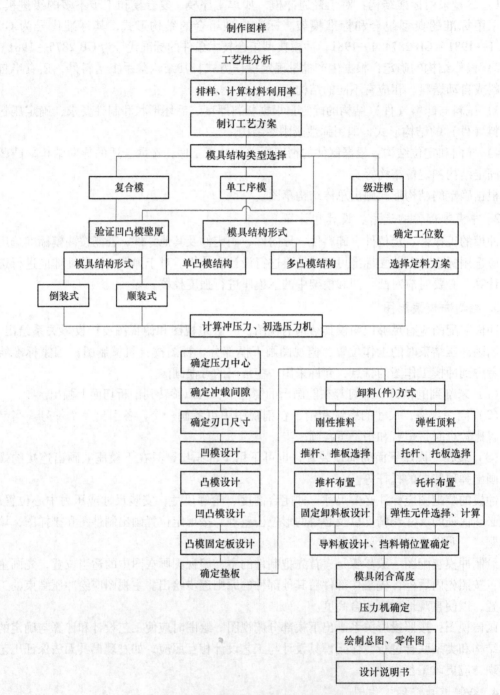

图 3-5-1　普通冲裁模的设计程序框图

（1）目录。

（2）设计任务书及制件图。

（3）制件的工艺性分析。

（4）拟订工艺方案。

（5）排样及计算板料利用率。

（6）计算工序冲压力，初选压力机。

（7）确定压力中心位置。

（8）选择模具类型和结构形式。

（9）模具零部件的选用，设计和必要计算。

（10）模具工作部分的刃口尺寸及公差计算。

（11）模具的经济性和技术性分析。

（12）其他需说明的内容。

（13）参考资料。

举例：设计如图 3-5-2 所示零件的模具。零件材料为 08 钢，厚度为 1.5mm，中批量生产。

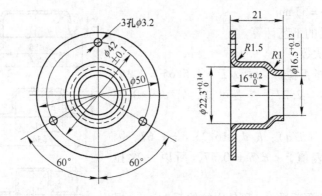

图 3-5-2　制品的形状与尺寸

（一）工艺设计与计算

1. 分析制件的冲压工艺性

（1）制件的主要尺寸精度。内形主要尺寸：$\phi 16.5^{+0.12}_{0}$ mm、$\phi 22.3^{+0.14}_{0}$ mm、$16^{+0.2}_{0}$ mm 为 IT11 ~ IT12 级；外形主要尺寸：$3 \times \phi 3.2$ mm 孔，其圆心线为 $\phi 42$ mm ± 0.1mm 为 IT11 级；$t = 1.5$mm，制件的刚度和强度较高。适合普通冲压加工。

（2）制件属于一般宽凸缘圆筒形件，相对高度 $H/d < 1$，拉深工艺性较好。由于圆角半径较小的内形尺寸精度要求较高，可用整形工序来保证。

（3）制件底部 $\phi 16.5^{+0.12}_{0}$ 部分的形状，由于高度是自由尺寸，可采用宽凸缘圆筒形拉深件的底部冲孔翻孔来保证。

由此可见，此制件采用普通冲模进行冲裁、拉深、翻孔和整形等工序达到所要求的形状和尺寸。

2. 确定工艺方案

（1）计算毛坯直径。

首先确定翻孔前的半成品形状和尺寸，若能冲预冲孔后一次翻孔达到高度要求，其半成品为宽凸缘圆筒形件，则要判断能否在圆筒形件底部冲孔一次翻孔成功。

制件翻孔高度 h：$h = 21 - 16 = 5\text{mm}$

一次翻孔的最大高度 h_{max}：根据公式和查表可知

$$h_{max} = D(1 - M_{min})/2 + 0.437\gamma_p + 0.72t$$

式中，$D = 16.5 + 1.5 = 18\text{mm}$，$M_{min} = 0.68$，$\gamma_p = 1 + 0.75 = 1.75\text{mm}$，$t = 1.5\text{mm}$。

则：$h_{max} = 18 \times (1 - 0.68)/2 + 0.437 \times 1.75 + 0.72 \times 1.5 = 19.37\text{mm}$

$h_{max} = 19.37 \gg h = 5$，故能一次翻孔成功。

半成品的形状和计算尺寸（中间尺寸）如图 3-5-3 所示。

根据 $d_\phi/d = 50/23.8 = 2.1$。查表可知，修边余量 $\delta = 1.8\text{mm}$，实际凸缘直径：

$d'_\phi = d_\phi + 2\delta = 50 + 2 \times 1.8 = 54\text{mm}$，取 $d'_\phi = 54\text{mm}$。

毛坯直径 D 按下式计算：

$$\begin{aligned} D &= \sqrt{d'^2_\phi + 4dH - 3.44\gamma_p d} \\ &= \sqrt{54 + 4 \times 23.8 \times 16 - 3.44 \times 2.25 \times 23.8} \approx 65\text{mm} \end{aligned}$$

取毛坯直径 $D = 65\text{mm}$。

（2）进行必要的工艺计算。

1）确定拉深次数：

① 判断一次能否拉成。由 $t/D = 1.5/65 = 2.3\%$ 和 $d'_\phi/d = 54/23.8 = 2.27$，查表可知，$h_1/d_1 = 0.28$（表值）。

制件相对高度（h/d）：$h/d = 16/23.8 = 1.67$。因为 $h_1/d_1 = 0.28$（表值）$< d/h = 0.67$，所以一次拉不成。

② 确定首次拉深系数 m_1 和各次拉伸系数 m_n。根据 $d'_\phi/D = 54/65 = 0.83$，$t/D = 2.3\%$ 和 $\gamma_p/t = 2.25/1.5 = 1.5$，参考表，取 $m_1 = 0.45$。

因 $m_1 = 0.45$，则 $d_1 = m_1 D = 0.45 \times 65 = 29\text{mm}$

根据 $t/D = 2.3\%$，参考表，取 $m_2 = 0.73$。

由于 $d_2/d_1 = 0.82 > m_2 = 0.73$（表值），所以二次可以拉成，且 $m_2 = d_2/d_1 = 0.82$。

因为在第二次拉深后需增加整形工序，所以改用三次拉深不用整形工序，重新调整拉深系数为：

$$m_c = d/D = 23.8/65 = 0.366 = m'_1 m'_2 m'_3$$

取 $m'_1 = 0.56$，$m'_2 = 0.803$，$m'_3 = 0.815$。

2）翻孔预孔直径 d_o：

$$\begin{aligned} d_o &= D - 2(h - 0.43\gamma_p - 0.72t) \\ &= 18 - 2 \times (5 - 0.43 \times 1.75 - 0.72 \times 1.5) \\ &= 11.7\text{mm} \end{aligned}$$

（3）确定合理的工艺方案。

先确定出制作的基本工序，将各基本工序进行可能的排列和组合，得出不同的工艺方案并进行分析、

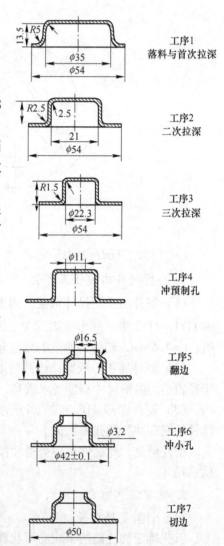

图 3-5-3　制作加工工序图

比较，找出适合生产条件的最佳方案。

基本工序：落料、首次拉深、二次拉深、三次拉深、冲 $\phi11.07$mm 预制孔、翻孔、冲 $3\times\phi3.2$mm 孔，切边。

基本工序组合排列，拟订下列方案：

方案 1：落料与首次拉深复合，其余按基本工序。

方案 2：落料与首次拉深复合，冲 $\phi11.7$mm 预制孔与翻孔复合，冲 $3\times\phi3.2$mm 孔与切边复合，其余按基本工序。

方案 3：落料与首次深复合，冲 $\phi1.7$mm 和 $3\times\phi3.2$mm 孔，翻孔与切边复合，其余按基本工序。

方案 4：落料、首次拉深和冲 $\phi11.7$mm 预制孔复合，其余按基本工序。

方案 5：采用在条料级进拉深或多工位自动压力机上冲压。

分析、比较 5 种方案可见：

1）方案 2 的凸凹模强度低，模具易损坏。

2）方案 3 的凸凹模刃口不在同一平面，修磨困难。

3）方案 4 是落料、首次拉深和 $\phi11.7$mm 预制孔复合，首次拉深凸模也是冲孔凹模，其壁厚小于 5mm，所以强度较低，模具也易损坏。

4）方案 5 适合大批量生产，对于中小批量生产不宜选用。

5）方案 1，没有上述缺点，但生产率较低，对于中批生产还是合理的。

根据上述方案的分析比较，决定采用落料与首次拉深复合，设计复合模，其可按基本工序设计单工序模。

(4) 确定中间工序尺寸和画工序图。

1) 确定中间工序尺寸：

① 首次拉深尺寸：

$$d_1 = m_1' , \quad D = 0.56\times65 \approx 36.4\text{mm}$$

$$r_{a1} = 0.8\sqrt{(D-d_1)t} = 0.8\sqrt{(65-36.4)\times1.5} = 5.24\text{mm}$$

取 $r_{a1} = 5$mm，取 $r_{t1} = 0.8$，$r_{a1} = 0.8\times5 = 4$mm

首次拉深件高度计算：

取 $r_{p1} = r_{a1} + 0.5t = 5 + 0.75 = 5.75$mm

$$r_{d1} = r_{t1} + 0.5t = 4 + 0.75 = 4.75\text{mm}$$

$$H_1 = 0.25(D^2 - D_\phi'^2)/d_1 + 0.43(r_{p1} + r_{d1}) - 0.14(r_{p1}^2 - r_{d1}^2)/d_1$$

$$= 0.25\times(65^2 - 54^2)/36.4 + 0.43\times(5.75 + 4.75) - 0.14(5.75^2 - 4.75^2)$$

$$\approx 13\text{mm}$$

② 二次拉深尺寸：

$$d_2 = m_2' , d_1 = 0.803\times36.4 \approx 29.2\text{mm}$$

取 $r_{a2} = r_{t1} = 0.6r_{a1} = 0.6\times5 = 3$mm

取 $r_{p2} = r_{d2} = r_{a2} + 0.5t = 3 + 0.75 = 3.75$mm

二次拉深高度计算：

$$H_2 = 0.25(D^2 - d_\phi'^2) + 0.86r_{d2} = 0.25\times(65^2 - 54^2)/29.2 + 0.86\times3.75 \approx 14.4\text{mm}$$

③ 三次拉深尺寸：

$$d_3 = m'_3 , d_2 = 0.815 \times 29.2 \approx 23.7 \text{mm}$$

$$r_{p3} = r_{d3} = 2.25 \text{mm}$$

$$H_3 = 0.25(D^2 - d'^2_\phi)/d_3 + 0.86r_{d3} = 0.25 \times (65^2 - 54^2)/23.7 + 0.86 \times 2.25 \approx 16 \text{mm}$$

其余工序尺寸均按制件要求尺寸确定。

2）画工序图：根据制件尺寸和计算的各中间工序画出工序图，如图 3-5-3 所示。

3. 排样设计

毛坯直径为 ϕ65mm，其尺寸较小，考虑操作方便，采用单排。

由表可知，搭边值为 $a = 2$mm，$b = 1.5$mm。

进距 A： $\qquad A = D + b = 65 + 1.5 \approx 66.5 \text{mm}$

宽度 B： $\qquad B = 2a = 65 + 2 \times 2 = 69 \text{mm}$

板料规格似选用：1.5mm $\times$ 1000mm $\times$ 2000mm/08F 钢板。

采用横裁时，截条料数为：

$$n_1 = L/B = 2000/69 = 28.98 \approx 29 \text{ 条}$$

每条冲裁件数： $\qquad n_2 = (1000 - b)/A = (1000 - 1.5)/66.5 = 15$

每条板冲裁总件数： $\qquad n_c = n_1 n_2 = 29 \times 15 = 435$

板材的利用率： $\eta = [n_c \times \pi D^2/(4A)] \times 100\%$

$$= [435 \times \pi \times 65^2/(4 \times 1000 \times 2000)] \times 100\% = 72.2\%$$

如果将工艺废料 ϕ11.7mm 圆板再利用，板料的利用率会更高。

4. 计算各工序压力、初选压力机

（1）落料与首次拉深工序。

1）落料力的计算：

$$F_c = Lt\sigma_b = \pi Dt\sigma_b = 3.14 \times 65 \times 1.5 \times 380 = 116.4 \text{kN}$$

2）落料卸料力的计算：

查表，取 $K_x = 0.050$，则

$$F_x = K_x F_c = 0.05 \times 116.4 = 5.28 \text{kN}$$

3）拉深力的计算：

$$F_x = K_1 \pi d_1 t\sigma$$

K_1 查表，取 $K_1 = 0.93$

$$F_x = 0.93 \times 3.14 \times 36.5 \times 1.5 \times 380 = 60.75 \text{kN}$$

4）压边力的计算：

查表取 $q = 2.5$MPa

$$F_{Q1} = (\pi/4)[65^2 - (36.5 + 2 \times 5.75)^2] \times 2.5 \approx 3.78 (\text{kN})$$

此工序的总压力应在距离压力机下止点 13.8mm 处达到：

$$F = F_c + F_x + F_{Q1} = 116.4 + 5.28 + 3.78 \approx 125.5 (\text{kN})$$

精确确定压力机的额定压力，应查明压力机允许工作负荷曲线后才能决定，但根据计算值可知，选择 250kN 的压力机，其压力是足够的。

（2）二次拉深工序。

1）拉深力：$F_{t2} = k_2 \pi d_2 t\sigma = 0.52 \times 3.14 \times 29.3 \times 1.5 \times 38 = 18.2 (\text{kN})$

2）压边力：$F_{Q2} = (\pi/4)\left[d_1^2 - (d_2 + 2r_{a2})^2\right]q = (\pi/4)\left[36.5^2 - (29.3 + 2 \times 3.25)^2\right] \times 2.5 \approx 0.1 \text{kN}$

3）总压力：$F = F_{t2} + F_{Q2} = 18.2 + 0.1 = 18.3 \text{kN}$

选用 160kN 压力机。

（3）三次拉深（有整形作用）。

1）拉深力：$F_{t3} = K_2 \pi d_3 t \sigma = 0.52 \times 3.14 \times 23.8 \times 1.5 \times 380 = 22.2 \text{kN}$

2）整形：$F_z = Aq = (\pi/4)\left[(54^2 - 25.3^2) + (223 - 2 \times 1.5)^2\right] \times 80 = 166 \text{kN}$

3）顶件力：$F_d = 0.1 F_{t3} = 0.1 \times 22.2 = 2.2 \text{kN}$

4）总压力：$F = F_z + F_d = 166 + 2.2 = 168.2 \text{kN}$

选用 250kN 压力机。

（4）冲 $\phi 11.7 \text{mm}$ 孔工序。

1）冲裁力：$F_c = \pi d_0 t \sigma_b = 3.14 \times 11.7 \times 1.5 \times 380 \approx 21 \text{kN}$

2）卸料力：$F_s = K_x F_c = 0.05 \times 21 = 1.05 \text{kN}$

3）推件力：$F_t = K_t n F_c$

查表，取 $K_t = 0.055$。设凹模刃口深度为 8mm，则卡在凹模洞口内的废料数为 $n = 8/1.5 = 5.34$，取 $n = 5$，则

$$F_t = 0.055 \times 5 \times 21 \approx 5.8 \text{kN}$$

4）总压力：$F = F_c + F_x + F_t = 21 + 1.05 + 5.8 \approx 28 \text{kN}$

选用 160kN 的压力机。

（5）翻孔工序。

1）翻孔力：$F = 1.1 \pi t \sigma_s (D - d_0) = 1.1 \times 3.14 \times 1.5 \times 196 \times (118 - 12.4) = 5.7 \text{kN}$

2）顶件力：$F_d = 0.1 F = 0.1 \times 5.7 = 0.57 \text{kN}$

3）整形力：$F_z = Aq = (\pi/4)(22.3^2 - 16.5^2) \times 80 = 14.2 \text{kN}$（查表，取 $q = 80 \text{MPa}$）

选用 160kN 的压力机。

（6）冲 $3 \times \phi 3.2 \text{mm}$ 孔工序。

1）冲孔力：$F_c = 3 \pi d_t \sigma_b = 3 \times 3.14 \times 3.2 \times 1.5 \times 380 = 17.20 \text{kN}$

2）卸料力：$F_x = K_x F_c = 0.05 \times 17.2 = 0.86 \text{kN}$

3）推件力：$F_t = K_t F_c = 0.05 \times 5 \times 1.72 = 4.70 \text{kN}$

4）总压力：$F = F_c + F_x + F_t = 17.2 + 0.86 + 4.7 \approx 22.8 \text{kN}$

选用 160kN 压力机。

（7）切边工序。

切边力：$F_q = \pi D t \sigma_b = 3.14 \times 50 \times 1.5 \times 380 = 89.5 \text{kN}$

选用 160kN 压力机。

5. 编制冲压工艺过程卡（略）

（二）模具设计

根据确定的工艺方案和制件的形状特点、精度要求，选用设备的主要参数、模具的制造条件及安全生产等选择模具的类型和结构形式。下面就落料与首次拉深所用的落料拉深复合模的设计作简单介绍。

1. 模具的类型和结构形式选择

根据选择原则，考虑到凸、凹模的壁厚为 $\delta = (65 - 38)/2 = 13.5\,\text{mm}$，能保证强度，常用曲型结构，即落料用正装式，拉深用倒装式，压力、卸料用弹性装置，推件用压力机滑块横挡板的作用而采用刚性装置。考虑装模的方便性，采用标准的后侧导柱模架。

2. 零部件的选用、设计和计算

（1）工作零件。

工作零件主要是指落料凹模、拉深凸模和落料拉深共用的凸凹模。

1）落料凹模：采用整体式结构，直刃口形式用分别加工法，取落料件的直径 D 为 $\phi 65\,\text{mm} - 0.740\,\text{mm}$。

查表，取 $\delta_a = 0.03\,\text{mm}$，$\delta_t = 0.02\,\text{mm}$。

查表，取 $C_{\min} = 0.11\,\text{mm}$，$C_{\max} = 0.15\,\text{mm}$。

因 $|\delta_a| + |\delta_t| = 0.05\,\text{mm} < 2(C_{\max} - C_{\min}) = 0.08\,\text{mm}$，故分别加工合适。

落料凹模的刃口尺寸及公差计算：
$$D_a = (D - X\Delta)^{+\delta}_{0}$$
式中，$D = 65\,\text{mm}$，因 $\phi 65^{\,0}_{-0.74}$ 为 IT14 级，取 $X = 0.5$，查表，取 $\delta = 0.03\,\text{mm}$。
$$D_a = (65 - 0.5 \times 0.74)^{+0.03}_{0} = 64.63^{+0.03}_{0} = 65^{-0.34}_{-0.37}\,\text{mm}$$

凹模外形尺寸：

① 外径：考虑压力圈的外径及刃口强度和螺孔、销孔等对强度的影响，刀口壁厚应大于 $30\,\text{mm}$，取刃口壁厚为 $35\,\text{mm}$。则
$$\text{凹模外径} = 2 \times 35 + 65 = 135\,\text{mm}$$

② 高度：凹模高度应考虑强度和工作需要，这里主要是满足结构需要，根据落料拉深模的结构确定。

2）拉深凸模：因为制件的内径精度较高，所以拉深件应标注内形尺寸和公差。首次拉深内形尺寸为 $\phi 34^{+0.90}_{0}\,\text{mm}$。

拉深凸模直径按下式计算：
$$d_t = (d_{\min} - 0.4\Delta)^{0}_{-\delta_t}$$

查表，取 $\delta_t = 0.03\,\text{mm}$，则
$$d_t = (34 - 0.4 \times 0.90)^{0}_{-0.03} = 33.64^{0}_{-0.03} = 33^{+0.64}_{+0.61}\,\text{mm}$$

3）凸凹模：凸凹模的工作部分，外圆是落料凸模，内孔是拉深凹模，凸凹模装在上模部分。

外圆刃口部分直径 D_t 按下式计算：
$$D_t = (D - x\Delta - 2C)^{0}_{-\delta_t}$$
$$D_t \approx (65 - 0.5 \times 0.74 - 2 \times 0.11)^{0}_{-0.02} = 64.41^{0}_{-0.02} = 64^{+0.41}_{-0.39}\,\text{mm}$$

内孔工作部分直径 d_a 按下式计算：
$$d_a = (d_{\min} + 0.4\Delta + 2.2t)^{a+\delta}_{0}$$

查表，取 $\delta_a = 0.05\,\text{mm}$
$$d_a = (34 + 0.4 \times 0.90 + 3.3)^{+0.05}_{0} = 37.66^{+0.05}_{0} = 38^{-0.29}_{-0.34}\,\text{mm}$$

（2）定位零件。

　　定位零件采用三个标准挡料销，凹模上固定挡料销的装配孔与刃口间的壁厚应大于允许的最小壁厚。

　　（3）压力、卸料和推件装置、压边装置。

　　采用橡胶弹顶器压力装置，顶杆、托板采用标准结构。压力圈为专用结构，弹性体采用普通橡胶，预压力达到 3.8kN，但可以随时调整预压力的大小，橡胶自主高度 $H = 5 \times 14 = 60$（mm）。

　　1）卸料装置：采用弱弹簧式卸料装置。

　　2）推料装置：采用刚性结构，借助压力机横挡板的作用，将制件推出拉深凹模口外，推杆等采用标准结构，推件块为专用结构。

　　（4）其他零件结构尺寸。（略）

附　录

附表1　金相化学浸蚀试剂

浸蚀剂名称	浸蚀剂成分	浸蚀条件	用　途
		钢铁用浸蚀剂	
硝酸酒精溶液	浓硝酸1~5mL 酒精100mL	只能用无色硝酸（1.48），硝酸含量增加时，浸蚀速度加快，浸蚀时间从数秒至1min	浸蚀各种热处理及化学热处理后的钢铁合金，显示珠光体组织、铁素体组织、马氏体组织以及区分马氏体与铁素体组织，显示渗碳钢组织
苦味酸酒精溶液	苦味酸4g 酒精100mL	浸蚀时间数秒至1~2min	浸蚀热处理状态的碳钢及低合金钢，显示铁素体晶界，铁素体、渗碳体及奥氏体，呈亮色，浸蚀数分钟可显示淬火钢奥氏体晶界
苦味酸钠碱性溶液	苦味酸2g 氢氧化钠25g 水100mL	煮沸使用，浸蚀5~25min	浸蚀后渗碳体变黑，铁素体不变色
过硫酸铵溶液	过硫酸铵10g 水90mL	用冷浸蚀剂	低碳钢中铁素体晶粒能很好着色
混合酸甘油溶液	硝酸（1.42）10mL 盐酸（1.19）20~30mL 甘油20~30mL	浸蚀前试样用温水加热，为更好地显示组织，宜抛光与浸蚀交替进行	用于高速钢、高锰钢，能很好地分出组织成分间的晶界
混合酸溶液	盐酸（1.19）50mL 硝酸（1.42）5mL 水50mL	加热至50~60℃应用	显示奥氏体钢的组织
氯化铁盐酸溶液	氯化铁5g 盐酸（1.19）50mL 水100mL	浸蚀时间约1min	显示奥氏体镍钢及不锈钢
硫酸铜盐酸溶液	硫酸铜4g 盐酸（1.19）20mL 水20mL	可应用热浸蚀剂，浸蚀时间为15~45s	显示不锈钢组织
王水	盐酸3份 硝酸1份	显示组织很快，要求小心使用，浸蚀剂配成后24h方可使用	显示不锈钢组织
赤血盐碱性溶液	赤血盐30g 氢氧化钾30g 水60mL	煮沸时应用，浸蚀剂使用新配制的，浸蚀时间2~10s	σ相着色、奥氏体晶粒、碳化物及其他组成物不改变颜色，用于铬钢中区别σ相及铁素体，σ相为浅蓝色，铁素体为黄色

浸蚀剂名称	浸蚀剂成分	浸蚀条件	用　途
硬质合金用浸蚀剂			
赤血盐氢氧化钠溶液	10%赤血盐溶液 1 份 10%氢氧化钠溶液 1 份	浸蚀时间 20~120s	显示固溶体，对碳化物不起作用
铜及其合金的浸蚀剂			
氨水与过氧化氢溶液	氨的饱和溶液 50mL 过氧化氢（3%）50mL	用揩拭法浸蚀，溶液仅用新配成的	显示纯铜晶粒，为防止试样氧化，应立刻用水冲洗
过硫酸铵溶液	过硫酸铵 10g 水 90mL	在使用前加入几毫升浓氨溶液有很好效果	适用于铜、黄铜、青铜
氯化铁盐酸溶液	氯化铁 5g 盐酸（1.19）50mL 水 100mL	浸蚀用浸渍法或擦拭法	适用于铜、黄铜、锡青铜、铝青铜、磷青铜，使黄铜中 β 相变黑
氯化铵铜的氨水溶液	氯化铵铜 5g 水 100mL 氨：至沉淀物溶解	浸蚀 10~30s	适用于铜、黄铜与青铜，是较好浸蚀剂之一
铬酸	铬酸饱和溶液	浸蚀时间 10~30s	适用于黄铜与青铜的对比浸蚀剂
铝及其合金用浸蚀剂			
混合酸	硝酸（1.49）1 份 氢氟酸 2 份 甘油 3 份	用棉花蘸浸蚀剂擦拭试样 10s	显示合金的晶界及个别组织成分
氢氧化钠溶液	氢氧化钠 1g 水 100mL	浸蚀时擦拭 10s	显示铝及合金组织
混合酸溶液	浓氢氟酸 1mL 盐酸（1.19）1.5mL 硝酸（1.49）2.5mL 水 9.5mL	浸蚀时间 10~20s，在热水流中清洗	显示硬铝组织
镁及其他有色金属及合金的浸蚀剂			
草酸溶液	草酸 2g 水 98mL	浸蚀时用棉花擦拭 2~5s	显示铸镁、锻镁及多数铸镁合金
过硫酸铵溶液	过硫酸铵 10g 水 98mL	应用冷浸蚀剂	显示镍及银的组织
酒石酸溶液	酒石酸 2g 水 98mL	浸蚀时沉浸 1~20s	显示锻镁合金组织
混合酸	硝酸（1.49）50mL 水醋酸 50mL	在 10~20℃的浸蚀剂中沉浸 5~20s	显示镍、蒙乃尔及其他铜镍合金，合金含镍小于 25%时，以 25%~50%丙酮稀释
氯化铁溶液	氯化铁 10g 水 95mL	20℃时浸蚀 0.5~5min	显示高含锡量的巴比合金组织
盐酸溶液	5%盐酸（1.19）水溶液	浸蚀时间 1~10s	能很好地显示锌合金的组织，浸蚀锡则用同样的酒精溶液

附表2 钢铁及其有色金属电解抛光规范和电解液成分

试样材料（阳极）	电解液成分	电解抛光规范				阴极
		电流密度 /A·dm^{-2}	电压 /V	温度 /℃	时间 /min	
普钢、低碳钢及低合金钢	正磷酸（1.55~1.60）480mL 硫酸（1.84）50mL 铬酸酐80g 水60mL	40~50		80~85	3~10	铅或不锈钢
低碳钢	正磷酸（1.48）80mL 硫酸（1.84）20mL	25~70	8~10	55~60	5~7	铅或不锈钢
钢（低碳钢除外）	过氯酸（70%）54mL 含3%乙醚的酒精800mL 水145mL	2~6	70	室温	0.5	铅或不锈钢
灰口铁、白口铁、高硅铸铁	正磷酸（1.316）	0.6	0.75~2	室温	—	铸铁
中碳钢及低碳钢	过氯酸（68%~72%）175~180mL 醋酸酐765mL 蒸馏水50mL	3~60	120~160	50	3~5s	铅
碳钢及合金钢	过氯酸（60%~65%）50mL 水醋酸1000mL	15~20	30~50	—	—	铅
高碳钢、高速钢	正磷酸（1.5~1.6）50mL 硫酸（1.84）100mL 铬酸酐60g 水140mL	40~60	—	65~75	5~15	铅或不锈钢
铝	无水甲醇2份 浓硫酸1份	31~93	4~7	室温	—	不锈钢
铝及其合金	过氯酸2份 冰醋酸7份 铝3~5g	3~5	50~100	<50	5~15	铝
铝及其合金	过氯酸250~350mL 醋酸250~650mL	1~2		室温	3~5	铝
铜	正磷酸（1.48）	2~6	1.1~1.6	5~20	10~15	铜
黄铜	正磷酸（1.48）	4~5	1~2	15~20	10~15	铜
青铜	正磷酸（1.55）	3.5	1.4~1.8	15~20	3~5	铜
磷青铜、硅青铜、蒙乃尔合金、Ni-Cr合金	无水甲醇1份 浓硝酸2份		40~50	20~30	—	不锈钢

试样材料（阳极）	电解液成分	电解抛光规范				阴极
		电流密度 /A·dm^{-2}	电压 /V	温度 /℃	时间 /min	
锡	过氯酸（1.48）1 份 醋酸（98%）4 份	9 ~ 15	25 ~ 40	20 ~ 30	8 ~ 10	锡
锌	25% 苛性钾溶液	15	2 ~ 50	15 ~ 20	25	锌
镁	正磷酸（1.75）400mL 酒精 380mL 水 200mL	20	—	—	2	镁
钛	过氯酸（1.59）185mL 醋酸酐水 795mL 水 48mL	20 ~ 30	40 ~ 60		45 ~ 60	—

附表 3 压痕直径与布氏硬度对照表

压痕直径 d/mm (d10、2d5 或4d2.5)	以下载荷下布氏硬度 HBW			压痕直径 d/mm (d10、2d5 或4d2.5)	以下载荷下布氏硬度 HBW			压痕直径 d/mm (d10、2d5 或4d2.5)	以下载荷下布氏硬度 HBW		
	$30D^2$	$10D^2$	$2.5D^2$		$30D^2$	$10D^2$	$2.5D^2$		$30D^2$	$10D^2$	$2.5D^2$
2.40	653	218	54.5	2.73	503	168	41.9	3.38	3.06	398	133
2.41	648	216	54.0	2.74	499	166	41.6	3.39	3.07	395	132
2.42	643	214	53.5	2.75	495	165	41.3	3.40	3.08	393	131
2.43	637	212	53.1	2.76	492	164	41.0	3.41	3.09	390	130
2.44	632	211	52.7	2.77	488	163	40.7	3.42	3.10	388	129
2.45	627	209	52.2	2.78	485	162	40.4	3.43	3.11	385	128
2.46	621	207	51.8	2.79	481	160	40.1	3.44	3.12	383	128
2.47	616	205	51.4	2.80	477	159	39.8	3.45	3.13	380	127
2.48	611	204	50.9	2.81	474	158	39.5	3.46	3.14	378	126
2.49	606	202	50.5	2.82	471	157	39.2	3.47	3.15	375	125
2.50	601	200	50.1	2.83	467	156	38.9	3.48	3.16	373	124
2.51	597	199	49.7	2.84	464	155	38.7	3.49	3.17	370	123
2.52	592	197	49.3	2.85	461	154	38.4	3.50	3.18	368	123
2.53	587	196	48.9	2.86	457	152	38.1	3.51	3.19	366	122
2.54	582	194	48.5	2.87	454	151	37.8	3.52	3.20	363	121
2.55	578	193	48.1	2.88	451	150	37.6	3.53	3.21	361	120
2.56	578	191	47.8	2.89	448	149	37.3	3.54	3.22	359	120
2.57	569	190	47.4	2.90	444	148	37.0	3.55	3.23	356	119
2.58	564	188	47.0	2.91	441	147	36.8	3.56	3.24	354	118
2.59	560	187	46.6	2.92	438	146	36.5	3.57	3.25	352	117
2.60	555	185	46.3	2.93	435	145	36.3	3.58	3.26	350	117
2.61	551	184	45.9	2.94	432	144	36.0	3.59	3.27	347	116
2.62	547	182	45.6	2.95	429	143	35.8	3.60	3.28	345	115
2.63	543	181	45.2	2.96	426	142	35.5	3.61	3.29	343	114
2.64	538	179	44.9	2.97	423	141	35.3	3.62	3.30	341	114
2.65	534	178	44.5	2.98	420	140	35.0	3.63	3.31	339	113
2.66	530	177	44.2	2.99	417	139	34.8	3.64	3.32	337	112
2.67	526	175	43.8	3.00	415	138	34.6	3.65	3.33	335	112
2.68	522	174	43.5	3.01	412	137	34.3	3.66	3.34	333	111
2.69	518	173	43.2	3.02	109	136	34.1	3.67	3.35	331	110
2.70	514	171	42.9	3.03	406	135	33.9	3.36	329	110	27.4
2.71	510	170	42.5	3.36	3.04	404	135	3.37	326	109	27.2
2.72	507	169	42.2	3.37	3.05	401	134	3.38	325	108	27.0

压痕直径 d/mm (d10、$2d$5 或$4d$2.5)	以下载荷下布氏硬度 HBW			压痕直径 d/mm (d10、$2d$5 或$4d$2.5)	以下载荷下布氏硬度 HBW			压痕直径 d/mm (d10、$2d$5 或$4d$2.5)	以下载荷下布氏硬度 HBW		
	$30D^2$	$10D^2$	$2.5D^2$		$30D^2$	$10D^2$	$2.5D^2$		$30D^2$	$10D^2$	$2.5D^2$
3.39	323	108	26.9	3.72	266	88.7	22.2	4.05	223	74.3	18.6
3.40	321	107	26.7	3.73	265	88.2	22.1	4.06	222	73.9	18.5
3.41	319	106	26.6	3.74	263	87.7	21.9	4.07	221	73.5	18.4
3.42	317	106	26.4	3.75	262	87.2	21.8	4.08	219	73.2	18.3
3.43	315	105	26.2	3.76	260	86.8	21.7	4.09	218	72.8	18.2
3.44	313	104	26.1	3.77	259	86.3	21.6	4.10	217	72.4	18.1
3.45	311	104	25.9	3.78	257	85.8	21.5	4.11	216	72.0	18.0
3.46	309	103	25.8	3.79	256	85.3	21.3	4.12	215	71.7	17.9
3.47	307	102	25.6	3.80	255	84.9	21.2	4.13	214	71.3	17.8
3.48	306	102	25.5	3.81	253	84.4	21.1	4.14	213	71.0	17.7
3.49	304	101	25.3	3.82	252	83.9	21.0	4.15	212	70.6	17.6
3.50	302	101	25.2	3.83	250	83.5	20.9	4.16	211	70.2	17.6
3.51	300	100	25.0	3.84	249	83.0	20.8	4.17	210	69.9	17.5
3.52	298	99.5	24.9	3.85	248	82.6	20.6	4.18	209	69.5	17.4
3.53	297	98.9	24.7	3.86	246	82.1	20.5	4.19	208	69.2	17.3
3.54	295	98.3	24.6	3.87	245	81.7	20.4	4.20	207	68.8	17.2
3.55	293	97.7	24.4	3.88	244	81.3	20.3	4.21	205	68.5	17.1
3.56	292	97.2	24.3	3.89	242	80.8	20.2	4.22	204	68.2	17.0
3.57	290	96.6	24.2	3.90	241	80.4	20.1	4.23	203	67.8	17.0
3.58	288	96.1	24.0	3.91	240	80.0	20.0	4.24	202	67.5	16.9
3.59	286	95.5	23.9	3.92	239	79.5	19.9	4.25	201	67.1	16.8
3.60	285	95.0	23.7	3.93	237	79.1	19.8	4.26	200	66.8	16.7
3.61	283	94.4	23.6	3.94	236	78.7	19.7	4.27	199	66.5	16.6
3.62	282	93.9	23.5	3.95	235	78.3	19.6	4.28	198	66.2	16.5
3.63	280	93.3	23.3	3.96	234	77.9	19.5	4.29	198	65.8	16.5
3.64	278	92.8	23.2	3.97	232	77.5	19.4	4.30	197	65.5	16.4
3.65	277	92.3	23.1	3.98	231	77.1	19.3	4.31	196	65.2	16.3
3.66	275	91.8	22.9	3.99	230	76.7	19.2	4.32	195	64.9	16.2
3.67	274	91.2	22.8	4.00	229	76.3	19.1	4.33	194	64.6	16.1
3.68	272	90.7	22.7	4.01	228	75.9	19.0	4.34	193	64.2	16.1
3.69	271	90.2	22.6	4.02	226	75.5	18.9	4.35	192	63.9	16.0
3.70	269	89.7	22.4	4.03	225	75.1	18.8	4.36	191	63.6	15.9
3.71	268	89.2	22.3	4.04	224	74.7	18.7	4.37	190	63.3	15.8

压痕直径 d/mm (d10、2d5 或 4d2.5)	以下载荷下布氏硬度 HBW			压痕直径 d/mm (d10、2d5 或 4d2.5)	以下载荷下布氏硬度 HBW			压痕直径 d/mm (d10、2d5 或 4d2.5)	以下载荷下布氏硬度 HBW		
	$30D^2$	$10D^2$	$2.5D^2$		$30D^2$	$10D^2$	$2.5D^2$		$30D^2$	$10D^2$	$2.5D^2$
4.38	189	63.0	15.8	4.71	162	54.0	13.5	5.04	140	46.7	11.7
4.39	188	62.7	15.7	4.72	161	53.8	13.4	5.05	140	46.5	11.6
4.40	187	62.4	15.6	4.73	161	53.5	13.4	5.06	139	46.3	11.6
4.41	186	62.1	15.5	4.74	160	53.3	13.3	5.07	138	46.1	11.5
4.42	185	61.8	15.5	4.75	159	53.0	13.3	5.08	138	45.9	11.5
4.43	185	61.5	15.4	4.76	158	52.8	13.2	5.09	137	45.7	11.4
4.44	184	61.2	15.3	4.77	158	52.6	13.1	5.10	137	45.5	11.4
4.45	183	60.9	15.2	4.78	157	52.3	13.1	5.11	136	45.3	11.3
4.46	182	60.6	15.2	4.79	156	52.1	13.0	5.12	135	45.1	11.3
4.47	181	60.4	15.1	4.80	156	51.9	13.0	5.13	135	45.0	11.2
4.48	180	60.1	15.0	4.81	155	51.6	12.9	5.14	134	44.8	11.2
4.49	179	59.8	14.9	4.82	154	51.4	12.9	5.15	134	44.6	11.1
4.50	179	59.5	14.9	4.83	154	51.2	12.8	5.16	133	44.4	11.1
4.51	179	59.2	14.8	4.84	153	51.0	12.7	5.17	133	44.2	11.1
4.52	177	59.0	14.7	4.85	152	50.7	12.7	5.18	132	44.0	11.0
4.53	176	58.7	14.7	4.86	152	50.5	12.6	5.19	132	43.8	11.0
4.54	175	58.4	14.6	4.87	151	50.3	12.6	5.20	131	43.7	10.9
4.55	174	58.1	14.5	4.88	150	50.1	12.5	5.21	130	43.5	10.9
4.56	174	57.9	14.5	4.89	150	49.8	12.5	5.22	130	43.3	10.8
4.57	173	57.6	14.4	4.90	149	49.6	12.4	5.23	129	43.1	10.8
4.58	172	57.3	14.3	4.91	148	49.4	12.4	5.24	129	42.9	10.7
4.59	171	57.1	14.3	4.92	148	49.2	12.3	5.25	128	42.8	10.7
4.60	170	56.8	14.2	4.93	147	49.0	12.2	5.26	128	42.6	10.6
4.61	170	56.5	14.1	4.94	146	48.8	12.2	5.27	127	42.4	10.6
4.62	169	56.3	14.1	4.95	146	48.6	12.1	5.28	127	42.2	10.6
4.63	168	56.0	14.0	4.96	145	48.3	12.1	5.29	126	42.1	10.5
4.64	167	55.8	13.9	4.97	144	48.1	12.0	5.30	126	41.9	10.5
4.65	167	55.5	13.9	4.98	144	47.9	12.0	5.31	125	41.7	10.4
4.66	166	55.3	13.8	4.99	143	47.7	11.9	5.32	125	41.5	10.4
4.67	165	55.0	13.8	5.00	143	47.5	11.9	5.33	124	41.4	10.3
4.68	164	54.8	13.7	5.01	142	47.3	11.8	5.34	124	41.2	10.3
4.69	164	54.5	13.6	5.02	141	47.1	11.8	5.35	123	41.0	10.3
4.70	163	54.3	13.6	5.03	141	46.9	11.7	5.36	123	40.9	10.2

压痕直径 d/mm ($d10$、$2d5$ 或$4d2.5$)	以下载荷下布氏硬度 HBW			压痕直径 d/mm ($d10$、$2d5$ 或$4d2.5$)	以下载荷下布氏硬度 HBW			压痕直径 d/mm ($d10$、$2d5$ 或$4d2.5$)	以下载荷下布氏硬度 HBW		
	$30D^2$	$10D^2$	$2.5D^2$		$30D^2$	$10D^2$	$2.5D^2$		$30D^2$	$10D^2$	$2.5D^2$
5.37	122	40.7	10.2	5.59	112	37.3	9.32	5.81	103	34.2	8.55
5.38	122	40.5	10.1	5.60	111	37.1	9.28	5.82	102	34.1	8.52
5.39	121	40.4	10.1	5.61	111	37.0	9.24	5.83	102	33.9	8.49
5.40	121	40.2	10.1	5.62	110	36.8	9.21	5.84	101	33.8	8.45
5.41	120	40.0	10.0	5.63	110	36.7	9.17	5.85	101	33.7	8.42
5.42	120	39.9	9.97	5.64	110	36.5	9.14	5.86	101	33.6	8.39
5.43	119	39.7	9.93	5.65	109	36.4	9.10	5.87	100	33.4	8.36
5.44	119	39.6	9.89	5.66	109	36.3	9.06	5.88	99.9	33.3	8.33
5.45	118	39.4	9.85	5.67	108	36.1	9.03	5.89	99.5	33.2	8.30
5.46	118	39.2	9.81	5.68	108	36.0	8.99	5.90	99.2	33.1	8.26
5.47	117	39.1	9.77	5.69	107	35.8	8.96	5.91	98.8	32.9	8.23
5.48	117	38.9	9.73	5.70	107	35.7	8.92	5.92	98.4	32.8	8.20
5.49	116	38.8	9.69	5.71	107	35.6	8.89	5.93	98.0	32.7	8.17
5.50	116	38.6	9.66	5.72	106	35.4	8.85	5.94	97.7	32.6	8.14
5.51	115	38.5	9.62	5.73	106	35.3	8.82	5.95	97.3	32.4	8.11
5.52	115	38.3	9.58	5.74	105	35.1	8.79	5.96	96.9	32.3	8.08
5.53	114	38.2	9.54	5.75	105	35.0	8.75	5.97	96.6	32.2	8.05
5.54	114	38.0	9.50	5.76	105	34.9	8.72	5.98	96.2	32.1	8.02
5.55	114	37.9	9.47	5.77	104	34.7	8.68	5.99	95.9	32.0	7.99
5.56	113	37.7	9.43	5.78	104	34.6	8.65	6.00	95.5	31.8	7.96
5.57	113	37.6	9.39	5.79	103	34.5	8.62				
5.58	112	37.4	9.35	5.80	103	34.3	8.59				

附表 4　压痕对角线与维氏硬度对照表

压痕对角线 /mm	在以下载荷 P (kg) 下维氏硬度 HV			压痕对角线 /mm	在以下载荷 P (kg) 下维氏硬度 HV			压痕对角线 /mm	在以下载荷 P (kg) 下维氏硬度 HV		
	30	10	5		30	10	5		30	10	5
0.100			927	0.265	792	264	132	0.430	301	100	50.2
1.105			841	0.270	763	254	127	0.435	294	98.0	49.0
0.110			766	0.275	736	245	123	0.440	287	95.8	47.9
0.115			701	0.280	710	236	118	0.445	281	93.6	46.8
0.120		1288	644	0.285	685	228	114	0.450	275	91.6	45.8
0.125		1189	593	0.290	661	221	110	0.455	269	89.6	44.8
0.130		1097	549	0.295	639	213	107	0.460	263	87.6	43.8
0.135		1030	509	0.300	618	206	103	0.465	257	85.8	42.9
0.140		946	473	0.305	598	199	99.7	0.470	252	84.0	42.0
0.145		882	441	0.310	579	193	96.5	0.475	247	82.2	41.1
0.150		824	412	0.315	561	187	93.4	0.480	242	80.5	40.2
0.155		772	386	0.320	543	181	90.6	0.485	237	78.8	39.4
0.160		724	362	0.325	527	176	87.8	0.490	232	77.2	38.6
0.165		681	341	0.330	511	170	85.2	0.495	227	75.7	37.8
0.170		642	321	0.335	496	165	82.6	0.500	223	74.2	37.1
0.175		606	303	0.340	481	160	80.2	0.510	214	71.3	35.6
0.180		572	286	0.345	467	156	77.9	0.520	206	68.6	34.3
0.185		542	271	0.350	454	151	75.7	0.530	198	66.0	33.0
0.190		514	257	0.355	441	147	73.6	0.540	191	63.6	31.8
0.195		488	244	0.360	429	143	71.6	0.550	184	61.3	30.7
0.200		464	232	0.365	418	139	69.6	0.560	177	59.1	29.6
0.205		442	221	0.370	406	136	67.7	0.570	171	57.1	28.5
0.210		421	210	0.375	396	132	66.0	0.580	165	55.1	27.6
0.215		401	201	0.380	385	128	64.2	0.590	160	53.3	26.6
0.220	1149	383	192	0.385	375	125	62.6	0.600	155	51.5	25.8
0.225	1113	366	183	0.390	366	122	61.0	0.610	150	49.8	24.9
0.230	1051	351	175	0.395	357	119	59.4	0.620	145	48.2	24.1
0.235	1007	336	168	0.400	348	116	58.0	0.630	140	46.7	23.4
0.240	966	322	161	0.405	339	113	56.5	0.640	136	45.3	22.6
0.245	927	309	155	0.410	331	110	55.2	0.650	132	43.9	22.0
0.250	890	297	148	0.415	323	108	53.9	0.660	128	42.6	21.3
0.255	856	285	143	0.420	315	105	52.6	0.670	124	41.3	20.7
0.260	823	274	137	0.425	308	103	51.3	0.680	120	40.1	20.1

压痕对角线/mm	在以下载荷 P（kg）下维氏硬度 HV			压痕对角线/mm	在以下载荷 P（kg）下维氏硬度 HV			压痕对角线/mm	在以下载荷 P（kg）下维氏硬度 HV		
	30	10	5		30	10	5		30	10	5
0.690	117	39.0	19.5	0.860	75.2	25.1	12.5	1.15	42.1	14.0	
0.700	114	37.8	18.9	0.870	73.5	24.5	12.3	1.20	38.6	12.9	
0.710	110	36.8	18.4	0.880	71.8	24.0	12.0	1.25	35.6	11.9	
0.720	107	35.8	17.9	0.890	70.2	23.4	11.7	1.30	32.9	11.0	
0.730	104	34.8	17.4	0.900	68.7	22.9	11.5	1.35	30.5	10.2	
0.740	102	33.9	16.9	0.910	67.2	22.4	11.2	1.40	28.4	9.5	
0.750	98.9	33.0	16.5	0.920	65.7	21.9	11.0	1.45	26.5	8.8	
0.760	96.3	32.1	16.1	0.930	64.3	21.4	10.7	1.50	24.7	8.2	
0.770	93.8	31.3	15.6	0.940	63.0	21.0	10.5	1.55	23.2		
0.780	91.4	30.5	15.2	0.950	61.6	20.5	10.3	1.60	21.7		
0.790	89.1	29.7	14.9	0.960	60.4	20.1	10.1	1.65	20.4		
0.800	86.9	29.0	14.5	0.970	59.1	19.7	9.9	1.70	19.3		
0.810	84.8	28.3	14.1	0.980	57.9	19.3	9.7	1.75	18.2		
0.820	82.7	27.6	13.8	0.990	56.8	18.9	9.5	1.80	17.2		
0.830	80.8	26.9	13.5	1.00	55.6	18.5	9.3	1.85	16.3		
0.840	78.8	26.3	13.1	1.05	50.5	16.8	8.4	1.90	15.4		
0.850	77.0	25.7	12.8	1.10	46.0	15.3		1.95	14.6		

附表5　常用维氏、布氏、洛氏硬度的换算表

抗拉强度 $R_m/N \cdot mm^{-2}$	维氏硬度 HV	布氏硬度 HB	洛氏硬度 HRC
250	80	76.0	—
270	85	80.7	—
285	90	85.2	—
305	95	90.2	—
320	100	95.0	—
335	105	99.8	—
350	110	105	—
370	115	109	—
380	120	114	—
400	125	119	—
415	130	124	—
430	135	128	—
450	140	133	—
465	145	138	—
480	150	143	—
490	155	147	—
510	160	152	—
530	165	156	—
545	170	162	—
560	175	166	—
575	180	171	—
595	185	176	—
610	190	181	—
625	195	185	—
640	200	190	—
660	205	195	—
675	210	199	—
690	215	204	—
705	220	209	—
720	225	214	—
740	230	219	—
755	235	223	—
770	240	228	20.3
785	245	233	21.3
800	250	238	22.2
820	255	242	23.1

抗拉强度 $R_m/N \cdot mm^{-2}$	维氏硬度 HV	布氏硬度 HB	洛氏硬度 HRC
835	260	247	24.0
850	265	252	24.8
865	270	257	25.6
880	275	261	26.4
900	280	266	27.1
915	285	271	27.8
930	290	276	28.5
950	295	280	29.2
965	300	285	29.8
995	310	295	31.0
1030	320	304	32.2
1060	330	314	33.3
1095	340	323	34.4
1125	350	333	35.5
1115	360	342	36.6
1190	370	352	37.7
1220	380	361	38.8
1255	390	371	39.8
1290	400	380	40.8
1320	410	390	41.8
1350	420	399	42.7
1385	430	409	43.6
1420	440	418	44.5
1455	450	428	45.3
1485	460	437	46.1
1520	470	447	46.9
1555	480	(456)	47.7
1595	490	(466)	48.4
1630	500	(475)	49.1
1665	510	(485)	49.8
1700	520	(494)	50.5
1740	530	(504)	51.1
1775	540	(513)	51.7
1810	550	(523)	52.3
1845	560	(532)	53.0
1880	570	(542)	53.6

抗拉强度 $R_m / N \cdot mm^{-2}$	维氏硬度 HV	布氏硬度 HB	洛氏硬度 HRC
1920	580	(551)	54.1
1955	590	(561)	54.7
1995	600	(570)	55.2
2030	610	(580)	55.7
2070	620	(589)	56.3
2105	630	(599)	56.8
2145	640	(608)	57.3
2180	650	(618)	57.8
	660		58.3
	670		58.8
	680		59.2
	690		59.7
	700		60.1
	720		61.0
	740		61.8
	760		62.5
	780		63.3
	800		64.0
	820		64.7
	840		65.3
	860		65.9
	880		66.4
	900		67.0
	920		67.5
	940		68.0

附表 6　表面粗糙度与光洁度的关系参考表

表面粗糙度 （GB 1031—1983）	表面光洁度 （GB 1031—1968）		表 面 状 态
Ra	Ra	等级	
0.012	0.01	▽14	雾状镜面
0.025	0.02	▽13	镜状光泽面
0.05	0.04	▽12	亮光泽面
0.10	0.08	▽11	暗光泽面
0.20	0.16	▽10	不可辨加工痕迹方向
0.40	0.32	▽9	微辨加工痕迹方向
0.80	0.63	▽8	可辨加工痕迹方向
1.60	1.25	▽7	看不清加工痕迹
3.20	2.5	▽6	微见加工痕迹
6.30	5	▽5	可见加工痕迹
12.5	10	▽4	微见刀痕
25	20	▽3	可见刀痕
50	40	▽2	明显可见刀痕
100	80	▽1	

参 考 文 献

[1] 王冬．材料成型及机械加工工艺基础实验 [M]．哈尔滨：哈尔滨工程大学出版社，2003.

[2] 周世权．材料成型及机械制造工艺综合设计型创新实验 [M]．武汉：华中科技大学出版社，2002.

[3] 徐纪平．材料成型及控制工程专业（模具方向）实验指导书 [M]．北京：机械工业出版社，2009.

[4] 赵刚，胡衍生．材料成型及控制工程综合实验指导书 [M]．北京：冶金工业出版社，2008.

[5] 胡灿福，李胜祗．材料成型实验技术 [M]．北京：冶金工业出版社，2007.

[6] 胡灿福．材料成型测试技术 [M]．合肥：合肥工业大学出版社，2010.

[7] 洪班德，崔约贤．材料电子显微分析实验技术 [M]．哈尔滨：哈尔滨工程大学出版社，1990.

[8] 李胜利．材料加工实验与测试技术 [M]．北京：冶金工业出版社，2010.

[9] 陈泉水，郑举功，刘晓东．材料科学基础实验 [M]．北京：化学工业出版社，2009.

[10] 刘天模，王金星，张力．工程材料系列课程试验指导 [M]．重庆：重庆大学出版社，2008.

[11] 葛春霖，盖雨聆．机械工程材料及材料成型技术基础实验指导书 [M]．北京：冶金工业出版社，2001.

[12] 吴润，刘静．金属材料工程实践教学综合实验指导书 [M]．北京：冶金工业出版社，2008.

[13] 那顺桑．金属材料工程专业实验教程 [M]．北京：冶金工业出版社，2004.

[14] 周小平．金属材料及热处理实验教程 [M]．武汉：华中科技大学出版社，2006.

[15] 潘清林．金属材料科学与工程实验教程 [M]．长沙：中南工业大学出版社，2006.

[16] 戴雅康．金属力学性能实验 [M]．北京：机械工业出版社，1991.

[17] 林治平，等．金属塑性变形的实验方法 [M]．北京：冶金工业出版社，2002.

[18] 宋学孟．金属物理性能分析实验 [M]．北京：机械工业出版社，1991.

[19] 张廷楷，高家诚，冯大碧．金属学及热处理实验指导书 [M]．重庆：重庆大学出版社，1998.

[20] 何明，赵文英．金属学原理实验 [M]．北京：机械工业出版社，1990.

[21] 钱苗根，姚寿山，张少宗．现代表面技术 [M]．北京：机械工业出版社，2002.

[22] 周玉，武高辉．材料分析测试技术——材料X射线衍射与电子显微分析 [M]．哈尔滨：哈尔滨工程大学出版社，2007.

[23] 孙秋霞．材料腐蚀与防护 [M]．北京：冶金工业出版社，2001.

[24] 崔忠圻，刘北兴．金属学与热处理原理 [M]．哈尔滨：哈尔滨工程大学出版社，2007.

[25] 夏立芳．金属热处理工艺学 [M]．哈尔滨：哈尔滨工程大学出版社，2012.

[26] 孙智．失效分析——基础与应用 [M]．北京：机械工业出版社，2015.

[27] 李喜孟．材料无损检测 [M]．北京：机械工业出版社，2015.

[28] 梁志芳，王迎娜．计算机在材料加工中的应用 [M]．北京：煤炭工业出版社，2012.

[29] 许鑫华．计算机在材料科学中的应用 [M]．北京：机械工业出版社，2012.

[30] 叶宏．金属材料及热处理 [M]．北京：化学工业出版社，2015.

[31] 李尧．金属塑性成型原理 [M]．北京：煤炭工业出版社，2013.

[32] 吉泽升．热处理炉 [M]．哈尔滨：哈尔滨工程大学出版社，2010.

[33] 蔡薇．塑料成型工艺及注塑模具设计专业英语 [M]．北京：化学工业出版社，2015.

[34] 白剑臣，姚志光，郭俊峰．塑料成型工艺学 [M]．北京：北京理工大学出版社，2012.

[35] 姜奎华．冲压工艺与模具设计 [M]．北京：机械工业出版社，2011.

[36] 王从曾．材料性能学 [M]．北京：化学工业出版社，2004.

[37] 马怀宪．金属塑性加工学——挤压、拉拔与管材冷轧 [M]．北京：冶金工业出版社，1991.

[38] 王廷溥．金属塑性加工学——轧制理论与工艺 [M]．北京：冶金工业出版社，1986.

[39] 温鸣，等．有色金属表面着色技术 [M]．北京：化学工业出版社，2007.

[40] 黎景全. 轧制工艺参数测试技术 [M]. 北京：冶金工业出版社，2007.

[41] 傅祖铸. 有色金属板带材生产 [M]. 长沙：中南工业大学出版社，2009.

[42] 王宗杰. 熔焊方法及设备 [M]. 北京：机械工业出版社，2015.

[43] 赵品，等. 材料科学基础教程 [M]. 哈尔滨：哈尔滨工程大学出版社，2009.

[44] 章四琪，黄劲松. 有色金属熔炼与铸锭 [M]. 北京：化学工业出版社，2013.

[45] 朱莉，王运炎. 机械工程材料 [M]. 北京：机械工业出版社，2011.

[46] 李连诗. 异形管制造方法 [M]. 北京：冶金工业出版社，1994.

[47] 周家林. 材料成型设备 [M]. 北京：冶金工业出版社，2008.

[48] 刘哲. 电火花加工技术 [M]. 北京：国防工业出版社，2010.

冶金工业出版社部分图书推荐

书　名	作　者	定价(元)
稀土冶金学	廖春发	35.00
计算机在现代化工中的应用	李立清　等	29.00
化工原理简明教程	张廷安	68.00
传递现象相似原理及其应用	冯权莉　等	49.00
化工原理实验	辛志玲　等	33.00
化工原理课程设计（上册）	朱晟　等	45.00
化工设计课程设计	郭文瑶　等	39.00
化工原理课程设计（下册）	朱晟　等	45.00
水处理系统运行与控制综合训练指导	赵晓丹　等	35.00
化工安全与实践	李立清　等	36.00
现代表面镀覆科学与技术基础	孟昭　等	60.00
耐火材料学（第2版）	李楠　等	65.00
耐火材料与燃料燃烧（第2版）	陈敏　等	49.00
生物技术制药实验指南	董彬	28.00
涂装车间课程设计教程	曹献龙	49.00
湿法冶金——浸出技术（高职高专）	刘洪萍　等	18.00
冶金概论	宫娜	59.00
烧结生产与操作	刘燕霞　等	48.00
钢铁厂实用安全技术	吕国成　等	43.00
金属材料生产技术	刘玉英　等	33.00
炉外精炼技术	张志超	56.00
炉外精炼技术（第2版）	张士宪　等	56.00
湿法冶金设备	黄卉　等	31.00
炼钢设备维护（第2版）	时彦林	39.00
镍及镍铁冶炼	张凤霞　等	38.00
炼钢生产技术	韩立浩　等	42.00
炼钢生产技术	李秀娟	49.00
电弧炉炼钢技术	杨桂生　等	39.00
矿热炉控制与操作（第2版）	石富　等	39.00
有色冶金技术专业技能考核标准与题库	贾菁华	20.00
富钛料制备及加工	李永佳　等	29.00
钛生产及成型工艺	黄卉　等	38.00
制药工艺学	王菲　等	39.00